JN409042

군사학 입문

軍事學入門

군사학 입문 軍事學入門

발행일 1판 1쇄 2013년 11월 29일 1판 3쇄 2020년 3월 16일 **발행인** 이진숙 **저자** 송영필
펴낸곳 충남대학교출판문화원 **주소** 대전광역시 유성구 대학로 99 **전화** 042-821-6045
홈페이지 cnupress.cnu.ac.kr **E-mail** cnupress@cnu.ac.kr

ISBN 978-89-7599-494 4 93390
정가 16,000원

군사학 입문

송영필

충남대학교출판문화원

책머리에서

군복을 입은 지도 35년이나 됐다. 군 생활 중에 항상 내가 업무를 올바르게 하고 있는 것인지에 대해 의구심을 가졌다. 사관학교를 졸업하고 소위로 임관하였으나 정작 군인에게 필요한 전쟁수행과 준비에 관한 이론인 군사학을 사실 별로 배우지 못했다. 대부분은 교양인으로서 필요한 일반학문과 전공과목인 통계학을 배웠고, 소대장으로서 임무수행에 도움이 되는 군사훈련 정도만 습득하였다. 그 후 군생활 중 지휘관으로서 어떤 결심을 할 때나 참모로서 지휘관에게 조언을 할 때 항상 군사지식에 대하여 부족함을 느꼈다. 대부분의 군사에 관한 업무 중 군정분야(군사력 건설)에 관한 것은 법규와 방침에 의해서 처리하며, 군령분야(용병)는 교범(군사교리)을 그 기준으로 하여 문제를 해결한다. 그러나 문제해결을 위해 법규와 방침, 군사교리를 사전에 일일이 정해 놓을 수는 없다. 따라서 원칙과 기준이 제시되지 않은 문제를 해결할 때에는 군사이론과 경험을 통하여 해결 방안을 강구해야 한다. 하지만 군생활 경험은 있으나 군사이론에는 능통하지 못해 어려움이 많아 군사이론의 필요성을 느끼고 있었다. 막연히 이러한 생각을 갖고 있던 터에 육군대학에서 교수부장과 학장직을 수행하면서 군사학(군사이론)에 관한 논문들을 접하고 우리나라의 군사학 연구도 많은 성과가 있으며 군사학을 학문으로 발전시키고자 노력한 선배 군사학도들이 있음을 알았다. 특히 이 책을 지도해주신 이종학 교수님은 우리나라의 군사학의 선구자로서

1960년대부터 공군사관학교와 공군대학의 교관(처장) 그리고 국방대학원(현 국방대학교)에서 군사학 교수로 재직하면서 1980년 「군사학의 이론체계」를 국방대학원 세미나에서 아래와 같이 발표함으로써 '군사학 이론체계의 정립'을 시도하셨다.

•군사학의 정의 : 전쟁의 본질과 성격 및 무력전의 준비와 수행에 관한 통일된 지식의 체계이다.

•군사학의 범위 : ① 전쟁철학

② 전쟁학 : 군제학, 용병학(군사전략, 작전술, 전술)

③ 군사 사학 ④ 군사 기술

⑤ 군사 교육학 ⑥ 군사 지리학

⑦ 군사 보조학문(국방경제론, 군법, 위생학 등)

그 결과 2002년에 군사학이 학문으로 인정되어 2003년부터 일반대학에도 군사학과가 개설되어 학사·석사·박사 학위를 수여하고 있음을 알았다. 이것이 계기가 되어 충남대 군사학과 박사과정에 입학하여 군사이론을 공부하였다. 공부하면 할수록 군사지식이 일천함을 느꼈다. 다른 군인에 비하여 많은 기간(8년)을 군사전술교리를 연구하는 직책을 수행하였는데도 '왜 이런 수준일까?' 하는 고민을 하였다.

1978년 육군사관학교에 입학하여 군사학 시간에 군사훈련은 받았지만 군사이론의 기초이며 고전인 『손자병법』과 클라우제비츠의 『전쟁론』은 물론이거니와 장교로서 임무수행에 필요한 전쟁준비와 수행에 대해서는 별로 배우지 못했다. 그러다 보니 군인이면서도 군생활을 통하여 내가 무엇을 공부하여야 하는지도 모른 채 20여년을 보냈다. 나는 중령이 되어 육군대학에서 교관을 하면서 군사교리를 접하고 군사이론의 필요성을 더욱 절감했다. 내가 만약에 사관학교 시절부터 군인에게 필요한 학문이 무엇인지를 알았다면 지금의 나와는 확연히 비교될 것이다. 나는 후배들이 나와 같은 우를 범하지 않기를 바라는 마음으로 이 책을 썼다. 군인이 되고자 하는 사람은 조금이라도 빨리 군인에게 필요한 군사학이 무엇인가를 알고 군 생활에 임했으면 한다. 서애 유성룡은 『징비록』에서 "장수가 병법을 모르면 그 나라를 적에게 주게 된다"라고 하였다. 군인은 이 말을 명심하고 생활해야 한다.

이 책은 군사분야에 대한 입문서이다. 이 책을 발간하게 된 동기는 앞서 언급한 대로 군인이 되고자 하는 사람들에게 군사이론에 대하여 관심을 갖게 하고, 군사이론의 기초를 제공하기 위해서이다. 특히 아직도 우리나라는 군간부를 임관시키면서 군사훈련은 시키나 진정한 군사학 교육은 소홀히 하고 있는 현실에서 이 책이 어느 정도의 역할을 할 것을 기대한다. 군사학 개론서는 이미 시중에 많다. 이 책이 다른 책과의 다른 점은 직업군인에게 필요한 전쟁수행에 초점을 맞추어서 쓰였다는 점이다.

먼저 1장에서는 우리나라 군사학의 연구방향을 제시하기 위해 군사학의 개념과 연구 대상 및 범위를 다루었다. 이 장에서 독자들은 군인으로서 어떤 분야를 연구해야 하는가의 답을 얻을 수 있을 것이다.

2장에서는 전쟁의 본질과 양상, 그리고 전쟁과 도덕에 대하여 다루었다. '전쟁'이란 군사학 범주의 가장 상위에 있는 분야로 민간 정치학자나 역사가에 의해서 많은 연구가 이루어지고 있다. 군사학의 모든 것은 전쟁과 관련되는 것으로 전쟁 자체에 대한 통찰력 없이는 군사학을 깊이 연구할 수 없다. 그런 이유에서 직업군인으로서의 소양 함양을 위해 전쟁의 본질부터 전쟁양상의 변화, 전쟁과 도덕에 대한 기본적인 이해를 구하고자 하였다.

3장에서는 현재의 군대조직과 제도는 어떻게 발전 되었는가에 대해서 기술하였다. 여기에는 우리나라의 육 · 해 · 공군, 각 군의 병과, 참모제도 등과 관련하여 군대제도의 변천 역사를 중심으로 기술하였다.

4장에서는 전쟁을 준비하는 군정분야에 있어 군사력 건설 및 유지에 대한 내용을 기술하였는데, 그 근간이라고 할 수 있는 국방기획관리제도와 전투발전체계를 중심으로 장을 구성하였다. 전쟁에 승리하기 위해서는 전쟁을 잘 준비해야 한다. 전쟁준비란 전쟁을 어떻게 수행할 것인가에 대한 개념을 설정하고 이를 뒷받침하기 위해 준비하는 것이기 때문에 전쟁준비를 5장과 6장의 군사력 운용과 전투수행보다 먼저 기술하였다.

5장에서는 군사이론의 핵심이라 할 수 있는 군사력 운용분야인 용병술을 다루었다. 군사문제는 크게 보아 군사력 운용과 군사력 건설로 구분할 수 있는데, 그 중 군사력 운용이란 용병술로써 전쟁에서 승리하기 위해 부대를 운용하는 방법이라 할 수 있다. 군사전략에서 작전술, 전술에 이르는 용병술 전체를 다루었으며 가급적 누구나 이해하기 쉽게 쓰려고 노력하였다.

마지막으로 6장에서는 용병술 가운데에서도 가장 하위에 있는 실천분야인 전술의 본질과 전술의 영역인 전투의 수행방법, 전투수행절차에 대하여 설명하였다. 여기서는 5장에서 논의된 전술을 보다 상세히 설명했다. 이렇게 별도의 장으로 편성한 이유는 전투가 군사작전(또는 전쟁) 전반에서 차지하는 비중이 크기 때문이다. 전쟁승리를 위해서는 군사전략, 작전술(계획)도 중요하지만 계획을 시행하는 전술분야인 전투가 중요하기 때문이다.

학자도 아닌 현역의 신분으로 이 책을 발간하기까지는 많은 고민이 있었다. '입문서라고는 하지만 과연 군사학 분야를 제대로 기술할 수 있을까?' 하는 의구심이었고, '주위에서 나의 의도를 순수하게 보지 않고 오해하지 않을까?' 하는 점이었다. 하지만 이러한 오해에 대한 우려보다는 군사학을 공부한 선배로서의 소명감이 더욱 컸기에 이 책을 집필하여 결국 마무리할 수 있지 않았나 생각한다.

이 책이 발간되기까지는 많은 분들의 도움이 있었다. 특히 군사학 연구의 선구자이신 이종학 교수님 그리고 길병옥, 고봉준 교수님의 지도와 집필에 직접적인 도움을 준 육군대학 동료교관인 박영오, 성형권, 박수, 장재규, 정덕성, 고창준, 박후성, 정영환, 이제영 전우에게 감사함을 표한다. 전문 군사학자의 시각으로 보면 이 책은 부족함이 많을 것이다. 너그러운 이해를 바란다. 이 책은 초급장교들의 안목을 넓혀 주기 위한 책이다. 차후에는 이 책을 발판삼아 누군가가 각 부분별로 구체적인 내용이 담긴 책을 펴낼 것을 기대한다. 이 책을 읽고 군사학도가 된 독자라면 더욱 감사하겠다.

2013년 가을에 자운대에서

송 영 필

군사학 입문

차 례

Chapter 1 한국 군사학 연구방향

Chapter 2 전 쟁

Chapter 4 군사력 건설

Chapter 5 군사력 운용

Chapter 6 전투수행

Chapter 1

한국 군사학 연구방향

한국 군사학 연구방향

1. 들어가는 말

우리나라에서 군사학이 학문으로 자리매김한 것은 얼마 되지 않았다. 군사학 학문체계에 대한 최초 논의는 1980년 10월 30일~31일에 국방대학교에서 "군사학 이론과 교육체계 정립"이라는 주제의 세미나에서 시작되었다. 이종학 교수는 평소 군사학에 대한 남다른 열정과 심도 깊은 연구를 통해 "군사학은 전쟁의 본질과 성격 및 무력전의 준비와 수행에 관한 통일된 지식의 체계이다"[1]라고 우리나라 최초로 군사학을 정의하였다. 그 후 군사학에 대한 다양한 논의가 있었으나 군사학이 일반대학에서 학문으로 인정되기까지는 많은 시간이 걸렸다. 이는 당시에 군사학이란 분야의 구체적인 연구대상이 모호하여 논리적이고 체계적인 이론으로 인정받지 못하였다. 또한 군이라는 비밀주의에 따른 정보의 부재와 반군사주의적인 사회 분위기도 한 몫 했으리라고 생각된다. 하지만 지금은 다수의 일반대학에 군사학과가 설치되어 군사학 학사는 물론, 석사와 박사까지 배출하고 있다. 이

1 _ 이종학, 『한 군사학도의 연구 발자취』(대전 : 충남대학교 출판부, 2006), p. 30.

는 다분히 일반대학이 외형적인 발전을 추구한 것에 기인한 측면도 있지만 분명한 것은 군사학을 일반 학계에서도 학문으로 인정하고 있다는 것이다. 이러한 성과는 그 동안 군사학 연구의 선구자인 이종학 교수를 필두로 하여 많은 선배 군사학도들이 군사학을 학문의 길로 인도하기 위한 노력의 결실이라고 본다.

하지만 우리나라의 군사학 연구는 그 역사도 일천하거니와 연구 성과도 아직은 초보 수준에 머물러 있는 것이 사실이다. 그렇게 보는 첫 번째 이유는 군사학이 학문으로써의 독립성을 확보하지 못했다는 점 때문이다. 군사학의 연구대상, 범위, 이론체계 등이 타학문과 차별화되어야 하지만 현재는 많은 분야에서 정치학, 역사학 등 타 학문과 중복되고 있다. 둘째는 군사학 연구자들의 연구분야가 극히 특정분야에 편중되어 있기 때문이다. 군사학은 크게 보아 전쟁의 본질과 성격, 전쟁에서 승리하는 방법, 전쟁을 준비하는 것에 대한 연구가 이루어져야 한다. 그러나 우리나라의 군사학 연구는 대부분 전쟁의 본질과 성격 규명에 치우쳐 있는 경향이 있다. 셋째는 군사학 연구가 과거에 치우쳐 현실을 등한시하고 있기 때문이다. 학문으로써 과거의 사례를 기초로 한 이론의 개발과 발전도 중요하지만 그 이론을 기초로 현실을 분석하여 비판하기도 하고 대안도 제시하여야 한다. 즉, 군사학이 현재와 예상되는 미래의 군사문제에 있어서 발전적인 대안을 제시하여 국가와 군 발전에 기여할 수 있어야 하는데, 작금의 현실은 그렇지 못하다. 본 글은 이런 현실을 고려하여 한국의 군사학 연구방향을 제시하고자 한다.

2. 군사학의 정의

군사(軍事, Military Affair)에 대한 사전적 의미는 전쟁에 대비하여 평시에 군사력을 건설, 유지하며 전시에는 군사력을 운용하여 승리하는 데 관련된 '군대, 군비, 전쟁 따위와 같은 군에 관한 일'[2]이다. 이를 기초로 하였을 때에 사전적 의미의 군사학이란 이러한 군사에 관하여 연구하는 학문이라 할 수 있다. 또한 우리나라에서 최초로 군사학 이론체계를 정립한 이종학 교수는 "군사학은 전쟁을 연구대상으로 하여, 그것의 본질과 성격을 연구하고, 전·평시를 통하여 전쟁에 대비한 군사력 건설과 후방지원 방법을 연구한다. 그리고 전쟁목적을 달성하기 위한 무력전의 형태와 수행방법 및 억제에 관한 통일된 지식의 체계이다."[3]라고 정의하고 있다. 이러한 군사학의 정의는 각 국가마다 처한 시대적, 안보적 상황에 따라 다양하게 정의되고 있는데 각 국가의 군사학 정의에 대하여 알아보기로 하자.

■ 미국[4]

군사학은 군사력의 개발, 운용, 지원에 관한 연구인 동시에 전 · 평시 국내외적 관계 하에서 국가정책의 도구로서 군사력의 사용에 대해 연구하며, 군사력과 국력의 지리적, 경제적, 정치적, 과학적, 사회적, 심리적 모든 요소들과의 상관관계에 대해 연구하는 학문이다.

2_ 국립국어원 표준국어대사전.

3_ 이종학, 『군사학 개론』(대전 : 충남대학교 출판부, 2009), p. 13.

4_ 류재갑, 「군사학의 학문체계」, 『군사학의 학문체계 및 교육체계』('99 군사연구 세미나, 서울 : 화랑대 연구소), 1999. p. 9.

■ 구소련[5]

군사학이란 무력전의 성격, 본질, 범위를 연구하고 군대가 군사작전을 수행하는데 갖추어야 할 군사력, 수단과 방법을 보장하기 위한 지식의 체계이며, 무력전의 객관적 법칙을 탐구하고, 군사술의 이론에 관한 문제, 군사력의 건설과 준비에 관한 문제와 군사기술상의 무장을 연구하고 군사적 · 역사적 경험들을 분석하는 것이다.

■ 러시아(구소련 해체 이후)[6]

군사학이란 전쟁의 군사-전략적 성격, 전쟁을 사전에 방지하기 위한 방안, 군 및 국가가 적국의 침략을 격퇴하기 위한 준비, 자국수호를 위한 무력전의 제 합법칙성, 원칙, 방법 등에 관한 지식체계이다.

■ 일본[7]

일본방위학연구회는 군사의 개념을 국가행정기능의 한 요소로서 군대(군사력)를 유지 · 관리하여 전쟁에 임해 정치가 명하는 사명에 대하여 보유한 힘을 어떻게 행사할 것이냐 하는 작전 · 용병 기능으로 규정하고 있다. 즉, 일본에서는 군사학을 '전쟁, 방위 등의 분야에서 군대(군사력)를 유지 · 관리하고, 전쟁 발발시 정치적 명령에 따라 작전 · 용병 등을 통해 보유 군사력을 행사하는 일에 관한 연구'로 정의하고 있다고 볼 수 있다.

---

5 _ 화랑대 연구소, 『군사학 학문체계와 교육체계』(서울 : 화랑대 연구소, 2000), p. 189.

6 _ 박종철 역, 『러시아 군사학』(서울 : 화랑대 연구소, 1996), p. 41.

7 _ 이강언 외, 『신편 군사학 개론』(서울 : 양서각, 2007), pp. 7~8.

■ 중국[8]

중국의 군사이론가들은 군사학을 정의함에 있어 '군사과학'이라는 용어를 사용하고 있다. 중국의 군사학대사전에서는 군사학, 즉 군사과학의 정의를 다음과 같이 기술하고 있다. 군사과학이란 '전쟁과 규율을 연구하며, 전쟁의 준비와 수행을 지도하기 위해 사용하는 과학으로서 군사사상, 군사학술, 군사기술, 군사역사와 군사지리 등 중요한 학문 분야를 포함한다. 그 임무는 국가를 위해 군사전략과 전략방침을 제정하고, 무장역량 건설을 기획하며, 무기기술 장비를 발전시키며, 전쟁의 준비와 실시 등의 군사업무를 지도하는 이론적 근거를 제공한다.'

■ 우리나라

우리나라는 미국의 경우와 같이 군의 야전교범을 통해서 공식적으로 군사학을 정의하고 있지는 않다. 그러나 군사학을 연구하는 학자들에 의해 군사학이 정의되고 있으며, 군사학과가 설치되어 있는 대학에서도 나름대로의 군사학의 개념을 정의하고 있는데 대표적인 학자들의 견해는 다음과 같다.

8_ 이강언 외, 상게서. p. 8.

구 분	내 용
이종학	전쟁을 연구대상으로 하여, 그것의 본질과 성격을 연구하고, 전·평시를 통하여 전쟁에 대비한 군사력 건설과 후방지원 방법을 연구한다. 그리고 전쟁목적을 달성하기 위한 무력전의 형태와 수행방법 및 억제에 관한 통일된 지식의 체계.
하대덕	무력전을 중심으로 한 국가총력전을 대비하기 위한 군사용병, 군사정책, 그리고 기타 군사에 관한 학리를 연구하는 학문.
온창일	군사문제를 연구하는 학문분야로서, 전쟁을 억제하여 평화를 유지하고, 전쟁을 신속히 종결시켜 다시 평화를 회복 · 유지하는데 필요한 사상, 이론, 제도와 정책, 전략과 외교 및 군사력과 이의 운용교리를 총괄하는 연구분야.

위와 같이 각 국가는 그 국가가 처한 현실에 따라서 다양하게 정의하고 있으나 공통점은 전쟁의 본질과 전쟁의 수행·준비에 대하여 연구하는 학문으로 정의한다는 것이다. 그러나 각 국가와 학자들의 견해에 따라서 전쟁억제까지도 포함하기도 하는데 이는 전쟁억제이론의 중요성이 대두되는 작금의 현실을 반영한 결과라고 본다. 또한 전쟁의 수행·준비와 관련된 타 학문까지도 포함하기도 하는데 이는 군사학을 보다 광범위하게 해석한 결과라 생각된다. 군사학의 정의를 어떻게 하느냐? 하는 문제는 다음에서 논할 군사학의 연구대상 및 범주에 영향을 미치는 것으로 매우 중요한 문제이기는 하다. 하지만 각 국가나 학자들의 견해는 대부분 전쟁의 본질과 전쟁의 수행·준비에 대하여 연구하는 학문이라는 점에서는 일치된 견해를 보이고 있음을 알 수 있다.

3. 군사학의 연구대상 및 범주

앞에서 주변국과 우리나라의 군사학 정의에 대해 알아보았다. 이와 연계하여 각 국가와 학자들이 군사학의 정의와 연계하여 군사학의 연구대상 및 범위를 어떻게 설정하고 있는지 살펴봄으로써 공통분모를 찾아보는 것은 군사학 연구방향을 설정하는 데 도움을 줄 것으로 생각된다.

■ 미국[9]

구 분	내 용
군사력의 발전, 운용 및 지원분야	• 군사연구 및 개발 • 교육훈련 • 군사지원관리, 인사운용, 체계운용 • 무기공학 • 전략 · 전술 · 개념분석 등
군사정책에 따른 군사력 운용 연구분야	• 전쟁학, 전략 · 전술, 전쟁사 • 교리, 참모업무, 분쟁연구 등
군사력과 국력의 제요소와 상관관계 연구	• 안보지원, 민군관계, 국방관리, 군사사회심리, 군사직업윤리 • 연합군관계, 군사정책수립, 지역연구, 과학기술 등

9 _ 이재호, 「미국의 군사학 교육체계」, 『국방학술세미나 논문집』(서울 : 국대원, 1980), pp. 2~79.

■ 구소련 및 러시아[10]

구 분	내 용
군사력 운용 및 연구분야	• 군사술 이론 : 전략, 작전술, 전술, 부대 · 병력에 대한 보장 등 • 무장론
군사력 건설 연구분야	• 군대건설 이론 • 군사경제 이론 • 군사사 / 군대지휘 이론 • 군인교육 / 교양 이론 • 공학 : 탄도학, 사격론, 군사사이버 등
유관학문과의 상관연구	• 사회과학 : 군사법학, 군사사회학, 군사심리학, 군사교육학, 군대윤리학 등 • 자연과학 : 군사지리학, 군사지형학, 군사지질학, 군사인간공학, 군사의학 등

■ 우리나라

ㅇ 국내 학자들의 견해

<table>
<tr><th>구 분</th><th colspan="3">내 용</th></tr>
<tr><td>이종학[11]</td><td colspan="3">• 전쟁철학 • 전쟁학(군제학, 용병술 : 군사전략, 작전술, 전술)
• 군사사학 • 군사기술 • 군사교육학 • 군사지리학
• 군사보조학문 • 군사학의 각 분야의 연구방법 확립</td></tr>
<tr><td rowspan="3">하대덕[12]</td><td>구 분</td><td>대 상</td><td>범 위</td></tr>
<tr><td>순수(고유) 군사학</td><td>무력투쟁의 현상</td><td>• 무력전의 억제
• 무력전의 준비와 수행
• 무력전에 직접 관련된 분야</td></tr>
<tr><td>광의(유관) 군사학</td><td>전쟁과 평화</td><td>• 전쟁의 억제를 통한 평화유지
• 국가총력전의 준비와 수행
• 총력전 수행에 관련된 전력의 제 요소</td></tr>
<tr><td>온창일[13]</td><td colspan="3">• 전쟁과 평화연구 : 사상, 본질, 역사
• 군사정책, 전략, 제도, 동맹외교 연구 : 이론 및 비교분석
• 군사력의 구성연구 : 규모, 종류, 형태, 지휘통수, 무기체계 등
• 군사력의 운용교리 연구 : 전술학, 화기학, 참모학 등</td></tr>
</table>

10 _ 화랑대 연구소, 『군사학 학문체계와 교육체계』(서울 : 화랑대 연구소, 2000), pp. 189~190. 내용 정리.

ㅇ 국방부 견해[14]

구 분		내 용
군사력	군사력 건설	• 군사제도 : 병력 / 동원제도, 군사조직 • 무기 및 장비획득 : 무기체계 획득 및 관리, 계약 및 협상 관리, 국방 기획관리 등 • 교육훈련 : 개인 교육, 부대 훈련
	군사력 유지	• 인사 : 군기 및 사기, 리더십, 충원 / 전역 • 군수 : 국방조달관리, 무기체계 / 자원관리
분쟁과정	군사력 운용	• 전쟁사, 군사정보 • 군사전략, 작전술, 전술
기타 분야		• 민군관계, 군대 직업윤리, 국방경제
기초 분야		• 군사사상, 전쟁철학

ㅇ 화랑대 연구소 견해[15]

구 분	내 용
군사력의 문제 (협의의 군사학)	• 군사력 운용 연구분야 – 군사전략, 작전술, 전술, 지휘통솔, 군사정보 등 • 군사력 개발 및 유지 연구분야 – 군사연구 / 개발, 인사관리, 동원 및 준비, 군 편성 / 발전, 국방제도 / 군사조직론, 군제사 등
전쟁과 군사력 문제 (광의의 군사학)	• 협의의 군사학 범주 포함 • 전쟁의 본질 및 현상 연구분야 – 전쟁학, 전쟁철학, 전쟁법, 국방론, 군사사상 등 • 안보정책 연구분야 – 전쟁사 및 군사사, 무기발달사, 군사교리 발달사 – 군사지리, 군사과학기술, 군사의학 등 – 군사법 / 전쟁법, 군사심리학, 군대윤리, 군대사회학 등

11 _ 이종학, 전게서, pp. 5~6.

12 _ 화랑대 연구소, 전게서, pp. 212~213. 내용정리.

13 _ 화랑대 연구소, 전게서, pp. 212~213. 내용정리.

14 _ 육군사관학교 군사학처, 『군사학 길라잡이』(서울: 양서각, 2004), p. 29.

15 _ 육군사관학교 군사학처, 상게서, p. 28.

이상에서의 미국, 구소련/러시아, 일본, 중국과 우리나라의 군사학의 연구대상 및 범주에서 볼 수 있듯이 군사학은 군사문제를 연구하는 학문으로 군사학의 범주를 광의적으로 해석하느냐 아니면 협의로 해석하느냐에 따라 다양한 견해가 있음을 알 수 있다. 군사학을 광의로 해석하는 경우는 그 범주에 '전쟁과 평화', 즉 전쟁의 본질을 규명하는 전쟁철학과 전쟁을 방지하기 위하여 평화를 추구하는 국가안보정책까지도 포함하고 있다. 반면에 협의로 해석하는 경우는 군사학의 범주를 규정함에 있어 전쟁을 정치의 수단으로 보고 전쟁의 본질과 국가안보는 철학자, 역사학자, 정치학자 등의 몫으로 간주하여 제외시키고 군사학은 오직 전쟁수행을 위한 준비분야인 '군사력의 건설 및 유지'와 전쟁 승리를 위한 방법인 '군사력 운용'에만 국한시키고 있다. 또한 군사학을 연구하기 위한 보조학문은 각 국가나 학자들에 따라서 달리 표현되기는 하나 대부분 그 내용에 있어서는 대동소이하다고 하겠다.

한국 군사학 연구방향

4. 군사학의 연구방향

상기에서 알아보았듯이 광의의 군사학의 개념을 선택할 경우 지금까지의 '전쟁과 평화'에 관한 다수의 학자들의 심도깊은 연구성과들로 인해 군사학이 쉽게 학문적 체계로 진입할 수 있다. 하지만 이로 인해 군사학이 국제정치, 국가안보, 전쟁사 연구 등에 치우쳐 군사학 고유의 정체성, 독립성이 훼손될 우려가 있다. 또한 현실 사회에서 필요로 하는 군사문제에 소홀하게 되어 각종 현안과 예상되는 미래의 안보상황에 대한 발전적 대안을 제시하지 못하는 한계가 있다.

협의의 군사학을 선택할 경우에도 문제점은 있어 보인다. 군사력 건설 및 유지 분야는 지금까지는 학자들 보다는 군의 정책 입안자가 담당해왔기 때문에 학문적으로 정립되지 않은 정책 보고서 형태의 연구 결과는 많이 존재하나 학문적인 연구는 제한된다. 또한 이 분야는 대부분이 타학문과 연관되어 있어 이론체계뿐만 아니라 연구방법론도 많이 발전되어 있다. 예를 들어 군사교육학을 연구하기 위해서는 교육학이론을 바탕으로 군이라는 특수성을 고려하여 연구한다면 학문적인 접근에는 문제가 없다. 그러나 타학문체계 내에서 군이라는 특수적 환경만을 고려한 군사교육학을 군사학으로 보는 것에는 이론의 여지가 있을 수 있다.

더구나 문제가 되는 분야는 군사력 운용 분야이다. 군사력 운용인 용병술(군사전략, 작전술, 전술)은 지금까지는 군인의 몫으로만 여겨졌기 때문에 이 분야는 군대의 교육기관에 의해서만 주로 연구되었고 발전되어 왔다. 그러다보니 연구결과가 학문적 체계 내에서 이론으로 정립되기 보다는 교육적인 측면에서 실용성에 중점을 두고 발전되어 왔다. 군사이론을 연구 발전시키기 보다는 기존의 군사이론을 바탕으로 이를 현실에 적용 가능하도록 군사력 운용의 지침서 성격의 군사교리(야전교범)에 중점을 두어 발전시키고 있는 현실이다. 엄밀히 말하면 군사교리도 군사학의 분야이기는 하지만, 군사교리는 그 나라가 처한 현실인 시간적, 공간적, 수단적 요소를 고려하여 군사이론을 적용한 실용적인 결과물로서 공간과 시간을 초월한 원리를 가진 학문으로 보기에는 다소 무리가 있어 보인다. 또한 군사력 운용 분야는 많은 부분에서 술(術, Art)적인 요소를 포함하고, 전쟁의 우연성과 불확실성으로 인해 일관된 법칙을 요구하는 이론의 체계를 정립하기에 어려움이 있고 아직까지도 많은 학자들이 이론화가 제한된다고 생각하고 있다. 그러나 이는 지금까지의 군사학 연구가 이 분야에 대한 무관심에서 비롯된 것이지 결코 이론체계 정립이 불가능하다고 생각되지 않는다. 왜냐하면 지금까지 인류는 수많은 전쟁의 역사를 거치면서, 전쟁에서 승리를 추구하기 위해 다양한 용병술을 고민하고 발전시켜 왔기 때문이다. 물론 전쟁의 승패는 불확실성과 우연성에 의해서 결정되기도 하지만 분명한 것은 전쟁승리의 원리인 '우승열패(優勝劣敗)'는 항상 일관성 있게 적용되었다. 역사상 어떠한 전쟁도 '우승열패'의 원리를 벗어난 적은 없다. 비록 전체 국면에서는 전투력이 열세하였더라도 전투가 발생하는 특정한 시간과 공간에는 전투력이 우세한 편이 항상 승리하였다. 따라서 우리는 역사상의 전쟁을 연구하는 학문인 군사사(軍事史)를 연구함으로써 일관성 있는 이론을 찾고, 이를 체계화할 수 있다고 생각한다.

군사학의 정의와 연구대상 및 범위를 정하는 방법에 있어서 어느 것이 더 타당성이 있느냐를 논의하는 것도 중요하지만, 실용적인 측면에서 현재의 군사학 연구의 문제점인 군사학의 정체성과 독립성을 확보하는 것이 더 중요하다고 필자는 생각한다. 이런 점에서 필자는 군사학을 협의로 해석하면서도 전쟁의 본질을 포함한 이종학 교수의 군사학에 대한 정의와 연구대상 및 범주에 동의한다. 이종학 교수는 오랜 기간 군에 몸을 담은 군인이자 학자이다. 따라서 중립적인 입장에서 군사학 이론체계를 정리했다고 생각한다.

광의의 군사학은 '전쟁과 평화'가 연구대상으로 전쟁의 본질과 안보정책과 관련이 깊다. 이 분야는 군복을 입은 직업군인들만 고심하는 분야가 아니라 세계인류의 평화를 갈구하는 철학자, 정치학자, 역사학자 그리고 일반인들도 관심을 갖는 분야이다. 따라서 연구 성과도 많으며 학문적 이론체계를 이미 갖추고 있다.

협의의 군사학은 군사에 직접적으로 영향을 미치며, 직업군인에게 필요한 학문이다. 이런 이유로 국방부의 분류체계에서도 군사학을 군사력 건설 및 유지, 군사력 운용에 초점을 맞추고 있다. 그러나 이 분야는 민간 학자가 연구하기에는 제한사항이 많다. 군사력 운용분야인 용병술(군사전략, 작전술, 전술)이나 건설 및 유지 분야인 양병에 관련된 부분은 군에 몸을 담고 있지 않으면 연구의 필요성을 실감하기 어려우며 또한 군의 특성상 연구에 필요한 자료도 접근하기 어렵다. 더구나 용병술 분야는 앞에서도 언급했듯이 타 학문과는 차별화되는 독창적인 군사학 분야이나 연구실적 면에서는 다소 부족한 편이다. 그래도 군사전략은 전쟁사를 통하여 많은 연구가 있어 왔으나 작전술과 전술 분야는 주로 군사교육기관에서 군사교리로 발전되어 군사이론, 즉 군사학으로 연구가 미흡한 실정이다.

군사학을 연구하는 군사학도들 중에는 민간인 학자도 있고, 현역군인과 예비역군인이 있다. 대부분의 민간인 학자는 국제정치, 역사, 외교 등을 연구한 이들이다. 이들이 광의의 군사학에 많은 연구업적을 내어 주길 기대한다. 현역군인은 협의의 군사학에 보다 많은 연구를 했으면 한다. 광의의 군사학이 연구하기에 다소 쉬울지는 몰라도 협의의 군사학은 현역군인이 하지 않으면 누군가 할 사람이 없다. 그리고 예비역군인은 중간자적인 입장에서 광의의 군사학과 협의의 군사학을 연결하는 고리가 되어 주었으면 한다.

협의의 군사학을 연구하기 위해서는 필히 광의의 군사학이 그 기초가 되어야 한다. 협의의 군사학 연구도 전쟁 수행과 관련된 것이므로 전쟁과 평화에 대한 본질과 성격을 모르고서는 할 수 없으며, 또한 그 이론체계를 정립하기 위해서는 기존의 광의의 군사학의 연구 성과를 바탕으로 할 수밖에 없을 것이다.

한국 군사학 연구방향

5. 맺음말

우리나라는 처해 있는 지정학적 환경으로 인해 항상 외침에 저항하며 지금의 역사를 발전시켜 왔다. 지금도 북한에 의한 직접적인 군사위협과 주변국과의 관계에서 발생할 수 있는 잠재적 위협에 더불어 주변 강대국들의 이해관계(利害關係) 변화에 따라 우리의 국가안보는 유동적인 상황에 놓여 있다. 우리가 군사학을 연구하는 것은 바로 이러한 위협에 대비하여 국가안보를 튼튼히 하고자 하는 것이다. 국가안보란 '국가 이익을 보존하고 향상시키기 위해 국내외의 위협을 감소시키고 취약성을 감소시키는 행위'이다.[16] 국내외의 위협을 감소시키기 위해서는 정치 · 외교적 조치가 우선적으로 잘 되어야 한다고 볼 수도 있다. 하지만 "국제사회에서는 영원한 친구도 적도 없다. 오직 국가 이익만 있을 뿐이다"라는 말은 국제사회에서 영원한 신뢰란 존재하지 않는다는 것을 의미한다. 따라서 안보적 위협을 감소시키는데 있어 정치 · 외교적 조치는 원론적으로 그 한계를 내포하고 있다고 할 수 있다. 결국 우리는 국가안보에 있어 취약성을 감소시키는 데 초점을 맞추어야 하는데 그 핵심이 바로 자주적 국방력을 강화시키는 것이라고 할 수 있다. 자주국방을 위해서는 군대가 강해져야 한다. 강력한 국방력을 건설하기 위해서는 물리적 전투력 수준을 증강시키는 것 못지않게 군대조직을 내실 있게 다지고, 적과 싸워 이길 수 있는 군사전략과 이론들을 발전시켜 나가는 것이 중요하다고 할 수 있다. 조직은 경험만으로 발전시킬 수는 없다. 탄탄한 학문적 · 이론적 배경에 기초한 경험의 축적을 통해 군대조

16 _ 김열수, 『국가 안보』(파주 : 법문사, 2013), p. 10.

직을 발전시켜야 한다. 어떻게 하면 제한된 재원으로 강한 군대조직을 만들 것인가, 또한 군대를 어떻게 운용하여 적과 싸워서 이길 것인가라는 문제는 단순히 경험적 요소만으로는 해결할 수 없다. 이런 점에서 군사학이 군대발전에 기여하는 이론적 토대를 마련하는데 있어 그 중요성을 갖는다고 할 수 있다.

군사학을 연구하는데 있어, 광의의 개념과 협의의 개념 중에 어느 것을 선택하는 것이 올바르냐하는 문제는 중요하지 않다고 본다. 오히려, 군사학의 범주에 포함되는 것들을 균형되게 발전시키는데 우리의 관심과 노력을 경주해야 할 것이다. 그래야만 앞에서 논의한 문제점들을 해소하고 진정으로 군사학이 학문으로서의 체계를 갖출 수 있으며 국가안보에 기여하고 군대를 발전시킬 수 있는 이론적 배경을 제공해 줄 수 있을 것이다. 군사학은 타 학문분야와 중첩되는 부분도 있고, 군사학만의 고유분야도 있다. 중첩되는 부분인 전쟁의 본질과 군사력 건설 분야는 타 학문의 이론을 빌어서 연구하면 된다. 그러나 고유분야인 군사전략, 작전술, 전술 등의 용병술 분야는 군사학도들이 연구하여 발전시키고 이론을 체계화하여야 한다. 그래야만 우리의 당면과제인 자주국방에 직접적으로 기여할 수 있을 것이며, 이로 인해 군사학이 살아있는 학문으로 인정을 받아 정체성 · 독립성 있는 학문으로서 거듭날 것이다. 군사학도들은 이 분야에 노력을 집중해줄 것을 당부한다.

Chapter 2

전 쟁

1. 전쟁의 본질
2. 전쟁양상의 변화
3. 전쟁과 도덕

전쟁

1. 전쟁의 본질

1.1 전쟁이란 무엇인가요?

■ 개 요

인류의 역사는 생존을 위한 투쟁의 역사로 전쟁과 함께 발전해왔다고 해도 과언이 아니다. 과거에도 수많은 전쟁이 있었고, 지금도 지구상에서 전쟁은 계속되고 있으며, 인류가 존재하는 한 미래에도 전쟁은 어떠한 이유에서든 계속될 것이다. 인류는 전쟁으로 인한 대량살상, 경제적 피해, 그 후유증을 두려워하면서도 잠시도 전쟁을 멈추지 않았다. 인류 역사는 아예 전쟁역사라고까지 말하는 사람들도 있다. 역사를 전반적으로 이해하고자 할 때 부인할 수 없는 점은 지금까지 수많은 사람들이 전쟁을 겪었고 또 그보다 훨씬 더 많은 사람들이 전쟁의 영향을 받으며 살아왔다는 것이다. 플라톤[1]이나 아리스토텔레스[2] 같은 현인들도 전쟁 자체는 싫어했지만 그 불

1_ 플라톤(B.C. 427~B.C. 347) : 고대 그리스의 철학자. 객관적 관념론의 창시자. 소크라테스의

가피성이나 중요성에 대하여는 결코 의문을 품지 않았다. 그렇다면 전쟁은 무엇이고, 왜 일어나며, 또한 전쟁으로 인한 막대한 폐해를 막을 방법은 없는가? 이에 대한 답을 찾는 것이 인류에게 던져진 과제이며, 해결해야 할 대명제이기도 하다.

■ 전쟁에 대한 다양한 관점과 학설들

전쟁이란 과연 무엇인가에 대해 다양한 분야의 전문가들(철학자, 법률가, 정치 · 사회학자, 군인 및 군사이론가 등)이 전쟁의 본질을 규명하고자 시도해 왔고 현재도 진행 중이다. 전쟁은 시대적 배경, 전쟁의 원인이나 목적, 전쟁수행 주체(국가, 교전단체[3] 등) 등에 따라 각기 다른 관점에서 해석이 가능하다. 예를 들면 원시시대에도 전쟁은 있었다고 주장하는 사람이 있는 반면 이때의 전쟁은 전쟁이라기보다는 생존을 위한 단순한 투쟁행위만 있었다고 보는 시각도 있다. 즉 원시시대는 국가나 민족의 개념이 없었던 시기이고 군대와 같은 전쟁수행을 위한 별도의 조직이나 단체가 없었기 때문에 전쟁이라기보다는 단순한 투쟁이나 싸움 정도로 보는 것이다. 국가나 민족의 형태가 갖추어지고, 조직화된 군대의 형태가 갖추어진 근 · 현대에서 조차도 전쟁에 대한 관점이 다르고 본질에 대해서도 해석이 다양하다. 전쟁이 무엇

제자. 귀족 출신. 40세경 아테네 교외의 아카데미아에 학교를 열어 교육에 임하였으며, 또한 많은 저작(30권이 넘는 대화편)을 썼다. 그의 철학은 피타고라스, 파르메니데스, 헤라클레이토스 등의 영향을 받았으며, 그 당시의 유물론자 데모크리토스의 사상과 대립하였다.

2_ 아리스토텔레스(B.C. 384~B.C. 322) : 고대그리스 철학, 학문전반에 걸친 백과전서적 학자로서 과학 여러 부분의 기초를 쌓고 논리학을 창건하기도 하였다. 트라키아의 스타게이로스에서 출생하여 플라톤의 학교에서 수학하고, 왕자 시절의 알렉산더 대왕의 교육을 담당하였다.

3_ 교전단체는 국제법상 교전국으로 자격이 인정된 단체로 국가뿐만 아니라 특정단체도 가능하다. 교전단체로 승인을 받은 단체는 일정한 범위에서 국제법상의 주체로서의 지위를 얻게 된다. 예를 들면, 팔레스타인 해방기구(PLO), 베트남전쟁에서 베트콩, 아프가니스탄의 북부동맹의 반정부세력들을 들 수 있다.

인지 본질에 접근하기 위해서는 우선 다양한 관점에서 제기된 학설과 사례들에 대한 이해가 선행되어야 할 것이다. 왜냐하면 전쟁에 관해서 일반인이나 학자가 생각하는 개념과 군인이나 국가의 지도자가 생각하는 개념이 같을 수 없으며, 학자들 간에도 전쟁에 대한 견해가 다르기 때문이다.

먼저 사전적 · 군사교리적 의미를 살펴보자. 『새우리말 큰사전』(1975)에 "전쟁은 국가와 국가 사이의 무력에 의한 투쟁"으로 기술되어 있고, 『우리말 큰사전』(1992)에는 "전쟁은 국가 또는 교전단체 사이에 무력을 써서 행하는 싸움"으로 기술되어 있다. 국제적으로 통용되는 대표적인 사전인 영어사전 *New Webster's Dictionary*(1981)에 의하면 "전쟁은 국가 간 또는 같은 국가 내에서의 파벌 간의 무력충돌이며, 적대상태 또는 군사적 분쟁"이라고 정의하고 있으며, 영어사전 *Wordfinder Oxford*(1995)에는 "전쟁은 국가 간의 무력 적대 행위, 특정한 대립 또는 그런 대립이 존재하고 있는 기간, 대립 간에 국제법[4]과 같은 것이 일시적으로 효력을 발휘하지 못하는 상태, 사람이나 집단 간의 적대 행위 또는 투쟁, 범죄, 질병, 가난과 같은 것에 대항하는 지속적이고 조직적인 활동"이라고 정의하고 있다.

『미군 야전교범 100-1, The Army』(1981)에는 "전쟁은 형식적 의미로는, 국제적이든 국가적이든 혹은 국가 이하 규모의 것이든 간에 화합될 수 없는 정치적 견해나 목적의 극단적 표현이며, 좁은 의미로는 적대 군사력 간에 발생하는 충돌이고, 넓은 의미로는 자국의 목적을 달성하기 위해서나 또는

4_ 국제법이란 국가와 국제기구, 특별한 경우에는 예외적으로 회사나 개인의 행동을 국제적으로 규율하는 법률이다. 국제사법과 대비해서 국제공법(國際公法)이라고도 한다. 한국에는 만민공법(萬民公法)이란 이름으로 19세기 말에 최초로 소개되었다. 국제법은 공법과 사법의 구별이 없고 공법으로 평가된다. 20세기 이후에는 국제무역과 교류의 증가, 국가 간 갈등 등이 커지면서 국제법의 역할이 중요해졌다. 그러나 대부분 그 관철을 위한 강제력이 결여되어 있으므로 불완전한 법이며 형성 중인 법이다. 따라서 그 준수는 세계인의 양심에 호소하는 측면이 큰 법이라는 지적도 있다.

일개 내지 다수의 적국이 주장하거나 의도하는 바를 저지하기 위해서 정치 · 경제 · 심리 · 기술 및 외교 수단을 선택적으로 혼합 사용하는 것까지를 포함한다."라고 기술되어 있다. 한편 『미군 야전교범 3-0, Operations』에서는 전쟁은 "국가 또는 주(州)와 같은 정치적 집단 간의 개전 및 선전포고된 교전상태"로 정의하고 있다.

우리가 일상적 의미로서 전쟁이라고 말하는 것들도 있다. '경제전쟁', '입시 · 취업전쟁', '선거전' 등은 특정분야의 위기상황이나 치열한 경쟁관계를 비유하는 의미로 사용되는 개념들로 전쟁이라는 표현을 빌고 있다. 극도의 피로와 고통이 수반되는 행위의 개념으로서 '출 · 퇴근 전쟁', '쓰레기와의 전쟁' 등으로도 쓰이고 있다. 이는 우리 인생이 하루하루가 전시나 다름없는 긴장되고 힘든 생활을 영위하고 있는 것에 대한 자기와의 싸움에서부터 외부의 사물이나 상황에 대처하기 위한 투쟁에 이르기까지 알게 모르게 싸우고 있다는 의미에서 전쟁이라고 표현하는 것이다. 또한 우리가 무찔러야 할 대상과의 싸움 또는 투쟁 개념으로서의 전쟁이라 표현하는 것들도 있다. '범죄와의 전쟁', '불법과외와의 전쟁', '밀수와의 전쟁' 같은 용어들이 이 같은 예라 하겠다.[5] 그러나 이와 같이 일상적 의미로서의 전쟁이라고 말하는 것들은 신중을 기하지 않고 자극적으로 표현한 말들이기 때문에 전쟁의 정의에 대한 이해에서 제외하겠다.

철학자, 법률가, 사회학자, 과학자, 심리학자들도 각기 자신의 관점에서 전쟁현상을 규명하려 했다. 이와 관련된 내용은 너무 광범위하므로 구체적인 설명은 생략하기로 하고 〈표 1〉과 같이 간명하게 제시하는 것으로 대체하겠다.

5_ 전문대학 부사관과 학술교류협의회 편찬, 『전쟁사』(서울 : 법률시대, 2006), pp. 34~37.

〈표 1〉 전쟁 현상에 관한 다양한 관점과 학설들[6]

구 분		전 쟁 현 상	주 창 자
철학적 관 점	부인 사상	전쟁은 근절되어야 할 전염병이고, 되풀이 되어서는 안 될 과오이며, 징벌되어야 할 범죄행위이자 쓸모없는 시대착오적 산물로서 보는 시각, 즉 전쟁을 죄악시 내지는 결코 수용할 수 없는 대상물로 인식.	① M. 루터 ② C.G. 애포트 ③ J. 그라이트 ④ M.T. 키케로 등
	긍정 사상	전쟁을 하나의 흥미있는 모험이나 유용한 도구 또는 합법적이고 적절한 절차나 사람들이 준비해야 할 하나의 생존조건으로 인식하고, 전쟁을 당연한 것으로 생각.	① 헤겔 ② T. 홉스 ③ 마키아벨리 ④ 베제티우스 등
법률적 관점		전쟁은 힘에 의한 투쟁 상태로 보는 시각으로, 개인 간의 투쟁, 폭동 또는 법률상 불평등자간의 격렬한 논쟁은 전쟁이 아니라고 봄.	H. 크로티우스 등
사회학적 관점		전쟁은 폭력을 포함한 사회적으로 인정되는 집단 간의 분쟁형태로 규정.	M.T.키케로 등
과학적 관점		전쟁은 적자생존의 자연법칙에 따른 인류집단 간의 투쟁으로 보거나 또는 자연계에 있어서 생활조건에 적응하는 생물은 생존하고 적응하지 못하는 생물은 멸망하는 자연도태의 현상으로 봄.	① C. 다윈 ② H. 스펜서 등
심리학적 관점		모든 국가 간의 관계는 부단히 변하고 때로는 위기 수준까지 악화될 수 있어서 다른 국가들이 이런 상황을 법률적으로 전쟁상태라고 인식하든 인식하지 않든 간에 당사국의 입장에서는 전쟁이란 용어로 표현할 수 있다고 주장.	T. 홉스 등

6_ 상게서, pp. 37~39의 내용을 요약하여 도표화한 것임.

위와 같은 다양한 이론들은 사회현상으로서의 전쟁의 본질 및 전쟁과 정치, 전쟁과 경제와의 관계, 특히 전쟁의 근본적인 원인 등에 대해서는 대부분 구체적인 언급을 하지 못하고 있다.

철학자, 법률가, 사회학자, 과학자, 심리학자들과는 달리 군인 또는 군사 이론가들은 현실적 필요성에 따라 실증적 방법으로 전쟁을 규명하고자 하는 노력을 기울였다. 이들은 철학적 사색이나 과학적 분석 대신 일단 전쟁을 정치현상으로 받아들여 그 도덕성 여하는 덮어두고 전쟁 또는 용병상의 여러 문제를 통일적이고 법칙적으로 해석하고자 했다.

이들 중 가장 대표적인 인물은 고대 중국의 병법가인 손무(孫武)[7]와 나폴레옹전쟁 당시의 프로이센 군인인 클라우제비츠(Karl von Clausewitz)[8]라 할 수 있다.

손자(孫子)는 동양의 고대 병서 가운데 가장 빛나는 『손자병법』을 저술함으로써 2,500여 년이 지난 오늘날에도 변함없는 전쟁의 본질을 설명하고 있다. 손자는 "전쟁이란 국가의 대사이다. 국민의 생사와 국가의 존망이 걸려 있으므로 이를 이해하고 두루 살피지 않으면 안 된다.(兵子 國之大事 死生之地

7_ 손무(孫武) : 중국 춘추시대의 전략가로서 공자(551~479 B.C.)와 동시대의 인물. 자는 장경(長卿)이다. 손자(孫子)는 경칭이며, 한국에서는 이 이름으로 더 많이 알려져 있다. B.C. 512년 오자서의 추천으로 오나라 왕 합려의 초빙을 받아 오나라의 군사(軍師)가 되었다. 손무는 오나라의 강력한 군대를 건설한 이후 초나라 원정으로부터 진나라 등을 정벌함으로써 오나라는 한 때 패자의 위세를 떨치게 된다. 대표적 저서는 『손자병법』이다.

8_ 클라우제비츠(Karl von Clausewitz ; 1780~1831) : 1780년 프로이센에서 출생하였고 12세에 프로이센군에 입대했으며, 1801년 베를린 군사학교에 학생으로 파견, 당시 부교장이던 샤른호르스트 중령에게 큰 감화를 받았다. 1806년 예나(Jena) 전역에서 전투에 참가하였으나 나폴레옹군의 포로가 되어 1807년까지 프랑스에 있었다. 귀국 후 패전한 프로이센의 재건을 위해 샤른호르스트 장군 밑에서 오늘날 의무병제도의 기초가 되는 단기훈련제를 시도했다. 1812년 프로이센이 나폴레옹의 동맹군이 되어 러시아 원정에 올랐을 때 클라우제비츠는 나폴레옹을 타도하기 위해 러시아군에 복무, 브로디노 전투에 참가했고, 1815년 워털루 전역시에는 프로이센군에 복귀하여 틸만 장군의 참모장으로 참가 그루쉬군을 훌륭히 견제하여 나폴레옹을 패퇴케 하는데 결정적 역할을 했다. 1818년 소장으로 승진, 베를린 군사학교(1860년 육군대학으로 개칭) 교장으로 임명되어 1830년까지 머물면서 『전쟁론』을 집필했다. 『전쟁론』은 그의 사후 그의 부인에 의해 출간되었다.

存亡之道 不可不察也)"고 하였다.

인간사에서 죽고 사는 문제와 국가의 존망 이상으로 중대한 일이 없으며, 그것이 바로 전쟁이라는 점을 명쾌하게 지적한 것이다. 아울러 전쟁은 함부로 하는 것이 아니며 신중히 생각하고 깊이 연구를 해야 한다는 점도 강조하고 있다. 또 "전쟁은 싸우지 않고 적을 굴복시키는 것이 최상이다.(不戰屈人之兵 善之善者)"라고 하였다. 즉, 전쟁은 이기는 것이 목적이나, 싸워서 이기는 것보다 싸우지 않고 이기는 것이 상책(上策)이고, 그 다음으로 계략(計略)이며, 마지막으로 싸우는 것이라는 것이다.

클라우제비츠는 그의 저서 『전쟁론』(*On War*)에서 "전쟁은 정책의 연장이고 정책의 또 다른 수단이다."라고 하였다. 이 문구는 너무나도 많이 인용되었고 누구도 이의를 제기하지 않을 만큼 명쾌한 결론이다. 그에 의하면 "전쟁은 적에게 우리의 의지를 실행하도록 강요하는 폭력행위이다…전쟁은 언제나 진실한 목적에 대한 진솔한 수단이며, 또한 전쟁은 정치적 행동일 뿐 아니라 하나의 정치적 수단이고 정치적 교섭의 연속이며 다른 수단에 의한 정책의 계속에 불과하다."라고 하였다. 이는 전쟁목적과 목표, 전쟁수단을 명확히 구분하고 있다. 클라우제비츠는 적으로 하여금 우리의 의지대로 이행하도록 강요하는 폭력행위로 지칭하였다. 그런데 폭력 즉 물리적 폭력은 전쟁의 수단이고, 적에게 우리의 의지에 따르도록 강요하는 것이 그 목적임을 분명히 하고 있다.

또한, 전쟁은 다른 수단에 의한 정치의 연속에 불과하다고 강조함으로써 정치와 전쟁의 상호관계를 정립하였다. 즉, 전쟁의 목적은 적에게 자신의 의지를 강요하는 것이며, 이 목적을 실현하기 위해서 적의 의지를 좌절시키는 것이 전쟁의 본래 목표이고, 이 목표를 구현할 수 있는 수단이 폭력행위라고 규정짓고 있다.[9]

9_ 전문대학 부사관과 학술교류협의회 편찬, 전게서, p. 41.

지금까지 연구된 전쟁과 관련된 다양한 이론들을 종합적으로 분석해 보면 우선 전쟁의 범위를 기준으로 크게 광의의 전쟁과 협의의 전쟁으로 구분해 볼 수 있다. 『전리입문(戰理入門)[10]』에서는 전쟁에 대해서 협의의 개념으로 "군사력으로 상대 군사력을 격멸하는 것"이라 정의하였다. 광의의 개념으로는 "국가의 모든 힘 즉 군사력 외에 정치, 경제, 외교 등의 여러 수단을 운용하여 국가이익을 달성하는 것"이라 정의하고 있다.

우선 협의의 전쟁 개념을 더 구체적으로 살펴보면 "주권을 가진 국가 간의 조직적인 무력투쟁 상태로서 선전포고와 더불어 전쟁이 개시되고 휴전 내지 강화조약으로 종결짓는 형태의 전쟁"을 말하는 것으로 특징은 다음과 같다.

첫째, 전쟁의 주체가 국가 또는 이에 준하는 교전단체라는 점이다.

둘째, 전쟁의 목적은 정치적 목적을 추구한다는 것이다. 여기서 정치적 목적이란 국가의 이익[11] 및 번영 등을 말한다.

셋째, 전쟁의 수단은 주로 무력 또는 군사력이 사용된다는 것이다. 그러나 통상 군사력뿐만 아니라 정치, 경제, 사회, 과학기술, 심리 등의 모든 분야를 포함하여 사용된다.

넷째, 전쟁 당사국 중 어느 일방이 최후통첩이나 선전포고가 있을 때부터 전쟁상태에 돌입한 것으로 보고, 그렇지 않은 경우에는 전쟁돌입을 인정하

---

10 _ "전리(戰理)"란 전쟁 및 전투에서 공통적으로 적용되는 원리 · 원칙을 말한다. 이는 전사 속에서 찾아낸 실증의 축적물이지만 시대변천과 과학기술의 발달에 따라 끊임없이 변증법적으로 발전하는 특징을 지니고 있다. 『전리입문』은 1969년 일본 간부학교에서 지상작전의 원리 · 원칙을 제공하는 입문서로 발간되었다가 이후 포클랜드 분쟁, 이란 · 이라크 분쟁, 걸프전 등을 비롯한 현대전의 양상까지 포함하여 분석하여 전리의 성격, 전투력의 특성 및 원리 등을 현대전에 맞도록 보완하였다.

11 _ 국가 이익이라 함은 헌법에 반영된 기본정신에 따라 국가의 존립과 발전에 도움이 되는 것을 의미하며, 어떠한 경우에서도 최우선적으로 추구해야 할 기본적인 가치이며 국가목표 설정 및 선택의 기준이 된다. 우리나라의 국가 이익은 독립국가로서 존립에 필요한 국가안보, 자유민주주의와 인권신장, 경제발전과 복지증진, 한반도의 평화적 통일, 세계평화와 인류공영에 기여하는 것이다.

지 않는 것이다.

광의의 전쟁은 전쟁의 범위를 인간행위 특히 국가 및 정치집단에 국한하되 군사력 뿐 아니라 정치, 경제, 사상 등 비군사적 수단까지도 포함한 이용가능한 국력의 전부 또는 일부를 가지고 자국의 의지를 적국에게 강요하기 위하여 취하는 비상행동으로 보는 것이다.

이러한 광의의 전쟁개념은 전쟁의 수행주체, 전쟁의 상태 및 전쟁의 전개(개시 및 종결) 등의 관점에서 이해할 수 있다.

첫째, 전쟁의 수행주체 면에서 협의의 전쟁은 국가이거나 적어도 교전단체로 인정받은 것이었으나, 광의의 전쟁은 전쟁집단뿐 아니라 국가의 일부부서까지를 포함할 수 있다. 예를 들면 범죄와의 전쟁, 마약과의 전쟁과 같은 경우는 전쟁의 주체가 국가 공권력(경찰)으로 이는 협의의 개념에는 포함되지 않으나 광의의 개념에는 전쟁이라 할 수 있다.

둘째, 전쟁의 상태 면에서 광의의 전쟁은 제2차 세계대전 이후 발생한 독립투쟁, 반식민지 운동, 공산 혁명전쟁 등의 비정규군에 의한 전쟁상태까지 포함한 개념이라 할 수 있다.

셋째, 전쟁의 수단 면에서 협의의 전쟁은 무력, 군사력을 포함한 정치, 경제, 사회, 과학기술, 심리 등 여러 수단이 포함되나, 광의의 전쟁에서는 이중 일부가 수단으로 이용될 수 있다. 예를 들면 경제 봉쇄, 외교 전쟁 등도 광의의 전쟁개념에 포함될 수 있는 것이다.

넷째, 전쟁의 개시와 종결에 있어서 협의의 전쟁은 선전포고, 전쟁, 그리고 강화의 절차를 밟아 전쟁이 진행되나, 광의의 전쟁에서는 이러한 모든 개념이 무시된 상태에서 전쟁이 진행될 수 있다. 예를 들면, 일본군의 진주만 기습, 제3차 중동전시 이스라엘군의 선제기습과 같은 경우는 이런 절차가 무시된 상태에서 전쟁이 시작된 것이다.

현재 우리 군에서는 "전쟁을 상호 대립하는 2개 이상의 국가 또는 이에 준하는 집단이 정치적 목적을 달성하기 위해서 자신의 의지를 상대방에게 강요하는 조직적인 폭력행위이며 대규모의 지속적 전투작전[12]"이라고 정의하고 있다. 여기서 전쟁의 주체는 국가와 이에 준하는 집단을, 목적은 정치적 목적을, 수단은 군사력을 비롯한 모든 수단을 사용하는 것을 말하고 있다. 즉 군사력 외에도 정치 · 외교, 정보, 경제, 사회 · 문화, 과학기술 등 국가 안보의 제 수단을 모두 활용하는 것으로 전쟁은 문제 해결의 최후의 수단이라 보고 있다.

여기서 전쟁의 개시는 국제법상으로는 선전포고에 의하여 개시되나 대부분 선전포고 없이 이루어지고 있으며, 종전은 협정 또는 강화조약에 의하여 종결된다.

■ 전쟁의 기원

전쟁은 언제부터 시작된 것일까? 이에 대한 견해도 각기 다르고 다양하다. 군사사학자들은 전쟁사를 연구할 때 기본적으로 문서상의 기록에 의존하며, 따라서 대부분은 역사학의 아버지 헤로도토스(Herodotos)[13]가 최초의 기록을 남긴 페르시아 전쟁을 출발점으로 잡는다. 물론 페르시아 전쟁 이전에도 전쟁이 있었다는 사실은 고고학적 발굴을 통해 알 수 있지만 기록이 없어 구체적으로 어떻게 싸웠는가를 잘 알 수 없을 뿐이다. 물론 이것이 오늘날 전쟁이라 할 수 있을 정도의 무력충돌에 비견되는 것인지 아니면 단순히 생존을 위한 투쟁정도였는지는 알 수 없다. 몇 년 전 영화로도 상영된 바

---

12 _ 『(합동교범 1) 합동기본교리』(서울 : 합참, 2009) p. 28.

13 _ 헤로도토스(Herodotos ; B.C. 480~B.C. 420 경) : 역사의 아버지라고 불린다. 그의 생애에 관해서는 B.C. 490년에서 B.C. 479년경까지 이어진 그리스-페르시아 전쟁의 기원에 대한 자신의 탐구를 기록한 그의 저서 『역사』에 간간히 언급된 기록 이외에는 거의 알려져 있지 않다. 그는 체계적으로 사료를 수집하고 어느 정도 사료의 정확성을 검증하였으며, 잘 짜였으면서도 생생한 줄거리에 따라 사료를 배치한 최초의 역사가로 알려져 있다.

있는 트로이 전쟁 역시 오랫동안 많은 역사가들은 B.C. 850~B.C. 800경 호메로스의 『일리아드』와 『오디세이』에 나오는 당시의 전설(인간의 갈등과 신들의 불화로 일어난 전쟁)과 그의 상상력을 동원하여 정리한 문학작품 내용으로만 간주해왔다. 그러나 근래에 고고학자들은 오늘날 터키 서쪽 다르다넬스 해안[14]에서 9층으로 쌓인 트로이 유적지를 발견하고 그 가운데서 여섯 번째 층이 B.C. 약 1,200년경 그리스 군에게 파괴된 도시의 유적이라는 사실을 밝혀냈다.[15] 따라서 고대도시를 이루었던 그리스시대 이전부터 전쟁이 있었다는 것을 충분히 짐작해 볼 수도 있다. 어쨌든 문명 이전 시대(선사시대)의 전쟁을 정확히 아는 일은 현재로서는 불가능하며, 문명시대 조차도 전쟁의 출발점이 어디인지 정확하게 말하기는 쉽지 않아 보인다.

어떤 학자들은 전쟁은 사람들이 농업을 발견하고 집단으로 거주하기 시작한 신석기시대부터 시작되었다고 주장한다. 구석기시대에도 사람들끼리 싸움이 없었던 것은 아니겠으나 조직화된 집단의 싸움은 신석기시대부터라는 것이다.

추정해 보건대, 구석기시대의 싸움은 역사적으로 기록되어 있는 바 없으나 이 당시 인류는 수렵과 사냥을 통해 생존을 영위했다. 따라서 개별 혹은 소수의 집단생활을 통해 각자의 영역이 존재했을 것이고, 이 영역을 침범하여 먹잇감을 약탈하고 또는 이를 막는 싸움과 투쟁이 있었을 것이라 짐작된다. 이러한 식량과 거주지 확보, 자기보존을 위한 본능적 행위와 소속사회의 보존을 위한 행위로서 뿐만 아니라 특권층이 지위를 유지하거나 쟁취

---

14 _ 다르다넬스 해협 : 에게해와 마르마라해를 잇는 터키의 해협이다. 길이는 62km이지만 폭은 1~6km 밖에 되지 않는다. 평균 깊이는 55m이고 가장 깊은 곳은 81m이다. 보스포루스 해협과 함께 터키를 아시아와 유럽 양쪽으로 나눈다. 트로이 전쟁의 무대였던 고대의 트로이아는 해협의 서쪽입구 아시아 쪽에 있다. 페르시아 제국의 크세르크세스 1세와 마케도니아 왕국의 알렉산드로스 대왕은 정복을 위해 이 해협을 건넜다. 비잔티움 제국에게 이 해협은 콘스탄티노폴리스를 지키는 아주 중요한 길목이기도 했다.

15 _ 정토웅, 『전쟁사 101 장면』(서울 : 가람기획, 1997), p. 18.

하기 위한 수단으로서 전쟁을 했을 수도 있다고 추정해 볼 수 있다. 이 당시에는 싸움을 위해서만 별도의 무기를 준비하거나 전술이 개발되지는 않았을 것이다. 다만 수렵이나 사냥용 도구들을 싸우는 수단으로도 사용하였을 것이고, 무리를 이루면서 보다 조직적인 사냥기술이 발전하게 됨에 따라 이를 싸우는 기술로 접목시켰을 것임을 추론해 볼 수 있다. 물론 이러한 것들이 오늘날 전쟁이라고 정의하는 범주에 들기에는 다소 부족해 보인다.

그렇다면 신석기시대는 어떠했을까? 이 시대에는 집단 주거지 출현이 눈에 띈다. 이는 인간이 집단으로 거주하였음을 나타내며, 사냥이든 농업이든 간에 서로 협력하였음을 의미한다. 또한 구석기시대의 습관화된 사냥방식을 인간집단에 적용했을 것이라고 추정해 볼 수 있다. 이때의 싸우는 방식은 지휘자 통제 하에 협력하여 대형을 갖추고 창 · 활 · 단검 · 손도끼 · 돌팔매 등을 이용하였을 것으로 추정된다.

이후 문명시대에 접어들면서 인류의 발전과 함께 전쟁은 보다 구체적이고 체계적으로 발전하게 된다. 식량과 영토의 확보, 자기보전과 같은 전쟁의 다양한 동기들이 있지만, 이때부터 전쟁은 지배를 위한 수단으로서, 또는 정치도구로서 활용[16]되기 시작했으며, 이를 위해 군대도 본격적으로 조직되었다고 볼 수 있다. 인류역사의 발전과 더불어 전쟁이 어떻게 발전하고 변화되었는지에 관해서는 이후에 다시 구체적으로 알아보기로 하겠다. 그렇다면 먼저 전쟁에 대해 인류가 대부분 부정적인 시각을 가지고 있음에도 불구하고 일어날 수밖에 없는 이유는 무엇인지 이에 대해 알아보도록 하겠다.

16_ 문명사회에서는 정치권력을 유지하기 위한 도구로 미신, 종교, 법률, 경제조직, 대중교육, 선전, 예술, 문학, 과학 등을 이용하게 된다.

1.2. 전쟁은 왜 일어나나요?

전쟁에 대해 아마도 대부분의 사람들은 대량살상과 학살, 인권유린과 인간성의 상실, 문명의 파괴 등 부정적인 측면을 떠올릴 것이다. 따라서 이를 방지하기 위한 방법들을 찾기 위한 과정으로 전쟁원인을 규명하려는 노력들이 있어 왔다.

지금까지 지구상에 있어왔던 수많은 전쟁들에 관해 연구한 다양한 자료들은 세계 곳곳의 도서관에 존재하지만, 전쟁은 왜 일어나는가라는 물음 역시 명쾌하게 설명하기란 쉽지 않다. 전쟁이라는 현상 자체가 매우 복잡할 뿐만 아니라 때로는 계획적이고 의도된 것이 아니라 우발적으로 일어나기도 하고, 하나의 전쟁에서조차도 몇 가지의 이유들이 복잡하게 얽혀져 있는 것이 대부분이기 때문이다.

전쟁을 왜 하는지에 대한 비교적 분명한 답을 구하기 위해서는 먼저 전쟁의 본질과 목적을 정확히 이해해야만 가능할 것이다. 전쟁의 본질 즉, 전쟁의 목적과 목표, 수단에 대하여 비교적 분명하게 설명한 것으로 정평이 난 이론이 바로 앞서 전쟁의 개념에서도 소개된 바 있는 클라우제비츠의 전쟁론이다.

클라우제비츠에 따르면 전쟁은 중요한 목적 달성을 위한 수단으로서 다른 방법에 의한 정책의 연속이다. 따라서 전쟁은 언제나 정치적 조건에서 출발하며, 동시에 정치적 동기에서 야기되는 것이다. 곧 전쟁은 정치적 행위인 것이다. 전쟁은 이처럼 정치적으로 중요한 목적 달성을 위한 수단이라는 데 그 본질이 있다. 전쟁의 본질에 관한 그의 견해를 요약해 본다면 다음과 같이 표현될 수 있을 것이다.[17]

---

17 _ 조승옥 외 5인, 『군대윤리』(서울 : 집문당, 2003), pp. 35~38.

> 모든 전쟁행위는 모든 정치행동과 직결되는 것이고, 따라서 모든 전쟁은 정치적 이유에서 유발되는 것이며, 그렇기 때문에 모든 전쟁은 이 '정치적 이유'를 자기 정당화하기 위하여 실시되는 것이다.

전쟁의 원인을 연구한 군사이론가들 중 라이트[18]와 케이건[19] 교수가 제시한 학설이 가장 대표적인 것으로 받아들이고 있다. 라이트는 그의 기념비적 저술인 『전쟁의 연구』(*A Study of War*)에서 한 나라가 다른 나라에 대한 전쟁을 결정하는데 필요한 여러 요인들을 제시하면서 이들 사이의 관계를 수학공식으로 나타냈다. 라이트는 생물학적 및 문화적 수준, 사회적 및 정치적 수준, 법 제도 및 기술수준 등 인간 존재의 모든 수준에서 전쟁을 결정하는데 관련되는 여러 가지 요인들을 찾아냈고, 각각의 요인들은 마치 개인의 욕망처럼 다른 요인에 대한 균형을 유지하지 못할 경우 전쟁을 초래할 수 있다는 것이다.[20] 또한 케이건 교수는 그의 저서 『전쟁과 인간』에서 5대 주요 전쟁(펠레폰네소스 전쟁, 제1 · 제2차 세계대전, 한니발 전쟁, 쿠바 미사일 위기)을 분석하여 전쟁의 기원을 이해하는데 필요한 세 가지 동기를 제시하고 있다.

---

18 _ 퀸시 라이트(Quincy Wright ; 1890~1970) : 미국의 정치학자이자 전쟁론의 대가이다. 그는 대표적 저서 『전쟁원인에 관한 갈등이론적 접근』을 통해 인류역사는 전쟁사라 할 만큼 전쟁으로 점철되어 왔으며, 1480년부터 1964년까지의 기간 동안만 해도 이 지구상에 총 284회의 전쟁이 있었으며, 근대전쟁의 평균기간은 약 4년이었다고 밝히고 있다. 그는 전쟁의 특성으로 ① 동등한 집단 간의 비정상적인 법적 상태 ② 사회집단간의 갈등 ③ 극심한 적대적 태도 ④ 군사력을 사용한 의도적 폭력행위를 들고 있다.

19 _ 도널드 케이건(Donald Kagan ; 1935~) : 미국의 역사가로서 예일대학교에서 고대 그리스를 전공하였으며, 고전학과의 명예교수로 재직 중이다. 그의 대표적인 저서로는 『미국이 잠든 사이』, 『전쟁과 인간』 등이 있다.

20 _ Angelo Codevilla / Paul Seabury, 김양명 옮김, 『전쟁』(*War Ends Meana*, 2nd ed.), pp. 52~52.

여기서 그는 이 세 가지 동기를 두려움과 이익추구, 힘을 얻기 위한 경쟁, 그리고 명예라고 설명하고 있다.

이외에도 전쟁의 원인으로 식량 확보, 성(性), 영토 확장, 모험 또는 오락(활동성), 자기보존, 지배욕과 같은 인류학적 원인을 제시하기도 한다. 또한 자본주의 경제체제에서 결국 계급간의 갈등으로 발생한다는 공산주의 이론, 정치적 원인으로 인한 정치 · 경제학적 원인, 사회진화의 과정에서 적자생존(適者生存)의 원리에 따라 자연적으로 발생한다는 사회적 다윈주의(Social Darwinism)에 근거한 생물학적 원인, 인간의 성향이 본래 공격적이기 때문에 인간의 본성상 전쟁은 불가피하다는 이론에 근거한 심리학적 원인, 그리고 국가사회의 성격과 집단행동 때문에 전쟁이 일어나게 된다는 사회학적 원인 등[21] 다양한 원인과 동기들이 제시되고 있다.

오늘날 전쟁의 원인과 관련하여 다수의 학자들이 공감하는 가장 일반적인 견해를 소개하면 크게 다음 세 가지로 구분될 수 있다.

첫째는 인간의 본성에서 그 원인을 찾는다. 즉 인간의 폭력적 특성으로 인간의 이기심, 공격적 충동, 어리석음 등을 그 원인으로 보고 있는데 이를 예방하기 위해서는 인간의 본성 자체를 변화시켜야 한다는 것이다.

둘째, 국가의 특성에서 그 원인을 찾는다. 이는 국가가 그 내부의 안정을 추구하기 위해 외부로 침략적인 성향을 띨 수 있다는 것이다. 따라서 이를 예방하기 위해서는 민주주의를 구현하여 그 정부의 합리성을 보장해야 한다는 것이다.

셋째, 국제체제의 한계에서 그 원인을 찾는다. 국제적 무정부 상태 하에서 자국의 이익을 추구하기 위해 국가는 전쟁을 추구한다는 것이다. 따라서 이를 제도적으로, 즉 국제연맹이나 국제연합과 같은 세계정부를 형성하

21 _ 조승옥 외 5인, 전게서, p. 36.

여 예방해야 한다는 것이다.

이와 같은 학설들을 요약하여 종합해 보면 〈표 2〉와 같다. 도표 안의 각 학설들에 대한 구체적인 설명은 생략하겠고 이에 관해서 더 알기를 원하거나 연구가 필요한 사람들은 참고문헌에 명기되어 있는 책을 읽어보기를 권장한다.

〈표 2〉 전쟁의 원인 관련 다양한 학설들[22]

주요 원인	다양한 학설들
인간의 본성	① 맥두갈의 본능이론 ② 프로이드의 죽음본능이론 ③ 로렌츠의 공격본능이론 ④ 프롬의 공격성이론 ⑤ 돌라드의 좌절–공격이론 ⑥ 반두라의 사회학습이론 ⑦ 볼딩의 이미지이론
국가의 특성	① 럼멜의 자유주의이론 ② 홉슨의 제국주의 전쟁이론 ④ 레닌의 제국주의 전쟁이론 ⑤ 로제나우의 연계이론
국제체제의 특성	① 오간스키의 힘의 변화이론 ② 라고스 · 갈퉁 · 럼멜의 계층 · 위계이론 ③ 럼멜의 균형이론 ④ 월츠의 세력균형이론 ⑤ 모겐소의 세력균형이론 ⑥ 카플란의 체제이론 ⑦ 월러스타인의 세계체제론 ⑧ 모델스키의 세계체제론 ⑨ 길핀의 패권전쟁론 ⑩ 토인비의 전쟁 · 평화의 주기론 ⑪ 리차드슨의 군비경쟁이론

이런 모든 학설들은 전쟁의 원인을 규명하는데 도움이 되고 또 제 각기 나름대로의 의미도 있다. 그러나 이러한 다양한 원인들을 다 이해한다고 하더라도 원인을 연구한 목적인 전쟁을 막을 근본적인 방법을 찾는 것은 요원한 것처럼 보인다. 왜냐하면 전쟁은 항상 동일한 원인에 의해 반복되지

22 _ 이재영, 『전쟁』(서울 : 대왕사, 2005), pp. 305~546. 내용을 종합하여 도표화한 것임.

않으며 더구나 똑같은 공식과 원리를 적용하는 수학이나 과학은 더더욱 아니기 때문이다.

다음은 전쟁이 인류의 역사와 함께 발전해오면서 그 양상이 시대적으로 어떻게 변화되어 왔는지 알아보겠다.

전쟁

2. 전쟁양상의 변화

2.1. 전쟁은 어떻게 변화되어 왔나요?

■ 개 요

인류의 기원은 약 12만 5천 년 전 호모 사피엔스 사피엔스의 출현으로부터 시작되어 문명 이전의 시대(원시시대)를 거쳐 문명의 시대로 발전해 왔다는 것이 통설이다. 인류의 진화·문명의 발전(산업과 과학기술, 문화 등)과 더불어 전쟁도 발전해왔고 전쟁양상도 꾸준히 변화되어 왔다. 전쟁양상이 어떻게 변화되어 왔는지 그리고 어떻게 변화될 것인지에 대한 전망과 학설도 매우 다양하다.

앨빈 토플러(Alvin Toffler)[23]는 문명의 발전측면에서 백병전(제1물결의 전쟁),

---

23 _ 앨빈 토플러(Alvin Toffler, 1928~) : 1928년 미국 뉴욕태생의 작가이자 미래학자로 디지털 혁명, 통신혁명, 사회혁명, 기업혁명과 기술적 특이성 등에 대한 저작으로 유명하다. 그의 대표적 저서로는 『미래쇼크』, 『권력이동』, 『제3의 물결』, 『전쟁과 반전쟁』, 『부의 미래』 등이 있다.

기동화력전(제2물결의 전쟁), 통합정보전(제3물결의 전쟁)으로 발전해 왔다고 구분하고 있다. 반면에 마틴 반 크레펠드(Martin van Creveld)[24]는 과학기술 측면에서 도구시대 전쟁, 기계시대 전쟁, 시스템시대 전쟁, 자동화시대 전쟁으로 구분하고 있다. 또 아래 〈표 3〉과 같이 리처드 프레스톤 교수는 전쟁양상의 변화원인과 연계하여 전쟁의 변천과정을 고전적 전쟁, 봉건적 전쟁, 근대 제한전쟁, 총력전 및 냉전의 5단계로 구분하고 있다.

〈표 3〉 전쟁 양상의 5단계 변천과정

구 분	양 상	수 단	변화요인	주요전쟁
고전적 전쟁	밀집 중보병의 중량과 지구력의 싸움	인간 에너지	말(馬)	마라톤 전쟁, 칸나에 전투
봉건적 전쟁	중기병의 중량과 충격의 싸움, 제한전	인간+말 에너지	화약	십자군 원정, 100년 전쟁
근대 제한전쟁	제한전	화약 에너지	산업혁명, 국민개병제	나폴레옹전쟁, 7년 전쟁
총력전	무제한전	모든 수단	원자폭탄	남북전쟁, 제1,2차 세계대전
냉 전	제한전	핵 에너지		한국전쟁, 월남전쟁

인류가 도구를 사용하기 시작한 이후 도구(칼, 방패, 활 등)를 활용한 사람 대 사람의 싸움이 발전하여 전쟁이라는 큰 형태를 만들게 되었다. 그러다가 말을 사용하여 적보다 기동력을 높이게 되었고, 생존성을 향상시키기 위해 갑옷 등을 사용하면서 초기 전쟁양상의 변화를 주도하였다. 이러한

24 _ 마틴 반 크레펠드 : 예루살렘 히브리 대학의 역사학 교수로 군사 역사와 전략에 대해 가장 잘 알려진 권위자이다. 민간인 출신이지만 미국을 포함한 여러 나라의 국방 컨설턴트로 일했으며 그의 저서는 장교 교육을 위한 교과서로도 쓰이고 있다. 그의 대표적 저서로는 『보급전의 역사』, 『전쟁의 변화』, 『과학기술과 전쟁』 등이 있다.

기병과 보병의 전쟁은 사람과 사람이 가까이에서 전투를 수행하는 근접전투의 개념으로 수행되었는데, 화약의 발명과 함께 전쟁양상은 완전히 변화하였다. 즉, 더 이상 칼과 칼이 부딪치고 말 탄 기병들의 창이 부딪치는 전투가 불필요하게 되었고, 원거리에서 화승총이나 대포 등을 활용한 양상으로 전개되게 되었다.

이후 프랑스혁명과 산업혁명이 전쟁양상에 크게 영향을 미쳤다. 프랑스혁명으로 인하여 국가의 주권이 군주로부터 국민에게 돌아가게 됨으로써 국민들이 국방의 의무에 책임을 지는 국민개병제가 시행되었다. 이에 따라 군대의 규모가 대규모로 확장되고 이를 효율적으로 통제하기 위한 사단 · 군단 단위의 편제가 만들어지게 된다. 또한 산업혁명과 과학기술의 발달로 인하여 무기의 대량생산과 무기체계[25]의 발달이 획기적으로 이루어지는데, 이 또한 전쟁의 양상을 변화시키는 큰 원인이 되었다. 과거에는 칼과 활 등을 능숙하게 다루는 군인이 많은 나라가 전쟁에서 승리할 수 있었지만 산업혁명 이후에는 국가의 경제력이나 과학 · 기술력이 우수한 나라가 전쟁에서 승리하게 된다. 과학기술의 발전은 무기체계의 진화에도 지대한 영향을 미쳤는데 특히, 정보력과 충격력, 치명성과 대량살상 면에서 획기적으로 발전하게 되어 군대의 발전에도 큰 영향을 미치게 된다.

결론적으로 전쟁의 양상이 변화하게 된 궁극적인 이유는 다음과 같이 요약할 수 있다. 전쟁의 목적이 승리를 달성함으로써 나의 의지를 적에게 강요하는 것이기에 승리를 달성하기 위한 다양한 수단과 방법들을 사용하게 되었고, 전쟁수행 간 한 나라의 경제력, 과학 · 기술력 등이 종합적으로 활용되면서 전쟁의 양상은 변화한 것이라고 볼 수 있다.

---

25 _ 무기체계란 무기와 이에 관련되는 물적 요소와 인적 요소의 종합적인 체계를 말한다. 즉 하나의 무기체계(장비포함)가 부여된 임무달성을 위하여 필요한 인원 · 시설 · 소프트웨어 · 종합군지원요소 · 전략 · 전술 및 훈련 등으로 성립된 전체 체계를 말한다.

지금부터는 시대별로 전쟁양상의 변화를 불러오게 되는 인류역사의 획기적 발명품들은 어떤 것들이 있고, 이것이 무기와 군대의 발달에 어떠한 영향을 미치게 되었으며, 또 전법과 전술의 변화에는 어떠한 영향을 미치게 되었는지 좀 더 구체적으로 알아보기로 하겠다.

■ 시대별 전쟁양상의 변화

전쟁의 역사가 인류문명의 발전과 무관치 않음을 앞서 설명하였다. 각종 도구와 무기, 그리고 과학기술의 발달이 실질적으로 전쟁수행방식의 근본적 변화에 큰 영향을 미쳤다. 인류문명의 획기적 발전에 영향을 미쳤던 몇 가지 발전 사실이 고대로부터, 중세, 근대, 현대에 이르기까지 전쟁의 변화에 어떻게 영향을 미쳤는지 알아보고자 한다.

여기에 추가하여 비록 기록이나 문헌자료는 없지만 고고학적 유물이나 동굴벽화 등을 통해 고대 이전의 인류사에 대해서도 어느 정도 연구가 진행되었으므로 원시시대[26]의 전쟁(오늘날 정의되고 있는 전쟁의 개념과는 다르지만)에 관한 내용도 추론해 보고자 한다.

○ 원시시대

원시시대는 통상 인류가 발생한 후부터 유프라테스 강 하구 삼각주에 자리를 잡았던 수메르인이 쐐기문자를 사용한 B.C. 5,000년 이전까지의 선사

26 _ 원시시대, 선사시대, 석기시대 등 비슷한 의미의 용어사용에 혼란을 방지하기 위해 간단히 정리하고자 한다. 원시시대는 고대보다 앞서는 시대로 씨족이나 부족들이 사회를 이끌어 가던 시대로 원시 공동체 사회라고도 한다. 선사시대란 역사시대의 반대말로 문명이 등장하기 전의 시대를 말한다. 석기시대는 인간이 도구사용에 따른 시대구분 용어로 돌을 주 도구로 사용하던 시대를 말한다. 선사시대는 대체로 문명이 등장하기 이전인 B.C. 5,000년 이전시대로 석기시대(구석기, 신석기)와 거의 일치한다고 볼 수 있고, 원시시대 역시 정확히 일치하지는 않으나 대체로 석기시대로 볼 수 있다.

시대를 말하는 것으로 구석기시대와 신석기시대가 여기에 해당된다. 학자들마다 지역마다 시대를 구분하는 것이 다르므로 큰 의미는 없으나 통상적으로 구석기시대는 인류출현 이후 1만 년 전까지를, 신석기시대는 그 후부터 B.C. 3,000년 까지 보면 타당하겠다. 하여간 이 시대에는 문자가 없었으므로 남겨진 기록은 없다. 단지 그 시대의 인류가 남겨 놓은 벽화 등 유물을 통해서 전쟁에 관한 사실들을 유추할 뿐이다.

원시시대 초기인 구석기시대에도 주요한 무기가 발명되었으니 그것은 창이었다. 권위 있는 학자의 말에 의하면 자갈돌칼(차후에 손도끼로 발전됨)은 아프리카, 서유럽, 남부아시아 지역의 석기시대 초기의 사냥꾼들에 의해 사용되었던 가장 우수한 도구였다. 골반부분이 창에 의한 것으로 보이는 구멍이 뚫린 인류의 뼈가 발견된 경우도 있지만, 일반적으로 자갈돌칼은 군사적인 목적으로 쓰이지는 않았을 것으로 추정된다.

돌이나 뼈로 만들어진 창촉은 당시 보편적인 것이었으나, 투창수(投槍手)[27]가 새로이 등장하였다. 투창수가 있었다는 사실은 사정거리, 정확도 그리고 살상력이 증가되었음을 의미한다. 그러나 동굴벽화만으로는 당시 전쟁이 있었는지 또 무기기술에 진보가 있었는지 사실을 증명할 수는 없다. 이외에도 활과 화살이 존재했다는 주장도 있으나 확실치는 않다.

신석기시대에 무기기술의 혁명적인 발달이 있었다. 그것은 활, 돌팔매, 단검과 손도끼였다. 이와 같은 혁명적인 무기기술의 진보는 전술의 발전과 결합되었으며, 진정한 의미의 전쟁이 시작되었음을 알려준다. 신석기시대의 동굴벽화에서 활은 동물을 사냥하는 데에는 물론, 사람을 향해서도 사용되었음을 보여준다. 활의 발명으로 사정거리가 결정적으로 증가하게 되

27 _ 던져서 짐승이나 사람을 공격하는 데 쓰는 창을 '투창'이라고 하며 이러한 투창을 등 뒤에 매고 다니며 사냥이나 전투에 참가한 자를 '투창수' 또는 '투창병'이라고 한다.

었고, 누구든지 활을 만들 수 있었기 때문에 은폐된 지점에서 상대방을 죽일 수도 있다. 여러 사람이 집단을 이루어서 명령에 의해 화살을 발사할 경우, 그것은 막강한 화력을 발휘할 수 있고 한 명의 병사는 창보다 훨씬 많은 화살을 가지고 다닐 수 있다. 돌팔매는 초기의 단순한 활보다 훨씬 더 치명적이고 사정거리도 길고 정확도도 높은 우수한 무기였을 것이다. 돌팔매로 날려진 주먹만 한 크기의 돌은 해골을 부수거나 팔, 갈비뼈 그리고 다리를 부서뜨릴 수 있는 정도의 위력이 있었을 것이다.

신석기시대가 시작될 무렵에는 계획에 따라 조직화된 군대를 사용하는 기술, 즉 종대와 횡대라는 병력배치 방법이 개발되었다. 이것은 일반적으로 인간의 사냥방식으로부터 발전되었다고 추정된다. 횡대와 종대의 출현은 조직과 명령이 있었음을 의미하며 그것은 전술의 등장을 예고하는 중요한 사실이다. 또한 갑옷의 등장도 눈여겨 볼만하다. 이러한 것들은 비록 동굴벽화에서 확인된 것들이지만 그들의 생활과 관련된 것들이 기록으로 남겨진 점을 고려할 때 매우 근거 있는 사실이라고 여겨진다. 만약 구석기시대 말기나 신석기시대의 병사들이 종대 또는 횡대로 배치하여 작전을 수행할 수 있었다면 그것은 그들이 새로운 무기와 더불어 기초적인 전술을 구사하였음을 짐작할 수 있다.

이외에도 눈여겨 볼만한 사실은 B.C. 8,000~B.C. 4,000년에 이르는 동안 지중해 동부지역 전체에서 요새화된 지역이 발견되었다는 것이다. 이는 신석기시대가 시작될 즈음 중동지역에서는 진정한 형태의 조직화된 전쟁이 시작되었다는 강력한 증거이다. 즉 새로운 공격무기로부터 자신을 보호하기 위하여 요새를 건설하기 시작한 것이다.

신석기시대의 거주지로 알려진 예리코[28]의 경우, 그 도시는 웅대한 성곽

---

28 _ 성경에 나오는 도시로 3,300년 동안의 침묵을 깨고 예리코성이 그 모습을 세상에 드러낸 것

과 탑들로 이루어졌는데 그것은 당시 개발된 장거리 공격무기를 방어하기 위한 요새의 일종이라고 생각된다. 군사적 관점에서 보았을 때 성곽은 비록 완전한 정도까지는 아닐지라도 안전을 제공하기에는 충분하였다. 성벽을 부수는 파성추[29]와 굴착전술이 개발되기 이전까지 성곽도시는 공격하는 쪽이 월등한 전투력을 보유하지 않는 한 함락시키기 어려운 구조물이었다. 따라서 야간에 성문을 기습적으로 습격하는 방법이 성곽도시를 공격하는 효과적인 전술 중의 하나였을 것이다. 대규모의 성벽이 존재했고, 이 성벽들이 탑과 함께 있었다는 사실은 당시 상당 수준의 군사적 지식이 있었다는 사실을 추론해 볼 수 있다. 예리코 이외의 신석기시대 초기 유적이 발견된 지역에서도 성벽에 의해 둘러져 있었음을 볼 수 있다. 이러한 사실들은 적어도 구석기시대 후기부터 전쟁은 인간행위의 주요 부분이란 사실을 보여주는 충분한 근거가 될 수 있다.

ㅇ고 대

고대의 시점이 언제부터인지 명확히 선을 긋기는 쉽지 않다. 철기시대를 시점으로 보는 견해도 있으나 보편적으로 청동기시대(B.C. 3,000년부터 B.C. 1,200년까지)를 시점으로 보는 것이 가장 일반적이다. 국가라는 개념의 등장과 더불어 지배계급과 피지배계급의 탄생이 있었던 시점을 대체로 청동기시대라고 본다.

은 1999년 「Cretion Ex Nihilo Journal」에 실린 성서고고학의 대가 브라이언트 우드 박사의 논문에서이다. 출애굽한 이스라엘 백성이 40년의 광야생활을 청산하고 약속의 땅 '젖과 꿀이 흐르는' 가나안에 첫발을 디디던 도시였다.

29 _ 파성추(Battering ram)는 성문을 부수기 위하여 특별히 제작한 공격용 도구로 공성퇴라고도 한다. 길고 무거운 통나무 끝에 쇠붙이를 붙이고 중간에 파성추의 틀에 매달아 여러 사람의 힘으로 성문을 부순다. 또 바퀴가 달려있고 성안에서의 공격을 피하기 위하여 사방을 막았으며 방어를 위하여 지붕 같은 덮개도 부착하였다. 무거운 나무를 깎은 통나무로 로마인들이 숫양(ram)처럼 생겼다고 말한 데서 그 이름이 생겼다.

군사적 관점에서 청동기시대에 등장한 가장 새로운 혁명은 최초 제련된 무기인 동검의 등장이다. 동검은 경도는 떨어지나 석기가 가지지 못한 베고 찌르는 것, 즉 단 일격에 상대를 제압하는 것이 가능한 무기였다. 하지만 구리와 주석의 합금인 청동(특히 주석)은 희귀한 광물이므로 대량생산이 어려워 소수 특권층과 군인만이 무장할 수 있었다. 강력한 청동무기를 소유한 부족은 그렇지 못한 부족을 상대로 정복전쟁을 벌여 하나로 통합하였다. 부족이 통합되어 가면서 광대한 영토를 유지하기 위한 관료제도와 전문적인 군대의 필요성이 제기된다. 바로 국가를 세우기 위한 기본 시스템이 탄생한 것이다. 강을 기반으로 이룩한 4대 문명[30]도 이러한 청동기시대의 산물이다.

B.C. 1200년경 철기시대에 접어들면서 제철기술의 발달로 좀 더 단단하고 예리한 가공할 만한 살상무기가 등장하였다. 청동기는 당시 매우 희귀한 광물인 주석에 의존하였기에 대량생산이 어려워 무기생산은 매우 제한되었고, 무장한 군인의 수도 제한되었으며, 이로 인해 대규모 인원이 필요한 장거리 원정이라든가 국가 전체를 대상으로 하는 정복활동은 어려웠다. 국가를 정복하려면 우선 많은 군대, 장거리 수송, 지속적인 군량보급이 필요하지만 청동기시대는 이러한 요건을 충족시키기에는 미흡했던 것이다. 하지만 철기시대는 이러한 장애를 극복할 수 있었다. 우선 철은 주석보다 채취가 용이하고 더 광범위하게 매장되어 있어 대량생산이 가능하다. 따라서 전쟁무기의 수요를 충족시키고도 남아 농사에도 철기를 이용하였다. 철의 대량생산은 정복에 필요한 대규모 상비군(유사시에 대비하여 평시부터 편성 및 유지하고 있는 군대로 정규군이라고도 함)의 무장을 가능케 하였다. 또한 충분

30 _ 메소포타미아 문명(티그리스 · 유프라테스 강 유역, 쐐기문자 · 함무라비 법전 · 지구라트 등), 이집트 문명(나일 강 유역, 미라 · 그림문자 · 피라미드 등), 인도 문명(인더스 강 유역, 인장 · 모헨조다로 유적 등), 중국 문명(황허 강 유역, 갑골문자 · 삼성퇴 유물 등)

한 철 생산량 덕분에 경보병 · 중장보병(철제 갑옷) · 창병 · 궁수 · 전차병 · 기병 등과 같은 다양한 병종(兵種)도 등장하게 된다.

전사 상으로 볼 때 고대전쟁은 그리스의 팔랑스(Phalanx)[31], 로마의 레기온(Legion)[32]과 같이 보병의 밀집된 방진대형이 상호 격돌하는 형태로 전쟁이 진행되었다. 이 시대의 전쟁은 영토의 확장, 적대세력의 토지나 재산의 탈취, 전쟁포로의 노예화 등 주로 집단 전체의 생존과 번영이라는 일차적인 목적으로 수행되었다. 이 시기의 전쟁모습은 한마디로 '밀집 중보병의 중량과 지구력의 싸움'이라고 표현할 수 있다. 즉 창, 칼, 활, 방패 등 단순한 무기와 밀집보병의 단체성과 지구력에 의하여 전쟁이 수행되었다. 중보병의 경우 투구, 갑옷, 칼, 방패, 창, 활 등을 휴대하고 전투에 임하게 되는데, 그 무게는 최고 60kg에 달했다고 한다. 따라서 중보병이 주축인 이 시대의 전쟁은 힘이 세고 오래 견디는 편이 이길 수밖에 없었던 것이다. 전투는 보병의 밀집된 방진대형이 상호 격돌하는 형태로써 이러한 대형이 충돌하여 한쪽의 대형이 못 견디고 흐트러지게 되면 그때부터 살육이 진행되는 형태로 진행되었다.

철기시대의 또 다른 특징 중의 하나는 말을 대량으로 이용하여 전쟁을 하였다. 기병 중심의 전투는 기동이 신속해져 기동전을 가능케 했다. 보병 역

---

31 _ 고대 그리스로부터 시작된 전투대형의 하나로 창과 방패를 든 각개병사들이 기존에 전투대형 없이 싸울 때는 고립되었을 때 적에게 좋은 표적이 되었으나 이를 극복하기 위해 밀집대형을 이루고 싸우게 되었다. 열(列)과 오(伍)로 배치된 보병들의 밀집대형은 사각형을 이루고 있었기 때문에 "방진" 즉 "팔랑스(Phalanx)"라고 불렀다. 통상 8열 횡대대형을 유지한 방진은 전투를 벌일 때 열과 오로 단단히 뭉쳐 충격력을 이용하여 상대편 방진과 정면 충돌함으로써 그것을 무너뜨리는 것을 목표로 했다.

32 _ 로마군단을 "레기온(Legion)"이라고 하는데 이는 이탈리아의 산악지형에서 나타나는 그리스 방진(팔랑스)의 한계를 극복하기 위해 고안된 것으로 밀집대형을 유지하면서도 개개 병사의 기량을 중시했으며, 이를 위해 개개인 간격을 넓히고 전체 대형 내에 여러 전술부대를 운용했다. 이는 로마 병사들이 사용한 무기가 그리스 군대와는 달랐기 때문에 가능한 대형이라 볼 수 있는데 로마군의 주 무기는 "글라디우스"라는 로마 검이었다. 이 검은 22인치(약 56cm)의 양날 검으로 육박전을 전개하면서 적을 살해하는데 사용되었다. 투창도 그리스 군보다는 관통력이 더 우수하게 개선되었다.

시 말을 이용해 보급품을 신속히 운반하게 되고 행군속도가 증가하여 속도전이 가능하게 된다. 말의 대량 이용과 다양한 응용은 현대전에서 자동차 · 전차의 출현만큼 혁명적으로 전술에 영향을 미치게 되었던 것이다. 기동력 · 충격력 · 화력(말, 전차 위에서 화살을 쏘면 보병은 속수무책이었음), 그리고 철제 갑주를 통한 방어력까지 고루 갖춘 대규모 기병이 집단적으로 돌진할 때 상대편 보병은 마땅한 대응무기가 없는 상황에서 곧 공황상태에 빠져 저항을 할 수 없게 된다.

실제로 B.C. 13세기경 앗시리아인[33]은 임무에 따라 세분화된 기병대를 편성하여 철기시대의 서막을 화려하게 장식하며 역사의 전면에 등장했다. 그 이전만 해도 말은 체구가 작고 지구력이 떨어져 전쟁에 쓰기 부적합하고, 기수가 말에 안정된 자세로 앉을 수 있는 안장도 없었기 때문에 말은 전차를 끄는데 동원되었을 뿐이다. 전쟁에 일가견이 있던 앗시리아인은 교배를 통해 강력한 군마를 만들어냈을 뿐만 아니라, 안장을 발명하여 말 위에서 전투하기 시작했다. 또한 그들은 기병대를 창을 주로 쓰는 창기병과 활을 쏘는 궁기병으로 이원화하여 편성했다. 이를 통해 앗시리아는 로마제국이 등장하기 전까지 지중해 동쪽 연안지역을 통합하는 제국을 건설할 수 있었던 것이다. 그러나 기병전술은 이후 1,000년 이상 별 진전이 없었다. 우선 말을 자유자재로 탈 수 있을 만큼 숙련된 기병을 양성하는 일이 쉽지 않았고, 기병대를 유지하기 위해 적지 않은 자원을 투입해야 했기 때문이다. 이후 서기 378년 오늘날의 터키 북서쪽 아드리아노플에서 인류의 전쟁사에 한 획을 긋는 전투가 벌어진다. 동로마제국[34] 발렌스(Valens) 황제가 지휘하

33 _ 고대 앗시리아는 중동에서 기원전에 존재한 강성하였던 나라이다. 앗시리아라는 말은 티그리스 강 상류지역을 부르는 말이었으며, 고대 도시이자 수도였던 아수르에서 유래한 명칭이다. 나중에는 북부 메소포타미아 전체, 이집트, 아나톨리아까지를 지배하는 대제국으로 성장하였다. 앗시리아 본토는 메소포타미아 북부 전체(남부는 바빌로니아)에 해당하며 니네베를 수도로 하였다. 앗시리아인의 고향은 티그리스 강에서 아르메니아에 이르는 산악지방이며 '아슈르의 산'이라고 불리기도 한다.

는 로마군이 야만인 수준으로 본 고트족[35]에 의해 섬멸당한 것이다. 당시 무적을 자랑하던 로마군을 상대로 고트족이 승리한 비결은 등자(鐙子)와 중무장한 기병에 있었다. 등자는 기수가 말에 올라타거나 말을 타고 다닐 때 안정된 자세를 유지하기 위한 장치이다. 모양만큼 원리도 간단하지만 단순한 도구 이상의 의미가 있다. 기병이 등자를 사용하면 말 탈 때 양 발을 디뎌 안정된 자세로 활을 쏘고, 칼이나 창을 휘두를 수 있고, 더 무거운 갑옷을 입고 더 무거운 무기를 휘두를 수 있다. 등자가 없었던 로마군은 결국 패할 수밖에 없었던 것이다.[36] 흔히 군사사에서 철기혁명, 내연기관의 혁명, 정보혁명 등은 언급해도 말의 이용은 간과한다. 그러나 말의 이용이야말로 전쟁의 양상을 바꾸어 놓고 세계역사를 바꾼 혁명이라고 볼 수 있다. 이후 기마민족인 흉노, 몽골족, 훈족이 세계적인 제국을 이룬 것도 철이 아닌 말 덕분이었다. 말의 이용은 거리의 한계를 극복하고 보다 먼 거리의 원정을 가능케 했으며, 전쟁을 속전속결로 이끌었다. 어느 군대가 우수한 기병을 많이 보유하느냐가 승패를 좌우했다. 화약이 등장하기까지 기병은 전장의 강자로 군림하였다.

대규모 군대를 무장시킬 많은 철과 장기전이 가능한 엄청난 농업생산성, 그리고 이를 신속히 대량으로 운반할 말의 이용으로 이제는 부족통일을 넘어서 대륙을 지나 이웃 국가의 정복까지 가능해졌다. 인간의 삶을 좀 더 윤택하게 하기 위한 농업의 발전과 제철기술이 오히려 전쟁의 수요를 더 늘린

---

34 _ 동로마 제국은 중세시대에 로마 제국의 뒤를 이은 제국으로 '비잔티움 제국'이라고도 한다. 수도는 콘스탄티노폴리스(현재의 이스탄불)였고 로마황제를 직계한 황제가 다스렸다. 비잔티움 제국은 서기 306년경부터 1453년까지 천년 넘게 존속했다.

35 _ 고트족(Goth)은 스칸디나비아 반도에서 기원한 동부 게르만족의 일파이다. 최초의 거주지가 동부 스웨덴 지역이었던 이들은 1세기경 발트 해안과 비스와 강 유역으로 옮겨왔다. 스칸디나비아에 남은 일파는 기트족으로 불렸고, 남하한 고트족은 슬라브족과 바스타르네 인들의 뒤를 따라서 로마 제국의 변경에까지 다다라 로마 제국의 일부를 점령하였다. 3세기경에 동고트족과 서고트족으로 나뉘었다.

36 _ 김도균, 『세계사를 뒤흔든 전쟁의 재발견』(서울 : 추수밭, 2009), pp. 109~113.

것은 역사의 아이러니라고 할 수 있다. 철기시대에 고안된 각종 인프라와 군사기술은 화약혁명이 시작되기 전까지 거의 2,000년 이상 변함없이 지속되었다. 인류 사회질서의 기본이 청동기 시대에 완성되었다면, 웬만한 전쟁도구는 철기시대에 완성되었다고 볼 수 있다.

○ 중 세

중세는 기사[37]와 용병[38]의 시대로 대표된다. 이 시대에는 무기 · 전술 · 군 조직면에서 괄목할 만한 발전은 없었으나 중세 후기에 화약의 출현은 전쟁양상의 획기적인 변화를 가져오게 된다. 반면 중세 후기 13세기경 동양에서는 몽골의 지도자 칭기즈칸[39]이 그의 기병대를 이끌고 정복전쟁을 실시하여 역사상 가장 광활한 영토를 점령하는 대제국을 건설하기도 하였다.

중세 유럽은 강력한 중앙정부가 없는 상태에서 소수의 정복자들이 봉건영주의 형태로 다수의 평민을 통제하기 위하여 기사를 고용하는 체제였다. 영주들은 기사에게 토지와 이를 경작할 평민을 통제할 권한을 주었다. 그 대신에 기사는 전쟁 시 영주에게 충성을 다하였다. 이러한 기사는 그 수가

37_ 기사는 원래 기병전의 전투원으로부터 출발한다. 서양의 중세 초기 기사들은 기마전사들로서 봉건영주에게서 봉토(封土)를 받고 군역(軍役) 의무를 제공하던 봉신들이었다. 중세시대 돈을 받고 싸우는 용병들이 점점 많아지면서 과거 주류를 이루던 기사들은 소수파가 되어 일종의 장교계층과 비슷하게 되었다. 14~15세기에 이르러 전통적인 기사제도는 무너졌고 16세기 이후에는 군사적인 의미를 잃고 국왕이 수여하는 명예 지위로 전락했다.

38_ 용병은 어떤 사람이나 단체를 돕거나 공격하면서, 그 대가로 보수를 받는 직업군인이다. 정규 군대에서 징집되지 않은 사람은 보수를 받긴 하지만 용병이라고 하지는 않는다. 용병은 정규군은 아니지만 국민병처럼 긴 훈련도 없이 모집할 수 있는 군대이다. 하지만 국가에 대한 충성심이 없고 돈을 중심으로 움직이기 때문에 항상 배신의 위험이 있다.

39_ 칭기즈칸(1155?~1227) : 본명은 테무친이고, 칭기즈칸은 몽골의 흩어진 부족을 하나로 통일시키고 부여받은 호칭으로 "칭기즈"는 "절대적인 힘"을 "칸"은 "군주"를 의미한다. 몽골지역을 완전히 장악한 뒤 1211년 칭기즈칸은 중국정복을 필두로 중앙아시아 · 페르시아 · 카프카스 · 러시아 · 크림반도 · 볼가 강 유역의 동유럽까지 진출, 몽골을 통일한 지 약 20년 만에 유라시아에 걸친 대제국을 건설했다.

많지 않았다. 때문에 전쟁은 기사끼리의 소규모 전투로 매우 제한적이었다. 당시 전쟁이 제한적인 양상으로 전개된 이유는 크게 네 가지 정도로 볼 수 있다.

첫째, 당시 전쟁의 목적은 적을 완전히 섬멸하는 것이 아니라 군사력에 의해 외교적 흥정을 벌이는 것이라 생각하였다. 둘째, 기사와 용병으로 구성된 상비군의 막대한 유지비용은 자연스레 군대의 규모를 축소시켰다. 한 명의 기사를 양성하기 위해서는 오랜 기간이 소요되고 장비 또한 말을 비롯하여 장창, 도끼, 갈고리, 방패, 철제갑주 등은 그 가격이 작은 농장을 운용하는 비용에 해당하였다. 따라서 봉건영주는 많은 기사를 거느리기 곤란하였으며 적은 규모의 기사와 용병으로는 공격보다는 성곽 중심으로 전투를 실시하는 방어적 양상을 띠게 되었다. 셋째, 당시 전쟁은 군주간의 전쟁 즉, 군주만의 관심사로 여겼기 때문에 용병으로 구성된 군대는 상황이 불리하면 전장을 이탈하는 것이 예사였다. 이 시대는 군주에게 고용된 용병들이 돈을 좇아다니며 싸우던 시대로 전쟁은 철저히 제한적이었으며, 상업적인 성격이었고, 쌍방이 희생을 최소화하려고 노력하였으며, 결전이나 추격은 없었다. 자연히 교묘한 기동으로 적의 병참선[40]을 위협하거나 유리한 지형을 확보하여 적의 후퇴를 강요하고 강화조약을 맺는 제한전쟁이었다. 넷째, 그리스도교의 인도주의 사상도 전쟁의 제한에 기여하였다. 즉 교회는 같은 그리스도교인들에게 석궁처럼 위험한 무기의 사용을 자제하도록 하고 기사들이 신사도에 입각하여 싸우도록 함으로써 전쟁의 성격을 제한전쟁화 했다. 또한 교황의 허락을 얻어서 이른바 정의의 전쟁을 해야만 많은 사람들로부터 지지를 받을 수 있었다.

이와 같은 이유로 전쟁은 결전을 회피하였고 지극히 제한적인 양상으로

---

40 _ 병참선(兵站線 ; Line of Communication)은 작전 중인 군부대와 군수기지를 연결하여 보급품과 병력이 이동하는 일체의 육 · 해 · 공로를 말한다.

전개되었다. 또한, 철갑으로 기사와 말을 보호하고 상대보다 더 위력 있는 무기를 사용하고자 함으로써 중량은 꾸준히 증대되었는데 이러한 양상 때문에 이 시대의 전쟁양상을 한마디로 "중기병의 중량과 충격의 싸움"이라 표현한다.

그러나 중세 후기에 전쟁의 양상을 획기적으로 변화시키는 무기가 등장하는데 이것이 바로 화약무기의 출현이다. 그동안 사용되었던 무기들(칼, 창, 방패, 활 등)은 기본적으로 인간의 근력을 활용했다는 차원에서 근력무기라 할 수 있다. 화약무기의 출현은 봉건주의 시대의 종식과 더불어 전투수행방법의 혁명을 이룸으로써 전쟁사에 새로운 시대를 열게 된다. 중세 봉건제도에 의한 전쟁의 특징이었던 성곽 의존 중심의 방어와 기병 위주의 전투수행방법은 화약무기 이후 획기적으로 변화하게 된다.

최초로 초석 · 유황 · 목탄을 혼합하여 처음으로 화약을 개발한 민족은 9세기경의 중국인이었다. 하지만 이를 군사적으로 세련되게 발전시킨 것은 유럽인들이었다. 유럽에서 화약 만드는 공식을 처음으로 기록한 사람은 영국의 베이컨(Roger Bacon)[41]이었다. 1260년 그는 초석 · 유황 · 목탄을 7:5:5의 비율로 혼합하면 화약이 된다고 밝혔다. 초기 화약은 주로 불을 붙이고 전시(展示)하는 용도로 사용되었으나, 13세기에 중국인들은 그것을 이용한 로켓을 개발하여 최초로 군사적으로 사용했다. 이 아이디어는 몽골 · 인도 · 아라비아를 거쳐 유럽으로 비교적 신속히 전파되었고, 유럽인들은 화약을 이용한 화포와 소화기와 같은 무기개발로 관심을 쏟았다. 14세기경 대포와 소화기는 서유럽에서 보다 널리 이용되었고, 화약무기의 발전은 화약 제조술과 더불어 용광로를 이용한 철 주조술의 발달로 수많은 시행착오를 겪으

41 _ 로저 베이컨(Roger Bacon ; 1214?~1294)은 영국의 철학자이자 자연과학자이다. 근대과학의 선구자로 평가되어 "경이(驚異)의 박사"로 불리었다. 그는 철학을 비롯한 수학, 광학, 천문학, 화학, 물리학, 의학 등에도 조예가 깊었다. 르네상스 초기에 최초로 흑색화약을 발명했다고 알려져 있다.

면서 매우 다양한 형태로 진보하게 된다. 유럽은 통일 왕국을 이룬 중국, 인도와 달리 수많은 나라가 정치적 · 지리적으로 분열되어 있었다. 경쟁과 전쟁의 수요도 끊이지 않았고, 군사무기의 개량에 대한 정치권의 관심이 지대했다. 이런 수요에 맞추어 무기기술자들은 끊임없이 개량을 시도했고, 결국 유럽대륙은 타 대륙에 비해 군사적으로 매우 우수한 기술을 갖게 되었다.

화약의 발명으로 대포가 야전에 등장하고 화승총이 보병의 주무기가 됨으로써 화약이 전장의 주인이 되기 시작하였다. 이러한 화승총은 15세기 중엽 개발되어 화승총을 무장한 소총병이 전장에 배치되었다. 처음에는 발사속도가 느린 소총병을 엄호하기 위하여 창병도 함께 대열을 형성하였다. 이 후 소총의 성능이 개량되면서 활을 쏘는 부대가 소총부대로 바뀌었다. 대검이 보급되면서 창을 사용하는 창병이 사라지고 보병이 사격 후 돌격하는 돌격전술이 등장하게 되었다.

○ 근 대

서양에서 근대는 18세기의 '나폴레옹의 시대'라고도 한다. 그러나 군사적으로 중세에서 근대로의 본격적인 전환은 17세기에 이루어졌다. 창이 화승총으로 교체되고 중기병의 모습은 전장에서 사라졌으며, 전투대형은 밀집대형에서 점차 산개대형으로 바뀌었다. 또한 포병이 야전에서 크게 활용되기 시작했다. 그 가운데서도 가장 괄목할 만한 발전은 화승총의 개선이었다. 총의 무게와 길이, 발사속도, 발사장치 등이 획기적으로 개선된 것이다.[42]

또한 17세기 전쟁의 큰 변화 가운데 하나는 군 규모의 확장이었다. 1611

---

42 _ 이 시기 화승총은 무게(5kg), 길이(1.2m), 발사속도(분당 2발 이상 유지), 발사장치(부싯돌) 등에서 획기적으로 발전하게 된다.

년 스웨덴의 왕위에 오른 구스타프 아돌프는 곧 덴마크 · 폴란드 · 러시아와의 전쟁을 치르면서 실전경험을 쌓고, 전면적으로 군대를 개혁하여 유럽 최고의 군대를 만들었다. 그의 업적 중 첫 번째는 최초의 국민군을 창설한 것이다. 그는 대규모 용병부대를 끌어 모을 자금이 없어 4만 명이 넘는 국민병을 모집했다. 둘째, 화력과 기동성을 대폭 살리는 전술체계를 개발했다. 총병과 창병의 비율을 종래의 1:3에서 1:1로 조정했다. 즉 기본 전투단위 대대는 216명의 창병과 192명의 총병으로 구성하여 화력을 강화했다. 또한 공성포와 달리 운반하기 용이한 가벼운 야포를 개발했다. 기병은 경기병 위주로 편성하고 권총 · 기병검 · 화승총 등으로 무장토록 했다. 셋째, 강인한 훈련을 통해 보병 · 기병 · 포병의 질을 향상시키고, 세 병종 간에 팀워크를 통해 최대의 전투력을 발휘케 했다. 넷째, 그는 통일된 군복을 지급하고 계급에 따르는 견장을 도입하여 군기를 확립하고 사기를 북돋았다. 그 밖에도 병참부[43]를 조직하고 무기를 표준화하여 국가가 무기조달에 대한 모든 책임을 맡도록 하였다.

1631년 9월 신성로마제국의 연합군과 구스타프의 스웨덴 동맹군이 라이프치히 북쪽의 브라이텐펠트에서 전투를 하였고, 이 전투에서 구스타프는 대승을 거둠으로써 30년 전쟁의 중요한 전환점을 이루었고, 베스트팔렌 조약[44]을 이끌어 전쟁을 종결하였다.

이후 나폴레옹전쟁이 있기까지 유럽에서 대규모의 전쟁은 없었고, 규

43 _ 현대적 의미에서 병참은 부대의 전투력을 유지 · 증대시키기 위하여 작전을 지원하는 기능으로 보급 · 정비 · 위생 등을 총칭하며, 개인이나 부대에 대한 식량 · 연료 · 탄약 · 무기 · 축성자재 등의 보급과 파괴된 각종 물자의 회수, 숙박 · 목욕 · 급식 등에 이르는 광범위한 업무를 수행하는 것을 말한다. 따라서 이 당시 군의 특성에 맞게 이와 같은 업무를 총괄하는 부서를 '병참부'라 명명하였다.

44 _ 베스트팔렌 조약은 1648년 독일 30년 전쟁(1618~1648)을 종결시킨 조약이다. 30년 전쟁은 독일 내에서의 신교와 구교와의 전쟁에 스웨덴, 프랑스, 에스파냐 등이 참전함으로써 국제전쟁으로 확전된 전쟁이다. 베스트팔렌 조약의 체결로 카톨릭 제국이였던 신성로마제국은 사실상 붕괴되었고, 종교의 자유가 허용되면서 개신교 국가들의 성장 발판이 되었다.

모 · 목적 · 수단 등에서 여러 가지로 제한적인 전쟁양상만이 나타났다. 전투의 양상도 주로 공성전[45]의 형태를 띠게 되었다. 특히 프랑스의 보방[46]은 축성 및 공성전의 대가로서 이 분야에 현저한 공헌을 남겼으며, 그 당시의 과학기술을 응용하여 군사개혁과 전쟁술 발전에 선도적 역할을 했다.

18세기의 대표적인 전쟁은 프로이센과 오스트리아의 7년 전쟁과 미국의 독립전쟁, 나폴레옹전쟁 그리고 제국주의에 의한 식민지전쟁 등을 들 수 있다.

근대 전쟁사 측면에서 획기적인 변화를 가져다 준 두 혁명이 있다. 바로 프랑스혁명과 산업혁명이다. 먼저 프랑스혁명[47]은 지금까지의 금전적 대가를 받는 용병 중심의 전쟁에서 자발적으로 모집된 국민군 중심의 총력전으로 변모하게 만든다. 혁명을 위하여 지원한 국민군들은 민족의 생존과 번영을 위한 자발성을 바탕으로 전쟁을 수행하였으므로 섬멸전, 무제한전의 성격을 띠게 되었다. 즉 총력전의 개념이 탄생하게 된 것이다. 총력전이란 국가의 전 역량을 총동원하여 전쟁을 수행하는 것으로 이때부터 민족 단위의 국민국가가 형성되어 징병제가 실시되었다. 이 시대 전쟁의 양상은 전

---

45 _ 공성전이란 성이나 요새를 빼앗기 위하여 벌이는 싸움을 말한다.

46 _ 세바스티앙 르 프레스트르(세뇨르) 드 보방(Sébastien Le Prestre(Seigneur) de Vauban : 1633~1707) : 일반적으로 보방이란 이름으로 알려져 있는 프랑스 원수이며, 그 시대 가장 뛰어난 공병장교이다. 요새 설계와 공략 양쪽에서 자신의 뛰어난 능력으로 명성을 얻었다. 그는 또한 루이 14세에게 조언하여 프랑스 국경을 강화했고, 직접 방어시설을 만들었다. 1667년과 1707년 사이 보방은 약 300개 도시의 요새를 업그레이드 했다. 거기에는 앙티브, 아라스, 바로, 바욘, 부용, 깔레, 캉브레 베르당 요새 등이 포함되어 있다.

47 _ 프랑스혁명(1789년)은 프랑스에서 일어난 시민혁명이다. 절대왕정이 지배하던 프랑스의 구제도(앙시앵레짐)가 대다수를 차지하던 평민들의 불만을 가중시켜 마침내 1789년에 봉기하였다. 혁명 후 수립된 프랑스 공화정이 나폴레옹의 쿠테타로 무너지는 75년 동안 공화정, 제국, 군주제로 국가체제가 바꾸며 굴곡의 정치적 상황이 지속되었으나 역사적으로 민주주의 발전에 큰 기여를 했다. 프랑스 혁명은 크게 보면 유럽과 세계역사에서 정치권력이 소수의 왕족과 귀족에서 일반 시민에게 옮겨지는 획기적인 역사의 전환점이었다.

쟁의 목적과 수단 면에서도 무제한적인 성격을 띠게 되었다. 그 이유는 전쟁의 수단이 점차 기계화되었고, 국민개병제[48]가 도입되어 군대가 대규모화되었을 뿐만 아니라 국가의 이익과 생존이 걸린 전쟁이라 전 국민이 노력을 집중하였기 때문이다. 즉 병력 규모의 증대로 대규모 병력을 조직하여 사단, 군단 등을 편성함으로써 부대운용의 융통성이 증대되게 되었다. 이로 인해 전장의 범위가 넓어지고 대규모 원정작전도 가능해 졌다.

이후 각국은 평화를 추구하면서도 어느 정도 전쟁 가능성에 대비하며 각국의 특수한 안보상황에 따라 군대를 편성하고 유지시켰다. 그리고 클라우제비츠나 조미니[49] 같은 군사이론가들은 나폴레옹전쟁이 남긴 교훈을 분석하고 그것을 기초로 하여 전술을 발전시켰다. 나폴레옹전쟁의 성격이 국민전쟁으로서 현대전의 시초를 이룬 만큼 이에 대한 분석은 대단히 중요한 일이었다. 이때 유럽에서는 프로이센과 오스트리아 간의 전쟁(1866), 프로이센과 프랑스 간의 전쟁(1870~1871)이 있었음에도 불구하고 이후 한 동안 평화의 시대를 누리게 되었다.

영국에서 시작된 또 하나의 혁명인 산업혁명[50]은 세계경제뿐만 아니라 전쟁의 양상에도 획기적인 변화를 가져왔다. 산업혁명과 이에 따른 인구의

---

48 _ 국민개병제는 국가의 구성원(주로 성년 남성)에게 국토를 방위할 병역의무를 지우고 이를 강제하는 제도로 현재 우리나라에서 시행하고 있는 징병제와 동일한 개념이다.

49 _ 조미니((Antonie–)Henri, baron de jomini; 1779~1869) : 프랑스의 장군이자 군사평론가이며 역사가이다. 최초 나폴레옹의 휘하의 여단장과 참모장으로 활약했으나, 후에 러시아의 알렉산드르 1세의 부관으로 러시아를 위해 싸우기도 했다. 전쟁의 원리를 규정하려는 체계적인 노력으로 근대 군사사상의 창시자로 전략과 전술 및 병참의 구분을 처음으로 명확하게 한 장본인이기도 하다. 주로 전략문제에 관심을 가졌던 그는 작전지역을 완전히 장악할 수 있는 정확한 작전을 채택하는 것이야 말로 성공적인 군사작전의 요체가 된다고 주장했다. 대표적 저서로는 『전술의 요점』, 『전략원리』, 『나폴레옹의 생애』 등이 있다.

50 _ 산업혁명은 18세기 중엽부터 19세기까지 영국에서 시작된 기술의 혁신과 이로 인해 일어난 사회, 경제 등의 큰 변혁을 일컫는다. 산업혁명은 후에 전 세계로 확산되어 세계를 크게 바꾸어 놓게 된다. 산업혁명이란 용어는 아놀드 토인비가 처음으로 사용했다.

폭발적 증가로 인한 변화의 물결은 19세기 전반기에 유럽 각국에 제국주의와 민족주의 바람을 일으켰다. 이 시기에 유럽열강들은 산업혁명을 통한 고도의 경제성장을 이루고 난 뒤 그 성장의 배출구를 해외에서 찾으며 식민지 쟁탈전을 벌이게 된다. 산업혁명의 영향을 받아 군대도 부분적으로 새로운 무기와 기술을 받아들이고 미래의 전쟁에 대한 대책들도 강구했다. 바로 산업기술이 전쟁에 이용되기 시작했던 것이다.

영국에서 시작한 산업혁명이 프랑스, 독일, 러시아, 미국으로 전파되어 점점 더 많은 국가가 산업혁명의 대열에 합류하면서 전쟁의 위험도 점점 더 증가되었다. 산업혁명의 세계화가 전쟁의 세계화로 이끌어가게 된 것이다. 산업혁명의 산물인 대량생산이 인간을 평화롭게 한 것이 아니라 인간을 더욱 호전적으로 만든 것이다. 이 과정에서 미국과 에스파냐전쟁(1898), 보어전쟁(1899~1902)[51], 러일전쟁(1904~1905), 청일전쟁(1894~1895) 등 열강들 간의 각축전도 눈에 띄게 증가하게 된다. 바로 현대전의 효시라 할 수 있는 제1차 세계대전 전야의 폭풍 조짐들이 조금씩 감지되기 시작한 것이다.

ㅇ 현 대

현대전의 시작은 통상 제1차 세계대전으로 보며, 전쟁의 규모와 목적 등 모든 면에서 매우 복잡한 양상을 띤다. 제1차 세계대전은 1914년에 시작되어 32개국이 참전한 세계대전으로 국가의 모든 자원을 총동원하는 총력전

---

51 _ 보어전쟁 또는 앵글로 보어전쟁은 아프리카에서 종단정책을 추진하던 영국 제국과 당시 남아프리카 지역에 정착해 살던 네덜란드계 보어족 사이에 일어난 전쟁으로 2차례에 걸쳐 진행된다. 1차는 1880년~1881년 사이에 일어난 전쟁으로 전쟁결과 보어족은 트란스발 공화국과 오렌지 자유국을 만들어 정착하였다. 2차 전쟁은 1899년~1902년 사이에 트란스발 공화국과 오렌지 자유국의 연합군이 영국 제국과 싸운 전쟁이다. 영국은 1차 전쟁결과 트란스발 공화국과 오렌지 자유국의 독립을 인정하였는데 이후 이 지역에서 다이아몬드 광산과 금광이 발견되면서 영국제국이 이 곳을 차지하기 위해 벌인 전쟁이다. 이 전쟁의 결과 영국 제국이 승리하였으며 두 국가는 영국의 식민지가 되었다. 일반적으로 보어전쟁은 2차 전쟁을 가리킨다.

의 개념으로 전쟁이 진행되었다. 제1차 세계대전의 원인은 영국과 독일의 제국주의 정책의 충돌, 프랑스의 독일에 대한 복수심, 삼국동맹과 삼국협상의 대립, 발칸지역의 민족적 대립 등 다양하고도 복잡하게 얽혀서 발생한 전쟁이었다. 제1차 세계대전은 무기의 위력이 증대되고 대량 생산됨에 따라 더욱 치열해진 전쟁이었다. 그 특징을 단적으로 보여주는 것이 바로 기관총과 철조망, 참호였다. 1차대전의 양상은 프랑스의 마르느에서부터 도버해협에 이르는 소위 "바다로의 경주"로 형성된 1,000km에 달하는 참호선[52]을 중심으로 교착상태에 빠진다. 참호선은 방어에 요긴한 철조망 등 각종 장애물을 설치하고, 기관총과 지원포, 축성 등으로 강력한 요새지대를 형성하였다. 총과 인간의 의지만으로는 도저히 돌파할 수 없는 난공불락의 방어선이 되어버렸다. 이런 이유로 프랑스 등 일부 국가는 참호선의 효과에 고무되어 진지를 중심으로 하는 방어중심사상을 중시하게 되었다. 그러나 이러한 진지전[53]을 타개하기 위한 방편으로 다양한 무기와 전술도 함께 발전하게 된다. 대표적인 무기는 1915년 독일군이 이프르 전투에서 사용한 독가스(주로 염소가스)와 1914년 연합군측이 최초로 개발하여 1916년에 솜므전투[54]에 등장한 전차(탱크)[55]다. 그러나 전차는 진흙탕에서 여러 가지 결함

52 _ 참호(塹壕 ; Trench)는 야전에서 적의 공격을 방호하는 시설로 보통 땅을 파고서 만든 것을 지칭한다. 참호를 설치함으로써 병사들은 적의 총포격에 대한 노출 면적을 줄이며, 총기의 거치를 쉽게 하여 사격하기 용이하게 하며, 다른 참호나 후방 또는 통신시설에 안전하게 접근할 수 있다. 참호전에서 공격하는 쪽은 노출된 상태에서 이미 보호되어 있는 적을 상대하기 때문에 피해가 심각하다.

53 _ 진지전(War of Position)은 기본 방어 거점으로 고정되고 방벽을 갖춘 진지를 중심으로 싸우는 전술이다. 대표적인 예가 제1차 세계대전시 참호전과 제2차 세계대전 이전 프랑스가 독불국경에 건설한 '마지노선' 제2차 세계대전 중에 나치 독일이 연합군의 상륙에 대비하여 프랑스 해안에 구축한 '대서양 방벽' 등이다.

54 _ 솜므전투는 제1차 세계대전 당시 서부전선에서 벌어진 전투로 전투 첫날 58,000여명에 달하는 영국군 사상자가 발생한 사실로 잘 알려진 전투다. 이 전투는 1916년 7월 1일 아라스와 알메프트 사이의 솜므강 북쪽 30km에 걸친 전선에서 시작되어 11월 18일까지 계속되었다.

55 _ 전차는 영국군 공병장교 스윈턴(E.D.Swinton) 중령이 참호전을 극복하고 교착을 타개하기 위한 방책으로 육군성에 건의한 것으로, 해군장관이었던 처칠이 이에 관심을 표명하고 해군

을 보였고 기대한 만큼 효과를 거두지는 못했다. 이를 극복하기 위해 연구개발과정을 거쳐 1917년 캉브레 전투[56]에서 다시 사용하여 전선돌파에 성공하게 되지만 전쟁을 종결지을 만큼의 위력을 떨치지는 못했다. 또한 제1차 세계대전은 땅과 바다 외에 공중에서도 싸우기 시작한 최초의 전쟁이다. 전쟁 전부터 이미 개발된 비행선과 항공기가 처음에는 정찰 및 항공사진 촬영용으로 이용되었으나, 나중에는 부대 · 철도 요충지 · 공장 · 도시 등을 폭격하고 나아가 적 항공기를 공격하는 데 사용되었다. 그러나 제1차 세계대전 중 항공기는 별로 중요한 역할을 하지는 못하였고, 주로 지상전을 돕는 보조적인 역할에 머물렀다. 이는 초창기 항공기의 기계적 결함과 조종술 및 전술적 운용의 미숙으로 독립적인 공중작전을 전개할 정도까지 발전하지 못했기 때문이다.

진지전을 타개하기 위한 후티어 전술과 또 이를 막기 위한 꾸로의 종심방어 전술도 이 시기에 나온 대표적인 전술이다(이는 본 책의 제6장에 잘 기술되어 있다). 제1차 세계대전 이후에 군인들은 전쟁의 교훈을 분석하고 신무기였던 전차와 항공기의 운용방법에 대해 중점적으로 연구하기 시작했다. 제1차 세계대전시 후티어전술의 약점인 기동력, 화력, 수송력을 보강하고 풀러의 마비이론, 리델하트의 타격이론, 두헤와 미첼의 항공이론 등을 종합하여 전격전(독일어로 Blizkrieg)이론[57]을 만들었다. 이는 과거와 같은 공격방법으로는 잘 준비된 방어진지를 돌파할 수 없다고 판단하여 신속한 기동력

항공대에 단독으로 연구를 지시하여 개발되었다. 1914년 발족된 "해군성 지상함 위원회"에서 보안명을 해군식으로 '전차'(tank)로 명명했다.

56 _ 캉브레 전투는 독일의 병참 중심도시 캉브레를 고립시켜 군수물자 지원을 차단하고자 하는 의도로 니벨르 공세 중 실시된 전투로 연합군은 3개 전차여단의 479대 중에서 342대를 집중 운용하여 초기에 독일군의 심리적 마비현상을 초래하기도 하였다.

57 _ 전격전(電擊戰)이란 용어는 2차 세계대전 당시에 최초로 등장한 용어로 공군은 적 공군력과 통신시설과 지휘부 등 전술적 목표를 공격하고, 지상부대는 적의 약한 부분을 돌파한 후 공군의 지원을 받는 기갑부대로 적의 최소 예상선, 최소 저항선을 따라 깊숙한 종심타격을 가하는 개념의 전술이다.

을 바탕으로 하는 기계화전 이론을 발전시킨 것이다.

제1차 세계대전은 결과적으로 독일의 패배로 끝났다. 1919년 베르사유 조약[58]을 통해 독일에게 1,320억 마르크라는 엄청난 배상금 지불과 군비제한, 영토분할 등 독일 국민이 감내하기 어려울 정도의 국가적 불이익을 요구하였다. 이는 독일국민들에게 복수심을 심어주게 되어 제2차 세계대전의 불씨가 된다.

이러한 상황에서 제1차 세계대전 종료 후 독일의 참모총장으로 임무를 수행하게 된 제크트(Seeckt)는 군대의 정예화, 일반참모부제도의 존속, 동원체제와 예비군제도 유지, 군사사상 및 전술교리의 발전 등 비밀리에 재군비를 추진하였다. 히틀러가 등장한 후에는 베르사유 조약으로 인한 경제적 궁핍을 타개하기 위해 단계적으로 전쟁준비를 하게 된다. 1939년 독일은 새로운 전술개념을 선보이며 폴란드 공격을 실시하여 제2차 세계대전을 개시했다. 단 28일 만에 폴란드를 석권함으로써 세계를 경악케 했는데, 이때 번개처럼 신속한 기동력과 타격력을 보여준 독일군을 보고 당시 언론들이 최초로 전격전이라는 용어를 사용했다. 이어 독일군은 1941년 방어중심사상의 대명사인 마지노선[59]의 환상에 빠진 프랑스를 상대로 하여 아르덴느 삼림지대를 돌파하여 단 6주 만에 프랑스를 다시 석권하게 된다. 이후 전쟁은 유럽과 아시아, 아프리카에 이르기까지 전면적으로 확산되었다. 미국을 비

---

58 _ 베르사유 조약은 1919년 6월 독일 제국과 연합국 사이에 맺어진 제1차 세계대전의 평화협정이다. 파리 강화회의 중에 완료되었고, 협정은 베르사유 궁전에서 서명되어 1920년 1월 10일 공포되었다. 조약은 총 440개의 조항으로 이루어졌으며, 국제 연맹의 탄생과 독일 제재를 규정하는 내용을 포함한다.

59 _ 1933년 완성된 마지노 요새는 모든 구조물이 장철과 콘크리트로 이루어졌으며 지하에 구축되었다. 전투시설과 연결하기 위해 엘리베이터, 에스컬레이터, 탄약운반 리프트도 설치했다. 프랑스 육군은 이 마지노선에 정예 현역사단과 요새 전문사단 등 50개 사단을 배치했는데, 프랑스 전역시 독일군은 불과 17개의 보병사단으로 마지노선을 견제하고 주력이 아르덴느 삼림지대를 돌파하여 승리하였다.

롯한 세계 대부분의 국가가 전쟁에 참여하게 되고, 노르망디 상륙작전[60]에 이은 독일의 항복과 원자폭탄의 위력에 놀란 일본의 무조건 항복으로 종지부를 찍게 될 때까지 세계는 전쟁으로 인한 엄청난 인명피해와 경제적 손실을 감내해야 했다. 제2차 세계대전은 전장이 유럽 외에 전 세계로 확대되었을 뿐만 아니라 핵무기까지 동원되는 등 무제한의 전쟁이었다. 또한, 전 국민이 전쟁수행에 직 · 간접적으로 참가한 총력전이었고, 전쟁기간 중 급속한 과학기술의 발달은 군사작전 면에서도 과학적인 수행방법을 가능케 만들었다.

제2차 세계대전 이후 미국과 소련을 중심으로 민주주의와 공산주의가 대립하는 냉전체제가 형성되었다. 미국과 소련이 세계 질서를 주도하면서 이들은 핵무기에 의한 공멸을 회피하려는 억제전략[61]에 바탕을 둔 새로운 형태의 제한전쟁을 탄생시켰다. 즉, 전쟁은 전면전쟁의 양상이 아니라 강대국들의 개입 하에 국지전화하는 모습을 띠게 되었다. 이 과정에서 많은 국가들은 이데올로기와 결부되어 내전을 겪게 된다. 이 시기의 대표적 전쟁으로 6 · 25전쟁과 월남전쟁, 중동전쟁 등을 들 수 있다.

1989년 지중해에서 몰타회담[62] 이후 냉전체제가 붕괴된 후 걸프전쟁, 이

---

60 _ 노르망디 상륙작전은 제2차 세계대전시 미국과 영국을 주축으로 한 연합군이 프랑스의 노르망디 반도로 1944년 6월 6일 실시한 최대 규모의 상륙작전으로 작전명은 '오버로드 작전'이다. 노르망디 상륙작전의 성공으로 독일군은 연합군의 공세를 이기지 못하고 결국 항복하게 된다.

61 _ 억제전략이란 한 국가가 침략을 하려고 할 경우 그 침략에 의해서 얻을 수 있는 이익 이상의 견디기 힘든 손해를 받게 될 것이라는 것을 그 나라에 인식시켜서 침략을 미연에 방지하기 위해 사용되는 국가전략을 말한다.

62 _ 1989년 12월, 지중해 몰타 해역의 선상에서 부시 미국 대통령과 고르바초프 소련 공산당 서기장 사이에서 이루어진 정상 회담이다. 이 회담에서 제2차 세계대전 이후의 냉전체제를 종식하고 평화를 지향하는 새로운 세계질서를 수립한다는 역사적 선언이 이루어졌다. 이 회담은 비록 여러 현안에 대해 원칙적인 의견을 교환하였을 뿐 구체적인 협의는 다음으로 미루었으나 대결에서 협력으로 가는 새로운 세계사의 흐름을 재확인하고 새 시대 국제질서의 방향을 제시한 회담으로 평가된다.

라크전쟁, 아프간전쟁 등이 있었고, 시대가 바뀌고 과학기술과 문명이 발전할수록 전쟁도 진화되었다. 특히, 걸프전쟁과 이라크전쟁은 전쟁수행방식 측면에서 기존과는 완전히 다른 전쟁양상을 보여주고 있다. 군사작전 측면에서 최첨단 무기로 무장한 미국 중심의 연합군이 재래식 무기[63]로 무장된 이라크군에 대해 일방적으로 승리하였다. 이는 미래전의 양상을 단면으로 보여준 한 예가 되었고, 군사전문가들에 의해 많은 연구와 분석이 이루어지고 있다.

앞으로도 계속되는 과학기술의 발전과 정보화 추세, 그리고 다양한 국제적 이해관계, 각국의 국내 상황 등에 따라 과거와는 전혀 다른 형태의 전쟁이 전개될 가능성이 높다. 현대전은 특히, 매우 짧은 기간에 무기체계와 군대조직이 발전되었고, 전략과 전술도 획기적으로 발전하고 있다. 이 부분에 대한 연구는 끊임없이 진행 중이다.

■ 미래의 전쟁

미래의 전쟁 또한 어떻게 변화될 것인지 예측하기는 어렵다. 세계가 복잡해졌고 또한 모든 분야에서 변화의 속도가 너무나 빠르게 진행되고 있다. 예를 들자면 세계인구가 3억에서 10억으로 증가하는 데는 서기 1년부터 1,800년까지 약 1,800여 년의 시간이 걸렸다. 그 다음 150년 동안에 인구는 다시 두 배로 늘어나 1950년에는 20억이 되었다. 그리고 그 다음 불과 50년 동안에 세 배로 증가하여 2000년에는 60억에 도달했다.

현재의 민주주의가 발전하는 데는 예수탄생 이후 1,700년 이상이 걸렸지만 그 다음 200년 동안에는 민주주의가 전 세계로 퍼져나갔다. 증기기관차가 발명되고 난 다음 그것이 국가경제의 중추적 역할을 하게 되기까지는 거

63 _ 핵무기, 화학무기, 생물학 무기 및 전자유도 무기를 제외한 무기의 총칭을 '재래식 무기'라고 하며 이러한 무기를 사용하여 전쟁을 수행하는 것을 '재래전'이라 한다.

의 100년이 걸렸다. 개인용 컴퓨터가 최초 개발되고 나서 널리 확산되는 데는 25년도 안 걸렸다. 실시간 정보교환과 검색이 가능한 인터넷이 도시로 확산되는 데는 5년도 안 걸렸다. 전쟁수행방식의 변화 역시 가속적이다. 구식 소총과 대포가 개발된 이후 1세대 전쟁(인력전)으로 발전하기까지 수 백 년이 걸렸고, 나폴레옹전쟁부터 제1차 세계대전 사이의 수백 년 동안 2세대 전쟁(화력전)이 발전하였다가 다시 3세대 전쟁(기동전)은 25년도 안 되는 기간에 발전하였다.[64] 20세기말 짧은 기간 동안 이룩된 컴퓨터 기술은 지식 · 정보에 혁명적인 변화를 가져와 전력시스템이 정밀 감시 · 통제 · 타격 복합체제로 보편화되었다. 작전개념도 정보 · 지식에 기초한 동시 종심타격, 전장공간 확장(지 · 해 · 공 · 우주 및 사이버 공간까지 전장화), 비선형 전투가 보편화되고 있다. 어쨌든 분명한 사실은 과거로부터 현재, 그리고 미래에 이르기까지 인류의 문명이 끊임없이 발전하듯 전쟁도 함께 진화하고 있다는 것이다. 또한 앞서 이미 설명한 바와 같이 군사과학기술의 발전을 포함하여 계속되는 사회문화적 변화 역시 전쟁양상의 변화에 영향을 미치고 있다는 사실이다.

그렇다면 미래의 전쟁양상은 어떻게 변화될 것인가? 이에 대해 앨빈 토플러, 마틴 반 크레펠드, 슬립첸코, 크라우스, 코헨, 크레피네비치, 설리반 등 많은 학자들에 의해 상당한 연구와 논의가 있어 왔다. 그들은 이 같은 변화가 무엇이냐 하는데 대해서는 견해가 분분하지만 전쟁수행에 근본적인 변화가 일어나고 있다는 데는 공감하고 있다. 현재까지 연구된 다양한 견해들을 종합하여 볼 때 미래전의 양상에 대해서 크게 세 부류의 견해로 압축해 볼 수 있다.

---

64 _ Thomas X. Hammes, 하광희 외 2인 번역, 『21세기 전쟁(비대칭의 4세대 전쟁)』(서울 : 한국국방연구원, 2010), p. 81.

첫 번째 견해는 첨단기술을 사용하여 단기간에 결판이 나는 우주 · 사이버전이다. 즉 기술이 중심을 이루며 핵심은 우주영역을 이용한 기계 대 기계의 전쟁이라는 것이다. 과학기술력이 동원된 전쟁 즉, 센서와 네트워크 체계의 발달로 광범위한 전장을 감시 · 정찰 및 관리(광역화)할 수 있고, 보다 원거리에 위치한 표적을 타격(장사정화)할 수 있으며, 요망하는 군사표적, 특히 전략적 · 작전적 중심을 정밀하게 식별하여 타격 및 파괴(정밀화)할 수 있다는 것이다. 뿐만 아니라 전투행위 사이클이 매우 빠른 템포로 작전이 수행(속도화)되고, 전력 시스템을 상호 연동 · 결합시켜 전력발휘의 시너지 효과를 극대화(복합화)해 나아간다는 것이다. 이것은 이미 걸프전 · 이라크전 · 아프간전 등 현대전을 통해서도 증명된 바 있다.

두 번째 견해는 무인 · 로봇전이다. 이미 무인항공기가 등장했고, 산업분야에서 출발하여 개발된 로봇과 무인전투기 등이 머지않아 미래전장의 핵심 전사로 등장하게 될 것임을 예고하고 있다.

엄밀히 보면 위 두 가지 형태의 전쟁양상은 이미 20세기 말에 축적된 군사과학기술을 바탕으로 빠르게 진행되고 있어 충분히 예견되는 사항이다. 현재에도 무기체계와 각종 군사장비는 빠른 속도로 바뀌고 있다. 이런 현상을 군사기술혁명(Military Technology Revolution : MTR)이라고 한다. 미국을 비롯하여 영국, 프랑스를 비롯한 유럽국가들은 물론 일본과 중국 등 한반도 주변국도 군사혁신[65]을 추진 중이다. 어쨌든 미래에는 보다 우수한 과학기술력을 바탕으로 보다 광범위하고 정밀하며 치명적인 무기체계와 군사장비의 발전이 예견되고 이러한 전쟁양상은 가까운 미래까지 지속될 것으

65 _ 군사혁신이란 기술, 조직, 군사교리의 획기적인 발전으로 기존에 보유했던 전투력을 능가하도록 미국의 총괄평가국(Net Assessment)이 정의한 군사혁신 개념은 "군사혁신이란 새로운 기술(Emerging Technology)을 응용하여 새로운 시스템(New system)을 개발 및 획득할 경우, 작전 운용개념(Operational concept)과 조직편성(Organizational adaptation)도 결부시켜 상호 연계 속에 전투력 발휘도의 혁신적(Revolutionary) 향상을 가져와 기존의 전쟁수행방식을 순간적으로 구식화 내지는 진부화시키는 것을 의미한다"라고 정의하고 있다.

로 보인다.

위의 두 가지 외 또 하나의 견해는 4세대 전쟁으로 알려진 네트워크전이다. 1989년 린드[66]는 그의 논문 「변화하는 전쟁의 얼굴 ; 제4세대 전쟁」을 통해 1648년 베스트팔렌 조약 이후 300년간의 전쟁을 4세대로 구분하여 설명하고 있다.[67] 여기서 그는 4세대 전쟁의 일반적인 특징을 적의 군대를 패배시킴으로써 승리를 추구하기 보다는 적 정책결정자들의 의지 · 심리를 공격하여 굴복시키려는 전쟁으로 설명하고 있다. 즉 테러집단, 초국가적 범죄조직, 반정부 저항단체 등이 초국가 · 초수단 · 초영역의 네트워크를 사용하며 몇 달, 몇 년이 아니라 수십 년이 소요되는 장기간의 전쟁으로 전시와 평시, 군인과 민간, 전방과 후방 구분이 모호한 특징을 가지고 있다. 지금까지 슈퍼파워, 즉 기존의 강대국에 대항하여 승리한 전쟁은 4세대 전쟁이 유일하다고 주장하고 있다.

그러나 용어상 4세대 전쟁이라고 하여 미래의 전쟁양상이라고만 할 수는 없다. 왜냐하면 이미 20세기 초에 마오쩌둥[68]이 중국대륙에서 4세대 전쟁을 통해 대륙을 석권한 바 있고, 이후에도 베트남에서의 호치민[69]이나 9·11테

---

66 _ 윌리엄 S. 린드(William Sturgiss Lind, 1947~) : 미국 군사평론가, 미국 국방개혁연구소 소장 역임.

67 _ 1세대 전쟁은 나폴레옹전쟁으로 인력전을 통해 적 전투원을 살상하는 전쟁으로, 2세대 전쟁은 제1차 세계대전으로 화력전을 통해 적 전투력을 파괴하는 전쟁으로, 3세대 전쟁은 제2차 세계대전 이후로 고도의 기동전을 통해 적 지휘통제 및 병참선을 차단하는 전쟁으로, 그리고 4세대 전쟁은 마오쩌둥의 인민해방전쟁으로부터 현재에 이르기까지 네트워크전을 통해 적의 정치지도자 의지를 꺾기 위한 전쟁으로 구분하고 있다.

68 _ 마오쩌둥(毛澤東 ; 1893~1976) : 중국의 정치인, 군인, 교육자, 혁명가, 사상가이며, 중화인민공화국을 수립한 정치가이자 초대 국가 주석이며, 공산주의자이다. 초기 중국공산당의 최고 지도자였으며, 국공내전에서 승리를 거두고 장제스(蔣介石)와 국민당 일파를 타이완(臺灣)으로 축출했으며, 잔여 군벌들을 숙청하고 중국을 통일하였다.

69 _ 호치민(胡志明 ; 1890~1969) : 베트남 민족주의 지도자이자 공산주의자로 1890년 베트남 중북부 응헤안의 시골에서 태어나 1917년 파리에 정착하면서 프랑스 사회당에 입당했다. 1923년 모스크바의 코민테른 제5차 대회에 참석하면서 공산당 주요인물로 성장하여 1924년 9월 중국 광둥(廣東)에서 "베트남 혁명동지회"를 결성하고 1930년 2월 홍콩에서 베트남 공산당을 창당했다. 1941년 "베트남 독립동맹"을 결성하여 중국 공산당, 미군과 접촉했고, 1945년 9

러[70]를 주도했던 알카에다 등이 4세대 전쟁을 수행했던 사실이 있었기 때문이다. 다만 이러한 양상의 전쟁에 대해 그 동안 깊이 있는 연구가 부족했고, 최근에 일어난 전쟁들을 체계적으로 분석하는 과정에서 미래의 전쟁에서 보다 지배적으로 등장할 수 있는 하나의 양상으로 인식하게 된 것이다.

그렇다면 앞으로의 모든 전쟁은 최첨단의 우주 · 사이버전이나 무인 · 로봇전 또는 네트워크전 중 하나의 모습으로만 나타날 것인가? 반드시 그렇다고 볼 수는 없을 것이다. 우리는 세 가지 유형의 전쟁양상을 모두 주목해 볼 필요가 있다. 지금까지 학계의 견해와 인류문명의 발전방향 등을 전망해 볼 때 미래전은 전쟁을 수행하는 주체들이 처한 환경에 따라 세 가지 형태 중 한 가지나 둘 또는 세 가지 형태의 전쟁양상이 복합적으로 나타날 수 있다. 비록 로봇전사들은 등장하지 않았지만 다양한 최첨단 무기들은 이미 전장에 등장하여 운용된 바 있다. 이라크 전쟁은 미래전의 세 가지 모습(우주 · 사이버전, 무인 · 로봇전, 네트워크전)의 상당부분을 보여준 전쟁이라고도 볼 수 있다.

최첨단의 무기들을 장비하고 있다고 해서 반드시 전쟁에서 승리하는 것은 아니다. 즉, 과학기술의 발전으로 무기체계가 첨단화되고 있지만 이것만으로 전쟁의 승패를 결정짓지는 못한다는 것이다. 대표적인 예가 바로 최근의 이라크전쟁이다. 최첨단의 무기체계들을 총동원하고 기술적 우위를 바탕으로 군사적 승리를 거두었음에도 불구하고 미국이 전쟁에서 승리했다고 믿는 사람은 거의 없다. 왜냐하면 전쟁의 본질에서 이미 설명했지만 전쟁이란 것은 인간이 수행하는 것이고 어떤 형태로든 최종적으로는 한쪽 전쟁수행자들의 전쟁의지가 꺾여야만 종결되는 것이기 때문이다.

월 2일 "베트남 민주공화국" 수립 시 호치민은 초기 권력을 잡게 된다.

70 _ 9·11테러는 2001년 9월 11일 4대의 민간항공기를 납치한 이슬람 테러단체에 의해 동시다발적으로 이루어진 자살 테러로 미국 뉴욕의 110층짜리 세계무역센터(WTC) 쌍둥이 빌딩이 무너지고, 워싱턴 D.C의 국방부 펜타곤이 공격을 받은 대참사를 말한다.

지금까지 원시시대로부터 현대에 이르기까지의 전쟁과 또 미래의 전쟁이 어떻게 변화될 것인지 살펴보았다. 분명한 사실은 전쟁이 우리가 구분한 역사와 시대의 기준에 맞추어져서 발전된 것은 아니다. 즉 특정시점에 특정한 변화로 한 순간에 전쟁양상이 바뀐 것이 아니라는 것이다. 예를 들어 화약이 발명되었다고 해서, 그리고 나폴레옹과 같은 군사천재들이 혜성처럼 등장했다고 해서 그 시점에 갑자기 전쟁의 모습이 기존과는 완전 다른 모습으로 변하지는 않았다는 것이다. 화약무기가 발명될 당시 유럽이 봉건제도에서 군주가 통치하는 민족국가 체제로 전환되면서 정치 · 경제 · 사회 분야의 구조도 동시에 발전하게 된다. 신뢰할 만한 화기를 개발하는데 시간이 걸렸을 뿐만 아니라 국가경제와 사회구조의 발전에도 시간이 걸렸으며, 나폴레옹 시대의 대군을 유지할 수 있도록 기술이 발전하는데도 시간이 걸렸던 것이다. 기존의 전쟁방식에 새로운 무기가 등장하더라도 이러한 복합적인 상황들도 변화가 있게 되고, 또 새로운 무기에 맞는 전투대형과 전술을 접목시키면서 조금씩 변화되어 최적의 방법을 찾게 된다는 것을 의미한다. 군사과학기술의 발전 속도가 빠르기는 하지만 전쟁의 양상도 한 순간 변하지는 않을 것이다. 다만 미래전 양상은 분명 장비 및 인력 중심의 기동전에서 정보전으로, 지휘통제 · 통신 · 정보 및 정밀타격 능력의 발달로 다중목표 동시타격 · 소규모 분산형 전투로, 인명살상 위주의 전쟁이 아닌 적의 국가통수기구[71] 및 지휘체계, 핵심기능만 무력화시키는 비살상전으로, 인공지능 로봇에 의한 무인화 전투로, 그리고 전장공간이 지상 · 해상 · 공중에 이어 우주 및 사이버 공간으로까지 확장될 것임에 틀림없다. 이와 더불어 4세대 전쟁까지 다양한 양상으로 전개될 것이라 예견해 볼 수 있다.

---

71 _ 국가통수기구(NCA ; National Command Authorities)란 대통령 및 국방부장관, 또는 적법하게 임명된 그 대리자나 승계자를 말한다.

2.2 전쟁에도 종류가 있나요?

■ 개 요

앞서 전쟁이란 무엇인가를 설명하면서 전쟁의 다양한 형태에 대해서도 일부 언급하였다. 전쟁은 시대적 상황과 전쟁목적 및 수행방식 등에 따라 다양한 모습으로 나타나는데, 그렇다면 전쟁은 어떠한 기준에 따라 어떤 종류로 구분되는지 알아보자.

전쟁을 분류함에 있어 특정시대와 지역, 기타 특정 기준에 의해 전쟁의 형태를 분류하는 것은 오류의 가능성이 매우 높고 어려운 일이다. 시대 구분 조차도 학자들마다 관점에 따라 다르게 분류하고 있고, 특정한 시대의 모든 전쟁을 어떤 유형의 전쟁이라고 쉽게 말할 수가 없다. 또한 유럽이나 동양의 경우 문명의 발달시기가 다르고 문화적인 차이로 인해 전쟁의 양상도 다르게 진행되어 왔다. 뿐만 아니라 전쟁은 여러 범주와 관계를 맺고 있기 때문에 특정한 단일 기준에 의해 모든 전쟁을 분류한다는 것은 매우 어려운 일이다.

전쟁의 분류는 일반적으로 목적과 수단을 기준으로 하지만 다른 기준에 의해서도 다양한 형태로 분류할 수 있다. 전쟁을 분류함에 어떤 기준을 적용할 것인지는 전쟁을 연구하는 목적에 따라 다를 것이고, 또 분류기준이 같더라도 분류하는 학자와 기관에 따라 전쟁의 유형은 천차만별이라 할 수 있다.

여기서 모든 유형의 전쟁을 분류하여 설명하기에는 그 범위가 너무 광범위하고 지면상 제한되므로 여러분들이 전쟁을 보다 체계적이면서도 포괄적으로 이해하는데 중점을 두고서 대표적인 몇 가지 유형만 제시하여 설명하겠다.

■ 전쟁의 종류[72]

전쟁(War, 戰爭)이 6 · 25전쟁과 같이 일정기간을 의미한 것이라면, 전(Warfare, 戰)은 특정한 방법이나 수단을 이용한 전쟁을 일컬을 때 사용된다. 예를 들어 사이버전(Cyber Warfare), 핵전(Nuclear Warfare, 核戰)과 같은 경우를 들 수 있다. 그러나 이때 전(戰)은 전쟁의 약자로, 같은 의미로 구별 없이 상호 교환적으로 사용된다.

분쟁(Conflict, 紛爭)이란 국제법적이나 국내법적으로 주체간의 다툼을 말하며, 분쟁의 성격에 따라 국제분쟁, 국내분쟁, 무력분쟁으로 구분할 수 있으며, 그 강도에 따라서는 저강도, 중강도, 고강도 분쟁으로 분류할 수 있다. 남사분쟁, 체첸분쟁, 소말리아분쟁 등을 그 예로 들 수 있다. 여기서 무력분쟁이란 무력을 사용하는 분쟁으로 그 규모나 양상이 아직 국지전(Local War, 局地戰)이라 인정할 수 없는 단계를 말한다.

총력전(Total War, 總力戰)이란 국가 각 분야의 총체적인 힘을 기울여 수행하는 전쟁으로 제1차, 2차 세계대전을 그 예로 들 수 있다.

제한전(Limited War, 制限戰)이란 절대전쟁, 무한전쟁, 총력전에 대비되는 개념으로 한정된 정치목적에 부합되도록 행동지역, 사용수단, 사용무기, 병력 및 달성할 목표 등에 일정한 제한을 가하면서 수행하는 무력전을 말한다. 대표적인 예로 6 · 25전쟁, 베트남전쟁, 중동전쟁 등을 들 수 있다.

전면전(General War, 全面戰)이란 교전국가의 자원이 총동원되고 주요 교전국이 국가적 존망 위기에 놓이게 되는 주요 세력 간의 무력분쟁으로 전쟁목적, 지역, 참가국가, 전쟁수단에 있어서 무제한적이며, 전 세계적으로 치러지는 대규모 전쟁을 말한다. 그 예로 제1, 2차 세계대전이나 6 · 25전쟁 등을 들 수 있다.

---

72 _ 합동군사대학교에서 2012년 발행한 『세계전쟁사(上)』에 수록된 전쟁의 형태를 발췌하여 핵심 위주로 요약한 내용이다.

국지전(Local War, 局地戰)이란 전면전을 회피하면서 제한된 지역에서 제한된 조건하에서 국가정책과 군사목적을 달성하기 위해 행해지는 제한전의 한 형태로 말할 수 있다. 예를 들면 북한의 도발에 의해 발생한 연평해전, 연평도 포격도발, 중국과 베트남간 벌어진 중 · 월전쟁 등을 들 수 있다.

섬멸전(Annihilation War, 殲滅戰)이란 적의 병력과 장비를 완전히 사살, 파괴 또는 포획하여 영구히 그 저항근원을 말살시키는 전쟁을 말하며 제1차 세계대전 당시 탄넨베르크 섬멸전, 미국의 남북전쟁시 셔먼 장군의 남부 파괴를 그 예로 들 수 있다.

마비전(Paralysis War, 痲痺戰)이란 적의 지휘체계 파괴로 전투력 발휘를 제한시켜 사고(思考) 또는 행동의 자유를 박탈시키는 방식의 전쟁을 말한다. 대표적인 예로 제2차 세계대전 당시 독일군이 만슈타인 계획에 의거 전격전(Blitz Krieg, 電擊戰)으로 프랑스를 단 6주 만에 석권한 전쟁을 들 수 있다.

소모전(War of Attrition, 消耗戰)이란 전쟁기간 동안 인원, 병기, 물자 등을 계속적으로 투입하여 전쟁이 장기화되어 쉽게 승부가 나지 않는 전쟁형태로, 적을 완전히 격파하여 전쟁 지속력을 말살시키는 방법을 말한다. 대표적인 예로 제1차 세계대전 당시 베르덩 전투, 태평양전쟁 당시 솔로몬 소모전, 6 · 25전쟁 당시 백마고지 전투 등을 들 수 있다. 유사한 개념으로 지구전(Endurance War, 持久戰)이란 결전을 피하고 목적을 달성하려는 의지를 가지고 행해지는 전쟁을 말한다.

기동전(Maneuver Warfare, 機動戰)이란 적의 군사력을 물리적으로 파괴하기보다는 심리적 마비를 추구하기 위해 신속한 기동으로 적의 배후를 공격하여 최소의 전투로 결정적 승리를 달성하기 위한 전쟁을 말한다. 예를 들면 칭기즈칸의 기마병에 의한 기동전, 태평양전쟁에서 일본군이 말라야 전역 당시 정글 지역에서 자전차를 이용한 기동전, 이라크전쟁 당시 미군이 수행한 기동전 등을 들 수 있다.

정규전(Conventional Warfare, 正規戰)이란 정상적인 조직, 규모, 형태로 수행되는 전쟁을 말하며 통상 정규군, 즉 상비군에 의해 수행되는 전쟁을 말한다. 이에 반해 비정규전(Unconventional Warfare, 非正規戰)이란 특수전부대 또는 정부조직에 의해 다양한 방법으로 조직, 훈련, 무장, 지원, 지시되어 적대국의 우호적인 현지 주민 또는 저항세력에 의해 수행되는 광범위한 군사 및 준군사 활동을 말한다. 6 · 25전쟁 당시 구월산 유격대의 활동, 스페인 내전 당시 오열 등의 활동을 예로 들 수 있다.

비대칭전(Asymmetric Warfare, 非對稱戰)이란 상대방이 효과적으로 대응할 수 없도록 하기 위하여 상대국이 보유하지 않은 다른 수단, 방법, 차원으로 싸우는 전쟁으로 베트남전쟁 당시 베트콩에 의한 게릴라전, 북한의 핵무기, 화학무기, 생물학무기, 장사정포에 의한 도발 등을 예로 들 수 있다.

비선형전(Nonlinear Warfare, 非線型戰)이란 피 · 아의 화기 사거리, 명중률 및 파괴력의 증대, 정보 및 지휘통제 능력의 발전으로 전장의 종심이 확대되고 전후방 동시전투가 실시됨에 따라 일정한 전선 없이 전개되는 전쟁을 말한다.

인민전쟁(People's War, 人民戰爭)이란 중국의 마오쩌둥에 의해 창안된 새로운 형태의 전쟁으로 인민들이 주체로 정부에 대항하여 정치적 목적을 달성하려는 전쟁을 말한다.

4세대 전쟁(4th Generation War)이란 비국가, 초국가 행위자들이 소규모부대로 재래식으로부터 첨단무기를 활용하여 상대방의 전쟁수행의지를 파괴하는데 초점을 둔 전쟁수행방식으로 베트남전쟁 당시 북베트남의 전쟁수행, 알카에다의 9·11테러, 아프간전 이후의 탈레반이나 이라크전 후 안정화작전을 저해하는 저항세력의 활동 등을 그 예로 들 수 있다.

이 외에도 각종 전쟁의 수단과 양상, 방법에 따라 전쟁의 종류를 달리 분석할 수 있으나 여기에는 대표적인 전쟁의 형태만 분류하였다. 예를 들면 전쟁지역에 따라 산악전, 시가지전, 사막전, 진지전, 상륙전, 해전, 우주전 등으로, 수단에 따라 정보전, 사이버전, 보급전, 생화학전, 핵전, 미사일전, 무인로봇전, 게릴라전, 심리전, 네트워크 중심전 등을 들 수 있을 것이다.

또한 전쟁의 양상과 방법에 따라 병행전(Parllel War, 竝行戰), 심리전, 특수전, 미래전, 정밀타격전, 효과중심전, 신속기동전, 비살상전, 동시통합전 등의 형태로 분류하기도 한다.

전쟁

3. 전쟁과 도덕[73]

3.1. 전쟁을 막을 방법은 없나요?

앞서 전쟁이 과연 무엇이고, 왜 일어나며, 과거로부터 현재에 이르기까지 어떤 양상으로 전개되어 왔고 미래에는 어떻게 전개될 것인지 등에 대해 알아보았다. 전쟁의 본질을 연구하면서 전쟁이 정치적 목적을 달성하기 위한 수단이라고 하였다. 그러나 오늘날은 전쟁이 단순히 정치적 목적 달성뿐만 아니라 종교적 갈등이나 인종차별과 같은 상황 등으로 치달아 가면서 반인륜적 행위의 참혹함이 증대되고 있다. 또한 과학기술의 발전과 더불어 엄청난 위력의 대량살상무기들이 등장하게 되면서 대량학살 행위와 같은

73 _ 국방부에서 2007년 발행한 『전쟁법 해설서(Laws of Armed Conflict)』에 수록된 관련내용을 발췌하여 핵심 위주로 요약한 내용임

폐단이 증폭되어 가고 있다. 비록 전쟁행위 자체를 완전 근절할 수는 없을지라도 전쟁 중에도 기본적으로 지켜져야 될 인권을 존중하거나 과도한 참혹함을 방지하기 위한 적절한 통제장치의 필요성을 느끼게 되었고 이에 따라 국제적 차원의 전쟁법이란 것이 생기게 되었다.

인간은 지구상에 존재하기 시작한 시기부터 본능적인 자기보전과 발전을 위해 한 곳에 모여서 집단을 이루며 살아왔다. 사람의 수가 늘어남에 따라 그 중에는 질서를 어지럽히고 안녕과 평화를 파괴하는 반사회적 행동을 하는 사람들이 생겨 이를 제제할 필요가 있게 되었다. 또한 인류문명이 발달함에 따라 인위적으로 질서유지의 방법을 강구할 필요가 생기게 됨으로써 규범이란 것이 존재하게 된다. 규범에는 종교나 도덕과 같은 것도 있지만 사회가 기대하는 일정한 모습에 합치하도록 통제하고 강제하는 수단의 하나로써 법령도 있다. 오늘날 정의되고 있는 법이란 사회질서를 유지하고 정의를 실현할 목적으로 강제력을 수반하는 사회규범을 말한다. '사회가 있는 곳에 법이 있다'고 일컬어지는 것과 같이 인간의 사회생활 보장과 질서의 규범이 곧 법인 것이다.

즉 법은 사회를 유지하고 통제하는 하나의 수단이라고 할 수 있겠다. 넓은 뜻으로 헌법, 법률, 명령, 조례, 규칙까지를 포함하지만 좁은 뜻에서는 일정한 조직과 절차 밑에서 제정된 법률을 가리킨다. 법의 역사와 체계, 원리와 이념, 법철학 등을 일일이 열거하자면 대단히 복잡하고 광범위하며 전문적인 연구가 필요한 분야이다. 법체계는 크게 국내법과 국제법 체계로 구분할 수 있다. 그러나 전쟁은 국내에서도 발생하지만 통상 국가 간에 발생하므로 국제법으로 전쟁에 관련하여 법으로 규정하고 있다. 즉 전쟁과 관련하여 다루게 될 전쟁법은 전시국제법이라고도 한다. 국가 간 또는 국가 내에서의 무력분쟁을 규율하는 국제법규를 총칭하는 말이다. 전쟁법은 전쟁의 선포와 항복수락, 포로대우, 군사적 필요, 사용 가능한 전쟁무기의 제약 등에 대한 규정으로 이루어져 있으며, 이를 통해 전쟁으로 인한 불필요한 피해를 최소화하려는 것을 목표로 하고 있다.

전쟁법의 존재형태는 본래 관습법[74]으로 발달해 왔으나 19세기 후반부터 국제조약[75] 등의 형식으로 성문화되었다. 전쟁법은 그 기원을 중세에서 찾아볼 수 있는데 중세 말 기사도 정신, 국제적인 무역의 성장 등으로 전투원과 민간인의 구별, 개인재산의 불가침, 불필요한 살상이나 파괴 금지, 잔혹성이 큰 해적수단 금지 등 일련의 규칙을 포함하고 있다. 그 당시 봉건제후나 군주 간에 평시관계를 규율하는 로마법이 있었으나, 이는 민법적인 성격이었다. 나폴레옹전쟁 말기 이후로부터 제1차 세계대전에 이르는 동안 다수의 조약형태로 된 전쟁법이 형성되기 시작했다. 이후 1899년과 1907년에 개최된 헤이그 평화회의 및 1864년부터 네 번에 걸쳐 개최된 제네바 회의에서 주요내용이 법전화되었다.

이러한 전쟁법은 전쟁개시의 적법성과 전쟁수행의 적법성으로 구분할 수 있다. 제1차 세계대전 전까지는 전쟁법에 대한 논란의 대상이 주로 전쟁개시의 정당성에 대한 문제였다. 그 이유는 우선 정의로운 전쟁인 정전(正戰)과 정의롭지 못한 전쟁인 부정전(不正戰)의 구별을 법칙화하여 교전당사국의 입장을 평등하도록 규정하기 위해서이다. 둘째로 내전이나 식민지전쟁과 같은 전쟁에는 국제법의 규율이 미치지 않아 그 전쟁의 처참한 상태가 방치되다 보니 전쟁수행과정에 대한 문제가 많이 거론되었기 때문이다. 이 문제는 이후에도 시대적으로 여러 조약 등을 통해 진행되어 왔다. 제1차 세계대전 후에는 실정국제법상 전쟁을 행하는 것 자체의 합법성 문제는 거의 거론되지 않고 전적으로 전쟁개시절차나 전쟁수행과정에 있어서의 교전법

74 _ 관습법, 특히 국제관습법은 국가와 국가 간의 묵시적인 합의에 의하여 일반적으로 승인된 법적 구속력을 가진 국제적 관행을 말한다.

75 _ 국제조약은 국가와 국가 간의 권리와 의무를 명문화하고, 그것에 서로 합의하는 것을 말한다.

규 제정에 집중되었다.

전쟁행위의 구체적 현상을 문제로 하는 교전법규의 대표적인 것이 헤이그법과 제네바법이다. 오늘날 주로 논의되고 국제법으로 성립된 것은 교전법규이며, 일반적으로 전쟁법이라 함은 이를 말한다. 또한 오늘날 국제법학상으로는 전쟁법(Laws of War)이라는 용어보다는 무력충돌법(Laws of Armed Conflict ; LOAC)이라는 용어가 일반적으로 사용된다. 미군도 문서상으로나 구두로나 LOAC이라는 용어를 더 보편적으로 사용한다. 그 이유는 첫째로 현대 국제법에서는 국제관계에서 전쟁이 위법화되어 있어 충돌 당사국들은 "전쟁"이란 말을 꺼리고 있기 때문이고, 둘째로 "무력충돌"이란 전면전과 같은 고강도 분쟁상황 뿐만 아니라 각종 국지적, 부분적 무력충돌까지 포괄하는 유연한 개념이기 때문이다. 그러나 우리나라의 경우 『전쟁법 준수를 위한 훈령』(국방부훈령 제1094호)[76]에서는 여전히 전쟁법이란 용어를 사용하고 있다. 대부분 사람들이 이해하기에 전쟁법이란 용어가 더 간명하므로 이 책에서는 전쟁법이란 용어를 사용하기로 하겠다.

현대전은 과학기술의 발전으로 등장한 엄청난 위력의 대량살상무기에 의한 대량학살 행위와 같은 폐단이 증폭되어 가고 있다. 전쟁으로 인하여 많은 사람들이 희생되고 고통받는가 하면, 전쟁을 통해 정치 · 경제 · 사회 · 과학기술 · 문화 각 분야의 인간생활에 큰 변화를 불러오기도 했다. 인류가 평화를 지키기 위한 온갖 노력을 기울여왔음에도 불구하고 전쟁은 반복적으로 일어나고 있으며, 전쟁에서의 승패는 인류 역사에 매우 중요한 영향을 끼쳐왔다. 특히 대부분의 경우 국가와 민족의 흥망성쇠로 이어졌으

76 _ 국방부 훈령 제 1094호 "전쟁법 준수를 위한 훈령"에 장병들에게 전쟁법 관련 교육을 강조하고 있으며, 다음과 같은 9가지 내용에 대해서 교육할 것을 규정하고 있다. ① 전쟁법의 개념과 필요성 ② 전쟁법의 기본원칙 ③ 교전규칙 ④ 전쟁법상 공격목표 선정의 원칙 ⑤ 무력행사의 방법에 관한 사항 ⑥ 상병자 및 민간인 보호에 관한 사항 ⑦ 포로의 대우에 관한 일반원칙 ⑧ 무력충돌시 문화재 보호에 관한 사항 ⑨ 전쟁법 위반행위의 처벌

며, 이에 따라 국가마다 전쟁을 방지하거나 결행하기 위해, 또는 불가피한 경우 전쟁에서 승리하기 위해 특별한 노력을 기울여왔다.

3.2 전쟁에도 법이 필요한가요?

전쟁에 무슨 법이 필요한가, 또는 과연 전쟁에 법이 있을 수 있는가라는 의문을 제기하는 사람들이 있다. 그러나 인류의 과학기술이 발달하면서 그 부산물로서 가공할 살상력을 가진 무기들이 개발되었고, 전쟁의 성격이 군대간의 대결이 아닌 국가 간의 총력전으로 변화되어 민간인의 피해가 군인의 피해를 압도하기에 이르렀다. 그로 인한 참화는 두 차례의 세계대전과 6 · 25전쟁, 베트남전쟁 등이 우리에게 보여준 바와 같다. 국제법이라는 수단을 통하여 전쟁 그 자체를 금하지는 못하더라도, 전쟁의 발발 가능성을 최대한 억제하고 전쟁의 불필요하고도 비참한 부작용을 최소한 줄일 수만 있다면 우리는 그러한 노력을 아끼지 말아야 할 것이다. 이러한 인도주의적 면에서 전쟁법이 필요하다. 요컨대 우리가 전쟁에 대해 법을 가지고 있고 이를 지켜야 하는 이유는, 비전투원은 물론 전투원에게도 불필요한 고통을 가하는 것을 억제하고 전쟁행위가 야만으로 타락하는 것을 방지함으로써 무력충돌의 부작용을 감소시키는 것은 물론, 기본적 인권을 수호하며 이를 통하여 평화의 회복을 촉진시키는 데 있다고 하겠다.

물론 급박한 전쟁상황에서 전쟁법 준수만을 최고의 가치로 삼아 전쟁에 임하는 것은 적절치 않다고 할 수 있다. 만약 그렇게 융통성 없는 태도를 취한다면 전쟁법이 군사작전에 방해가 되는 경우도 있을 것이다. 그러나 "군사상 필요한 만큼의 무력만을 사용한다.", "민간인의 피해를 최소화한다."는 등의 전쟁법 기본원칙을 준수하는 것은 인도주의적 요청을 충족시킬 뿐 아니라 궁극적으로는 다음과 같이 작전의 효율성에도 기여한다고 볼 수 있다.

첫째, 군사상 필요한 목표만을 공격함으로써 한정된 무력의 효율적인 사용을 기대할 수 있다. 제2차 세계대전 당시 독일군은 유럽대륙을 장악한 후 영국의 항전의지를 꺾기 위해 런던 시내를 무차별 공습했다. 이것은 역설적으로 영국 공군으로 하여금 전열을 재정비하는 기회를 갖게 만들었다. 만약 독일군이 런던의 민간인 지역을 공습하는 대신 영국 각지의 공군기지를 공격했다면 전쟁의 결과가 달라졌을 것이다.

둘째, 전쟁법 위반행위는 국내외 여론을 악화시키고 전쟁의 정당성에 의문을 가져오게 하여 작전의 효율성을 떨어뜨리고 사기를 저하시킨다. 미군이 베트남전에서 승리를 거둘 수 없었던 이유 중의 하나는 미군이 베트남 민간인들을 살해하고 마을을 불살랐음이 폭로되어 국내 · 외에 반전여론이 비등하였다. 또한 베트남 주민들의 민심이 더욱 이반되었다. 이처럼 전쟁법 위반행위는 전장의 민간인들로부터의 지지를 상실시키고 전쟁에 참여하는 아군 요원의 사기마저 저하시킬 우려가 있다.

셋째, 전쟁법을 준수하여야 도덕적 정당성을 확보하여 국제사회와 국제기구의 외교적 지지를 얻어낼 수 있다. 걸프전에서 미군이 사우디아라비아를 비롯한 주요 아랍국가들의 일관된 지지를 받아낼 수 있었던 중요한 이유 중의 하나는 미군이 이라크의 민간인들을 대규모로 공격하지 않고 군사 목표만을 정확히 공격하였기 때문이다. 만일 미군이 이라크 민간인들을 무차별로 공격하였다면, 종교와 인종이 비슷하여 이라크 국민들에 대해 동질감을 가지고 있는 아랍국가들의 이탈을 초래하였을 것이다. 전쟁법의 준수는 인도주의적 사명을 군내에서 실현하는 것이기도 하지만, 다른 한편으로는 위에서 살펴본 바와 같이 전쟁법 준수의 긍정적 효과가 극대화될 수도 있다.

특히 전쟁법이 자신의 부대를 방위하고 부여된 임무완수와 작전목적을 달성하는데 필요한 지휘관의 고유한 권한을 방해하는 것은 아니라는 점을 잘 인식해야 할 것이다.

전쟁에서 벌어지는 개별적인 상황들이 각각 전쟁법에 부합하는 것인지는 사실상 확정하기 어렵다. 국제조약으로 정해지지 않은 부분이 많을 뿐 아니라 설령 국제조약에 규정되었다 하여도 그 내용이 추상적인 경우가 많기 때문이다. 또한 국제관습법이라는 것도 이를 종국적으로 판단할 권위를 가진 기관이 없는 이상 분명한 것이 아니다. 따라서 우선 전쟁법의 큰 줄기를 구성하는 기본원칙을 이해하고, 개별적인 경우에는 이러한 원칙을 바탕으로 작전의 효율성을 함께 고려하여 나름대로의 최선의 결론을 도출할 수밖에 없다.

그런 의미에서 전쟁법의 기본원칙은 단순한 구호가 아니라 실천적 의미를 가진다. 전쟁법의 기본원칙은 명백히 구분되는 것은 아니나 대체로 다음과 같이 볼 수 있다.

1) 군사적 필요의 원칙

교전당사국은 적으로부터 항복을 받아내는데 필요한 한도 내에서 무력을 사용해야 한다. 따라서 명백한 군사적 가치를 가지는 목표물만을 공격해야 하며, 군사상 필요를 초과하여 불필요한 고통을 초래하는 무기의 사용은 금지된다.

2) 인도주의 원칙

전쟁에서도 최소한의 기본적 인권은 수호되어야 한다. 따라서 군사작전은 교전자만을 상대로 해야 한다. 교전자가 아닌 민간인이나 포로, 상병자 등은 전쟁 중에도 공격대상이 될 수 없다. 또한 교전당사국은 부상자나 포로 및 민간인들을 인도적으로 대우하여야 하고, 전투원과 비전투원을 가리지 않는 무차별적 공격수단(생화학무기 등) 및 제어 불가한 무기는 사용하지 않아야 한다.

3) 기사도 원칙

교전당사국은 적대행위를 함에 있어 불명예스러운 수단을 사용해서는 안되고 존엄을 지켜야 한다. 따라서 인도주의 차원에서 보호받는 자(의료요원, 항복자 등)로 위장하는 배신행위는 허용되지 않는다.

4) 비례원칙

비군사목표 또는 비전투원에 미치는 부수효과가 기대되는 군사적 이익을 초과할 때는 공격이 금지된다. 즉 합법적인 무기로 합법적인 군사목표물을 공격한다고 해도, 그로 인해 얻을 이익보다 부수적으로 초래될 민간인 피해가 훨씬 더 크다면 공격은 금지된다. 물론 부수적 피해가 전혀 없을 수는 없으나, 지휘관은 군사적 이익과 부수적 피해를 반드시 비교해야 한다. 부수적 피해의 위험이 클수록 공격목표의 중요도도 높아야 공격이 정당화될 수 있다.

5) 이 외에도 환경보호의 원칙, 불필요한 고통금지의 원칙, 전투원과 민간인의 구별원칙 등이 있다.

3.3. 전쟁법을 지키지 않으면 처벌을 받나요?

■ 국제법적 처벌

전쟁법의 중대한 위반행위를 범한 자는 전범으로 처벌된다. 제2차 대전

후 뉘른베르크 국제군사재판소에서는 나치 독일의 전범자들이 기소되어 재판을 받았는데 사형 12명 등 19명에게 유죄판결이 내려졌다. 일본의 전범자들에 대해서는 도쿄(東京) 극동군사재판소에서 사형 7명 등 25명에 대해 유죄판결이 선고되었다. 그리고 이러한 A급 전범 이외의 전범에 대해서도 각지에서 군사재판이 진행되어 수천 명이 유죄판결을 받고 수백 명이 사형을 당했다.

1990년대에는 르완다 및 유고 지역의 전범처벌을 위한 국제전범재판소가 유엔 안보리 결의안에 의거 설치되어 현재도 재판이 진행되고 있다. 걸프전 당시 사담 후세인 이라크 대통령의 전범 처리 여부도 논의되었으나, 다국적군은 정치적 고려 및 군사적 한계로 인해 전범으로서의 책임을 묻지 않기로 하였다. 1998년에는 「국제형사재판소」(ICC)[77]의 설립에 관한 로마협정이 체결되었으며, 2002년 7월 동 조약이 발효됨으로써 최초의 상설 국제형사재판소가 탄생하였다. 국제형사재판소는 대량학살, 반인도적 범죄, 전쟁범죄, 침략범죄 등 4대 핵심 범죄에 대하여 범죄발생지국가 또는 피의자의 국적국가 중 최소한 한 나라가 ICC 가입국이거나, 동 사건에 대한 ICC의 관할권 행사에 동의할 경우 관할권을 행사할 수 있다.

한편 로마협정은 보충적 관할권의 원칙[78]을 적용하여 형사재판 관할국이

77 _ 국제형사재판소(International Criminal Court : ICC)는 1998년 7월 17일에 국제 연합 전권 외교사절회의에서 채택되어 2003년 3월 11일에 국제형사재판소에 관한 로마규정에 근거하여 네덜란드 헤이그에 설치되었다. ICC의 설립목적은 국제적으로 중대한 범죄에 대해 책임이 있는 개인을 소추하여 처벌하고, 국제적 중대범죄가 반복되는 것을 방지하기 위함이다. 국제사법재판소(ICJ)는 유엔의 사법기관이며 국가 간의 분쟁만을 취급하기 때문에 ICC와는 완전히 다른 재판소이다.

78 _ 보충적 관할권이란 1차적으로 ICC의 관할에 해당하는 사건이 발생하는 경우에 그 국가의 국내법원이 ICC의 관할권에 해당하는 사건을 수사, 기소하여 재판을 하도록 하는 것이고, 2차적으로 해당 국가의 국내법원이 동 사건의 행사 절차에서 독립적이고 공정하게 수행하지 못하는 경우 또는 동 사건의 행사절차를 개시할 의사 및 능력이 없는 경우가 발생하였는지 여부에 대하여 국내법원보다 상위에 있는 ICC가 모니터링한다는 것이며, 3차적으로 해당 국가의 법집행 기관에서 독립적이고 공정하게 동 사건의 행사절차를 진행하지 못하거나 또는 동 사건의 행사절차를 개시할 의사 및 능력이 없는 경우에 ICC가 그 사건을 담당하여 처리한다

재판권을 불행사하거나 피고인을 보호할 목적으로 재판권을 불성실하게 행사하는 경우에만 국제형사재판소는 관할권을 행사할 수 있다. ICC 규정 중 주목할 부분은 범죄행위에 직접 가담하지 않은 군 지휘관도 부하의 범죄행위를 방치하거나 범죄행위를 예방 또는 처벌하기 위한 적절한 조치를 하지 못한 경우에 처벌될 수 있다는 것이다.

아울러 반인도적 범죄에 대하여 국가가 아닌 개인에게 직접 형사책임을 물음으로써 반인도적 범죄의 실질적 억제기능을 발휘할 것으로 예상된다. 국제형사재판소에서 유죄판결을 받은 자에 대하여는 무기징역, 30년 이내의 유기징역형에 처할 수 있고, 기타 벌금형 및 범죄행위로 얻은 이익의 몰수 등을 규정하고 있으나, 사형은 선고할 수 없다.

■ 국내법적 처벌

아군의 전쟁법 위반행위 역시 아군 군사재판을 통해 처벌받는다. 제네바 4개 협약은 이 협약의 중대한 위반행위에 대해 각국이 국내법으로 처벌법규를 제정하도록 하고 있으나 우리나라는 아직 제네바협약 이행을 위한 국내법을 제정한 바 없다. 그러나 제네바협약의 중대한 위반에 해당하는 행위를 대부분 포괄하는 특히, 로마협정의 국내 이행을 위한 「국제형사재판소 관할 범죄의 처벌 등에 관한 법률」이 '07. 12월에 발효됨에 따라 집단살해죄(제8조), 인도에 반한 죄(제9조), 사람에 대한 전쟁범죄(제10조)를 처벌할 수 있는 근거가 마련되었다.

또한, 군형법 상 일부 범죄유형은 전쟁법 위반 행위를 처벌하는 성격을 지니고 있다. 예컨대 전투지역 또는 점령지역에서 주민 또는 전사상병자의 재물을 약탈하는 행위(군형법 제82조), 이러한 약탈을 행하여 사람을 살해하

는 것이다.

거나 사망에 이르게 하는 행위(제83조), 전투지역 또는 점령지역에서 부녀를 강간하는 행위(제84조) 등은 국내법에 의해서도 엄히 처벌된다. 그 외 군형법에 명시적 규정이 없더라도 전쟁법 위반행위가 형법이나 기타 형사특별법상의 구성요건(살인, 폭행, 협박, 상해, 강도, 절도, 방화, 체포, 감금, 손괴, 강요, 약취, 유인, 강간, 강제추행 등)을 충족하는 때에는 그러한 법률에 의하여 군사법원의 재판을 받게 된다.

우리나라는 같은 민족인 북한과 전쟁을 했으며 또한 앞으로도 전쟁을 하여야 할지 모른다. 이럴 경우에 상호 많은 인원을 살상하게 되면 통일 후에도 민족적인 응집 역량이 소모되어 우리가 추구하는 세계사의 주역으로 발전하는데 걸림돌로 작용할 수 있다고 본다. 군인은 이 점을 고려하여 전쟁을 계획하고 수행하여야 한다. 항상 군인은 최소한의 희생으로 전쟁의 목적을 달성하여야 함을 잊지 말아야 할 것이다. 이런 점에서 폭력을 다루는 군인에게 귀감이 되는 영국의 장군 몽고메리의 역작 『전쟁의 역사』 마지막 장에서 한 말이 귓가에 스쳐간다.

> "그들이 우리의 손에 넘긴 정의와 자유의 횃불에 대한 맹세를 우리는 깨뜨리면 안 된다. 진정한 군인은 타인을 적으로 삼지 않고, 인간 내면의 야수를 적으로 삼는다. 한 군인으로서 나는 희망한다. 황금빛 노을이 지고, 반목과 싸움을 잠재우는 소등 나팔소리가 울리는 그날이 오기를, 이윽고 찬란한 태양이 솟아오르며 세계 온 나라의 친선과 평화를 깨우는 기상나팔이 울리는 그 시대가 오기를."

Chapter 3

군사제도

군사제도

1. 군대 조직

1.1 군대가 꼭 필요한가요?

아이가 학교에서 친구들에게 맞고 오면 부모는 아이를 태권도장으로 보낸다. 왜일까? 아이 스스로가 자신을 보호할 수 있는 능력을 가져야 한다는 필요성을 느끼기 때문일 것이다. 즉 개인에서부터 가족, 국가까지 집단의 규모는 다를지라도 한 공동체를 지키기 위해서는 이에 필요한 보호능력이 필요했으며, 공동체의 규모가 커질수록 조직적으로 무장한 집단이 필요한 것은 자명한 사실이다.

이처럼 고대나 현대에 있어서 그 자신이 속해 있는 공동체의 안전을 유지하기 위해 필요로 했던 무장집단은 오랜 역사과정을 거치면서 근대국가의 군대로 발전되었다. 군대의 기원은 B.C. 3000년 경 청동기 시대부터로 볼 수 있으며 세계 4대문명의 발생과 더불어 발달했을 것으로 여겨진다. 이 시대의 군대는 통상 시민군과 용병으로 대별될 수 있다. 시민군은 평상시에는 농업, 수산업 등 생업에 종사하면서 전쟁 발발시 동원되어 전쟁을 하였다. 이에 반해 용병은 돈을 받고 군대에 복무하는 직업군인이었다. 고대 군대는 그리스와 로마의 경우에 시민군이 주를 이룰 때도 있었으나 대부분은 용병이었다. 군대의 사용 목적도 외적으로부터의 침입에 대비 하는 것 뿐만 아니라 약탈이나 노예를 포획하는데도 이용하였고, 군대를 기념물 제작에 활용하기도 하였다. 고대 군대는 현대와 같이 국가를 지켜주는 역할보다도 정복자의 권력을 증대시켜주기 위해 노예, 전리품과 공물의 취득을 통해서 부를 증대시켜 주는 경제적인 도구로서 사용된 면이 있었다.

이후 중세 유럽에서는 지역별로 봉건영주가 기사와 용병들로 구성된 군대를 운용하였다. 일반 시민들은 외부로부터의 안전을 보장받는 대가로 영주에게 세금을 납세하였다. 이후 프랑스혁명(1789~1794)으로 절대왕정이 붕괴되고, 국가의 주인은 국민이라는 주권재민사상이 확산되면서 국민이 국가를 지키는 국민군대가 탄생하게 된다. 즉 유럽 대부분의 근대국가는 국민개병제를 채택하여 군대를 발전시켰고, 1 · 2차 세계대전을 치르면서 각 국가들이 영토를 보호하고 지배권을 확보하기 위해 상비군의 필요성을 절감하여 상비군제도로 발전하게 되었다.

동양에서는 중국의 상고시대 하왕조(B.C. 2100~B.C. 1600)때부터 왕족사회를 유지하기 위해 군대가 존재하였다. 이 당시 군대의 구성은 군대와 국민은 동일하다는 병민합일(兵民合一)의 원칙에 따라 이루어진 민군제를 실시하여 평시에는 생업에 종사하고 전시에는 징병을 통해 군대를 소집하였다.

우리나라의 군대는 고조선(B.C. 2333~B.C. 108)이라는 고대국가가 형성되면서 형성되었다고 볼 수 있다. 고조선 초기에는 부족단위의 군대였으나, 점차 연맹왕권이 강화되면서 중앙집권적 국가체제 단계에 이르면서 혈연적 부족관념은 지연적 구성원인 국민으로서의 국가 관념으로 확대되었다. 이러한 과정에서 고조선과 한의 전쟁과 삼국시대의 나라간의 전쟁을 치르면서 소규모 전사 집단에 의존하는 고대국가의 군대는 점차 사라지고 전 주민을 대상으로 하는 국가 차원의 병력 동원 체계로 군대의 조직 체계가 발전되었다.

이처럼 군대는 동·서양을 막론하고 인류문명과 함께 발전되어 왔다고 볼 수 있는데 특히, 국가라는 우월한 무력을 통하여 잉여생산물을 차지한 사람들이 지배집단으로 굳어지면서, 이들은 자신의 지배를 영구화하며 외부의 위협으로부터 자신들을 보호하고자 했다. 또한 내부적으로는 효율적인 통치를 위해 법을 제정하였으며, 외부의 침략으로부터 방어하기 위해 계급과 명령체계를 갖춘 군대를 양성하기 시작하였다.

이와 같이 발전한 현대 군대는 어떠한 역할과 기능을 가지고 있을까? 군대는 무력을 통해 그 기능을 발휘한다고 할 수 있다. 이런 의미에서 군사력(군대의 힘)의 사용목적을 통해서 군대의 역할을 알 수 있다. 군대는 적대국의 의도를 수정 또는 포기하도록 강요함으로써 전쟁을 억제(일어나지 않게 막는 것)하고, 외부의 군사적 위협과 침략으로부터 국가를 방위하는 기능을 가지고 있다. 또한 군은 국가 위기상황에서는 공공의 안녕과 질서유지, 재난 및 안전관리지원 활동을 한다. 국제적 위기상황에서는 인도주의적인 지원과 분쟁지역의 안정 및 국제평화유지활동 지원 등 국가정책의 원활한 추진을 뒷받침한다. 즉 군대는 국가안보목표 달성을 지원하는 무력수단으로 다음과 같은 역할을 수행한다.

첫째로 전쟁을 억제하는 수단으로서의 역할을 수행한다. 전쟁을 억제하고 국가이익을 보호하기 위하여 평시에 부대를 전개하거나 전투준비태세를 유지한다. 즉 군대는 적이 원하는 것을 하지 못하도록, 그리고 만약 적이 그 일을 한다면 수용할 수 없을 정도의 처벌을 가할 것이라고 위협함으로써 전쟁을 억제하는 역할을 수행한다. 여기서 억제란 전쟁을 치르지 않고 상대를 굴복시키는 것으로 손자병법의 "부전승(不戰勝) 사상"[1]과 같은 맥락이라 할 수 있다.

두 번째로 국가방위수단으로서의 역할을 수행한다. 억제에 실패하여 국가의 존립을 위태롭게 하거나 국가이익에 심대한 위협이 초래될 경우에는 군사력을 방위수단으로 사용한다. 만일 적이 무력으로 침략을 하였을 경우에는 군사력을 사용하여 격퇴 · 격멸하는 것이다. 유엔헌장에서도 모든 국가에게 적의 무력공격에 대한 개별적 또는 집단적인 자위권을 인정하고 있다.

마지막으로 앞에서 언급한 억제 및 방위수단으로서의 역할 이외에 정부기관 및 민간지원이나 국외에서의 평화작전 수행 등을 통해 국가정책과 민간에 대한 지원수단으로도 사용된다. 시대가 발전되면서 공동체가 조직화되고 구성원의 욕구 및 활동분야가 다양화됨으로써 공동체가 추구하는 가치가 확대되었다. 따라서 군사분야에서도 단순한 군사적 안전을 유지하는 것을 넘어 공동체의 이익, 즉 국가이익을 달성하기 위한 군사적 역할 뿐만 아니라 국제평화유지활동을 통한 정치, 경제적 이익 등 국익을 증진시키고 국위를 선양하며 대민활동을 통해 국민의 안전과 편익을 증진하는 활동을 한다. 즉 정치, 경제, 사회, 문화, 과학기술 등 여러 분야에 직 · 간접적으로 일정부분의 역할을 수행하게 되었다. 그 예로 현재 우리 국군의 경우 재난지원이 군의 임무(국방 재난관리 훈령 제1344호)로 명시될 만큼 군의 역할이 중요해졌다. 태풍, 가뭄, 지진, 붕괴사고 등이 일어났을 때, 군대는 국민의 생명과 재산을 보호하기 위해 투입된다. 또한 테러사건이 발생하거나 신종인플루엔자, 조류 독감 등의 질병이 발생했을 때에도 군은 관련기관을 지원하는 역할을 수행하고 있다.

---

1 _ 손자병법의 제3편 모공에 보면 "부전승(不戰勝)" 사상, 즉 싸우지 않고 적을 굴복시키는 것이 최선이라고 언급하고 있다.

지금까지 설명으로 여러분들은 군대가 어떻게 탄생했으며 한 나라의 군대가 어떤 역할을 하는지 알 수 있을 것이다. 국가가 외세로부터 침략이나 약탈을 받지 않기 위해서는 반드시 국력이 필요하며 국력 중의 하나인 군사력을 가진 군대가 필요하다는 것을 인식해야 할 것이다.

▌군대의 역할
- 전시 ⇒ 방위수단
- 평시 ⇒ 억제수단, 기타수단(정부 및 민간지원, 국외에서의 평화작전 수행)

1.2 군대 편성[2]은 어떻게 발전했나요?

인류의 역사를 보면 개인, 부족, 민족, 국가로 발전해오면서 전쟁은 지속되어 왔다. 앞에서 언급했듯이 군대의 기원은 고대로부터 시작되었으며 이 당시의 군대는 용병의 역사라 할 수 있다. 당시의 용병은 전투를 할 때 창과 칼을 주 무기로 사용하며 수십 명으로부터 수백 명, 때로는 수천 명에 이르기까지 다양한 규모로 편성하여 전투를 함으로써 무질서하였고 통제에도 어려움이 많았다. 이를 극복하기 위하여 인간의 목소리로 용이하게 통제할 수 있는 100여명 수준으로 전투집단을 편성하게 되면서 오늘날의 중대(Company)가 되었다. 군대는 고대로부터 현대에 이르기까지 무기의 발달, 특히 통신장비의 발달과 전투경험을 기초로 전투집단을 발전시켜 왔으며

2_ 양희완, 『군대문화의 뿌리』, (서울: 을지서적, 1988), pp. 17~27을 참조하였다.

현재에는 규모에 따라서 전투의 최소 단위인 분대, 소대, 중대, 대대, 연대, 사(여)단, 군단, 야전군 등으로 편성하였다.

분대(Squad)는 불어의 "Escouade" 또는 이탈리아어의 "Squadra"에서 나온 말로 원래 소규모 방진이나 4명의 사람을 의미한다. 전투를 수행할 수 있는 최소 단위로써 분대는 지휘자가 직접 눈으로 보며 지휘할 수 있을 정도인 10여명으로 편성되며 지휘자인 분대장은 하사 또는 병장이 그 임무를 수행한다.

소대(Paltoon)와 중대(Company)는 과거에 그 개념이 없었다. 그러나 고대 방진의 전투대형을 보면 한 사람이 지휘할 수 있는 적정 인원으로 로마는 60명 또는 120명, 마케도니아는 64명 또는 124명을 편성하였다. 이것이 아마 소대와 중대의 기원이라 판단된다. 이 당시는 밀집대형으로 전투를 하였기에 소대와 중대를 구분할 필요가 없었을 것이다. 그러나 밀집대형이 산병대형으로 변화하면서 지휘의 범위도 확장되어 소대와 중대가 분화되었을 것으로 추측한다. 즉 지휘자가 육성으로 지휘할 수 있는 범위를 고려하여 소대를 편성하고, 이들 소대를 합쳐서 상위제대인 중대를 편성하였다.

소대(Paltoon)는 라틴어로 "Pila", 즉 "Ball"이란 뜻이 프랑스에 전해지면서 "Pelote", 즉 조그만 묶음, 단 이란 말이 되고, 여기서 "Paltoon", 즉 '소수의 군인집단'이란 말이 나왔다고 한다. 소대는 전투의 최소 단위이자 돌격의 기본 단위로서 소대본부와 3개의 분대로 편성되며 소대장인 소위 또는 중위가 지휘를 한다.

중대(Company)는 14세기까지 정해진 크기는 없었다. 현재의 중대 편성은 17세기 구스타프 아돌프[3]가 오늘날 연대의 시초인 여단(Brigade)을 군대의 영구조직으로 만들면서 탄생되었다고 보아야 할 것이다. 중대는 전투의 기

3_ 구스타프(스) II세 아돌프(스)(Gustavu(s) II Adolphu(s) ; 1594~1632), 스웨덴의 왕으로 군사혁신을 단행하여 스웨덴의 근대국가 기초를 마련하였다.

본 단위로서 중대본부와 3개의 소대로 편성되며 지휘관인 중대장은 대위가 임무를 수행한다. 참고로 분대장, 소대장은 지휘자라고 명하며, 중대장 이상을 지휘관이라 호칭하고 중대장은 통상 장교만이 임명될 수 있다.

대대(Battlion)는 중세 암흑시대 이전 고대 그리스의 "Phalanx"조직에 오늘날 군대의 대대급에 맞먹는 "Syntagma"가 있어서 256명의 보병이 편성되어 있었다. 로마군에서도 역시 "Cohrt"라는 조직에 450~570명의 군인이 편성되어 있었다. 그 후 동로마의 비잔틴 제국 군대에서 기본 행정 및 전술 단위 부대로 "Numerus" 또는 "Banda"라고 부르는 조직에 300~400명이 편성되어 현대 군대의 대령과 동격인 "Drungarios"가 지휘하던 때가 있었다. 그러나 오늘날의 대대급 부대의 시초는 1505년에 스페인왕 페르디난드가 정한 1,000~1,250명으로 구성된 부대로 예하에 5개 중대를 가지고 있었다. 이 부대는 서구 유럽에서 최초로 싸우는 방법(전술)을 고려하여 편성한 전술적 부대로 화기발달을 고려하였다고 할 수 있다. 그 후 17세기에 들어와서 구스타프 아돌프가 만든 "Infantry squadron"은 약 500명의 병력으로 구성되었는데 프랑스인들은 이것을 "Battalion"이라 불렀으며 이 이름이 오늘날에 전해져 그대로 쓰이고 있다. 이러한 대대는 전술이 기본 단위로서 대대본부와 3개의 소총중대 및 중화기중대로 편성되며 대대장인 중령이 지휘관이 된다.

연대(Regiment)는 16세기경 군왕이 용병중대를 편성한 다음에 여러 개의 중대를 개별적으로 지휘하는 것이 아니라 여러 개의 중대를 통합하여 한 사람의 지휘관에게 책임을 맡겼다. 그 당시 중대급 부대는 전술적인 단위였기 때문에 이들을 통제하기 위해서는 행정적인 조직으로 묶어 놓을 필요가 있었다. 그래서 중대장 중에서 한 명의 장교를 선임하여 각 중대를 그의 통제 하에 두고, 집단을 조직하고 훈련한다는 뜻으로 "Regiment"라고 이름을 붙이고 이 "Regiment"의 지휘관 계급을 "Colonel"(대령)이라고 불렀다. 이때

연대장은 자기가 지휘하던 원소속 중대를 그대로 가지고 있었다. 그 이후부터 연대의 명칭은 최초 창설자의 이름을 따서 부르든가 연대장 교체 시에는 후임자의 이름을 따서 "모 대령의 연대"로 불렀다. 이러한 관행은 18세기부터는 숫자로 부르기 시작했지만 19세기까지 계속되어 전통처럼 전해 내려 왔다. 이러한 연대는 사단으로부터 전투지원부대와 전투근무지원부대를 지원받아 전투단을 구성하여 제한된 능력 범위 내에서 제병협동전투를 실시하는 제대이다. 연대본부와 3개의 대대 및 다수의 직할중대로 편성되며 연대장인 대령이 지휘를 한다.

여단(brigade)은 16세기 불어에서 나온 말로 스페인어의 "Brigar" 즉 다투다, 이태리어의 "Bragare" 즉 싸우다 등의 의미를 가지고 있다. 이러한 여단은 연대전투단과 같이 제한된 제병협동전투를 실시하도록 통상적으로는 전투부대, 전투지원부대, 전투근무지원부대 등이 모여 구성된다. 하지만 경우에 따라서는 단일 병종이 모인 부대에게도 그 명칭을 부여하고 있다. 즉 보병여단, 특공여단, 기갑여단, 기계화보병여단, 포병여단, 공병여단, 항공여단, 방공여단 등이 있으며 여단장인 대령 또는 장군(준장)이 지휘를 한다.

사단(Division)은 고대 그리스의 "Phalanx" 조직에 4,000여명의 장갑보병으로 편성된 사단 규모의 부대가 운용된 적이 있으나, 18세기 말에 와서 프랑스에서 새롭게 보병사단을 대규모 영구적인 전술 및 행정부대로 하는 개념이 발전되었다. 1794년 프랑스의 카르노(Carnot)는 보병, 포병, 그리고 기병의 3개 병과를 통합하는 사단 개념을 만들어 독립작전이 가능하도록 하였다. 이후 사단조직은 프랑스군으로 확대되었으며 실제로 나폴레옹은 이것을 전장에서 적극적으로 활용하였다. 현대의 사단은 독립된 작전이 가능하도록 제병과부대로 구성된 제병협동부대이다.

군단(Corps)의 편성은 18세기 프랑스의 모로 장군이 처음 제안을 하였다. 나폴레옹은 1804년 모로 장군이 수립한 계획을 전장환경과 접목시켜 고정

편성된 군단으로 발전시켰다. 프랑스군은 전체 병력 수가 20만 명 정도에 이르게 되자 적절한 통제와 행정력 증진을 위하여 11개 사단을 최초로 4개 군단으로 편성하였다. 보병사단은 각각 2개의 보병연대로 구성된 2~3개의 보병여단과, 4문의 야포와 2문의 곡사포를 보유한 2개 포대로 구성된 포병여단으로 구성하여 오늘날과 같은 조직을 만들었다. 이러한 군단은 제병협동부대인 사(여)단의 전투를 조직하고 운용하는 최고의 전술제대로서 군단본부와 3~5개 보병사단, 기갑 · 공병 · 포병여단, 그리고 다수의 직할부대로 편성되며 군단장인 장군(중장)이 지휘를 한다. 군단은 사(여)단과는 달리 예하부대를 고정하여 편성하지 않고 전술적 임무에 따라서 융통성있게 편성하여 전투를 수행한다.

앞에서 제시한 것처럼 군대의 편성은 각 국가의 지형적인 여건, 무기체계의 발달, 상대국의 편성, 수행할 임무에 따라서 특성화되어 다양하게 발전되고 있다. 또한 사회의 발달과 더불어 군대도 수행하는 임무가 다양화 되고, 전문화됨에 따라 병과제도가 탄생하게 되고 조직이 세분화되는 추세에 있다.

1.3 육 · 해 · 공군, 해병대의 차이점은 무엇인가요?

앞에서 설명한 것과 같이 군대는 가족, 부족, 국가의 안전을 위해서 생겨났다. 과거 대부분의 인간은 육지에서 살았고, 활동범위도 넓지 않았기 때문에 군대는 지상전에 적합하도록 발전되었다. 그러나 문명이 발달하면서 인간은 활동영역을 넓혀 나가게 되었고, 따라서 바다를 건너 타부족이 사는 육지에 상륙하면서 타부족과 충돌이 발생하였고, 그에 따라 해상에서도 전투를 하는 군대가 필요했다. 또한 항공기의 발달은 바다건너 먼 대륙까지 진출이 가능하게 되었을 뿐 아니라 화포가 미치지 않는 적 후방지역을 항공기를 이용하여 공격할 수 있게 되었다. 이와 같은 이유에서 육군, 해군(해병대), 공군이 발전되었다.

먼 바다를 건너 육지를 공격할 때에, 초기의 배는 이동수단에 불과하였다. 그러나 방어하는 입장에서는 침략자의 배가 육지에 닿기 전에 바다에서 침몰시키는 것이 효과적이기 때문에 바다에서의 전투가 필요하였다. 이와 같은 이유로 배를 무장한 군함이 발전되어 해군이 탄생되었다.

해병대는 배를 타고 이동하여 지상전을 수행하는 부대로 육군의 임무와 유사하다. 따라서 육군과 구별하여 별도의 해병대가 필요한 것은 아니었으나 국가별로 전쟁을 겪으면서 해병대의 용감성을 인정하여 해병대를 별도로 편성하여 전통을 유지하고 있다.

공군은 육 · 해군(해병대)과 달리 제1차 세계대전 시에 최초로 항공기 출현 이후에 발전된 군이다. 최초 공군은 지상전투를 지원하는 정찰임무를 수행했으나 무장 탑재능력이 향상되어 지상군의 포병이 미치지 못하는 적 후방지역을 폭격하는 기능을 수행했다. 이와 같은 이유로 최초 공군은 육군에 포함되어 있었다. 그러나 공격하는 항공기를 막기 위해서는 공중에서 격추시키는 것이 효과적이었으므로 공중전에 적합하도록 발전되었다. 또한 후방지역 폭격 등 다양한 전문적인 임무를 수행하게 되었다. 이에 따라 공군도 독자적인 영역으로 인정되어 공군이 별도의 군으로 발전하는 계기가 되었다.

이렇듯 육군, 해군, 공군, 해병대는 과학의 발달과 더불어 더 넓어진 영역(지상, 해상, 공중)에서 전투가 필요하고, 이에 따라 독자적인 전문성이 요구되어 점점 분화되고 발전되어 왔다. 그럼 우리나라 현재의 육 · 해 · 공군 · 해병대는 어떻게 발전되었는지 살펴보자.

현재 한국군의 발전은 창군기와 성장기로 구분할 수 있다. 창군기는 광복 직후부터 1950년 6 · 25전쟁 발발 직전까지의 1940년대 후반기로서 창군 운동기, 경비대 창설기, 국군 창설기로 구분될 수 있다. 성장기는 1950년대 전쟁 및 정비기, 1960년대 체제 정립기, 1970 · 80년대 자주 국방기로 세분할 수 있다. 이 중 1950년대 전쟁 및 정비기에 한국군의 규모 및 체제의 기본 틀이 갖추어 졌다. 이는 한국군이 6 · 25전쟁으로 인해 양적으로나 질적으로 급성장할 수 있었을 뿐만 아니라 해 · 공군의 군사력 증강이 가능해졌기 때문이다.

1) 육군

육군의 발전과정을 보면 1946년 1월 15일 남조선국방경비대의 창설과 더불어 태릉에서 제1연대를 창설하였다. 그 해 2월에는 국방경비대 총사령부를 서울에 설치하여 예하 7개 연대를 각 도에 창설하였다. 같은 해 5월에는 태릉에 남조선국방경비사관학교를 설치하고 사관후보생 50명을 입교시켜 장교양성을 시작하였다.

한편, 국방경비대 총사령부는 1946년 4월 8일 군정법령에 의하여 국방사령부(국방부)로 개칭되었다가 다시 같은 해 6월에 통위부[4]로 개칭되었다. 이에 따라 그 예속기구인 국방경비대는 조선경비대로, 국방경비사관학교는 조선경비사관학교로 각각 개칭되었다. 1946년 11월부터 1948년 5월에 이르기까지 보병연대 및 독립기갑연대 등 8개 연대를 증설하여 모두 16개 연대로 증편되었다. 연대 수가 늘어남에 따라 여단 창설의 필요성이 제기되었다. 그래서 1947년 12월 3개 연대를 1개 여단으로 한 3개 여단을 창설하고 1948년 4월까지 2개 여단을 창설하였다.

군사교육기관으로는 경비사관학교를 비롯하여 통신 · 군기 · 보병 · 위

4 _ 통위부는 국내 경비부라고 말하는데 이는 1946년 3월 미 군정청 산하에 설립된 남한의 군사담당부서로 대한민국 국방부의 전신이다.

생 · 자동차 및 훈련학교를 설치하고 미국에 유학생을 파견하여 중견간부들의 질적 향상을 도모하였다. 1948년 8월 15일 대한민국 정부가 수립되고 그 해 9월 1일 미 군정으로부터 정권을 인수함에 따라 조선경비대는 비로소 대한민국의 정규군으로서 역사적인 발을 내딛게 되었다. 같은 해 11월에는 국군조직법이 국회에서 통과됨에 따라 12월 15일 기존의 통위부는 다시 국방부로 개칭되었다. 국방부에는 참모총장, 육군본부에는 총참모장을 보직하였다.

1948년 11월에 다시 4개 연대를 증편하는 한편, 1949년 1월에 제7여단을 창설하였고, 그 해 6월까지 3개 연대를 추가 편성하여 총 6개 여단에 20개 연대로 확장하였다. 5월 12일에는 6개 여단을 사단으로 승격시키고 제4사단과 수도경비사령부(후에 수도사단으로 개칭)를 창설함으로써 남조선경비대로 발족한 이후 3년 5개월 만에 8개 사단(22개 연대)의 정규 육군으로 성장하였다.

1950년 6 · 25전쟁 발발 당시 육군의 전투부대는 8개 사단 67,950여명으로서 지원 및 특파부대를 포함하여 96,000여명이었다. 전쟁기간 중에 제1 · 2 · 3군단과 10개 사단을 추가로 창설하여 1953년 7월 휴전 때에는 보병 18개 사단으로서 병력은 55만으로 증강되었다. 1973년 월남파병군의 철수와 함께 북한 공산군의 기갑부대 운용 양상에 대처하고 부대구조를 기동화할 필요성에 따라 1개 기계화보병사단을 창설하였다. 동시에 1974년부터 1981년을 목표연도로 한 1차 율곡계획(전력증강계획)[5]을 착수하여 후방사단의 전력화, 전방사단를 4각 편제로의 개편, 개인화기의 전면교체, 포병여단

5_ 율곡계획이란 1974년 방위세법이 입안되면서 대북한 군사력의 현저한 격차를 줄이기 위한 전력증강계획이 수립되어 추진되었는데, 이를 이른바 '율곡사업'이라고 한다. 이는 국군이 통합전력을 극대화하기 위해 실질적인 전력증강에 박차를 가한 계기로서 2차에 걸쳐 이루어졌다. 제1차 전력증강계획, 즉 제1차 율곡사업은 1974년부터 1980년까지 7년간에 걸쳐 추진하기로 했다가 사업기간을 1년 연장하여 1981년에 종료했고, 다시 이어서 1982년 제2차 전력증강계획이라고 불리는 제2차 율곡사업을 시작하여 1986년까지 추진했다.

(단)의 증 · 창설, 육군항공전력의 대폭증강 등 획기적인 전력증강으로 자주 국방의 기틀을 다졌다.

아울러 1980년대에 들어와서 육군은 자주국방력 강화에 더욱 주력하였다. 육군은 1970년대까지의 사실상 수세 일변도의 전략과 방어태세에서 탈피하여 '공세적 방위전략개념'을 정립하였다. 이를 기초로 1980년대 전반에 1개 기동군단을 확보하고 1개 기계화보병사단과 2개 상비사단, 10개 동원 및 향토사단, 그리고 10개 특공부대를 추가 확보하였다. 1981년 5월에는 육군교육사령부를 창설하여 한국적 교리개발과 미래지향적인 전투발전업무를 전담하게 하였다. 한편 지휘체계 면에서도 1984년 수도경비사령부를 군단급의 수도방위사령부로 증편하고, 1987년 4월 3개 군단사령부를 창설, 재정비하여 오늘에 이르고 있다. 세부내용은 군사보안 측면에서 기술을 생략하기로 한다. 군의 편성은 시대의 변화에 따라서 유동적이다. 어제의 편성으로 오늘에 대비할 수는 없다. 항상 새롭게 변화하여 능동적으로 대처하는 것이 중요하다.

2) 해군

대한민국 해군은 바다를 활동무대로 국가를 방위하고 해양에서의 국가이익을 확보, 증진함으로써 국가발전에 기여하는 것을 목적으로 하는 군사조직이다. 해군은 해상작전과 상륙작전의 임무를 주로 수행하고 있다. 평시에는 전쟁억제와 해양주도권 및 권익을 보호하고 전시에는 해양통제와 군사력 투사, 해상교통로 보호를 주 역할로 하고 있다. 우리나라가 바다를 통해 본격적으로 군사활동을 전개한 것은 문헌상 기록으로 미루어 보아 삼국시대부터이나, 현대 해군의 출현은 8 · 15광복 이후부터이다.

1945년 광복 직후 해양에 대한 관심과 기술을 가지고 있던 몇몇 선각자들이 손원일 제독을 중심으로 해양사상의 보급과 장차 해군 건설에 뜻을 두고

1945년 8월 21일 해사대의 조직을 결의하였다. 해사대는 서울 안국동 안동 예배당에 사무소를 설치하고 대원 30여 명을 모집하여 해사교육을 실시하였다. 그러나 재정적 후원이 없어 대원의 식사 · 피복문제 등의 해결에 많은 어려움을 겪었다. 9월 30일 해사대는 석은태가 이끄는 해사보국단과 통합하여 해사협회로 개칭하고 그 기반을 강화하였다. 11월 1일 해사협회는 미 군정청과 절충하여 해안경비를 수행하기 위한 해안경비대의 조직편성에 합의하였다. 이리하여 해사협회는 미 군정 당국의 협조를 얻어 1945년 11월 11일 이미 모집된 70명의 인원으로 구성된 표훈원(서울 관훈동)에서 해방병단을 창설하였는데, 이날이 바로 해군창설일이다.

1946년 1월 14일 군정법령에 따라 해방병단은 국방부에 편입되어 정식 군사단체로 승인을 받았다. 이어서 6월 15일 해방병단은 조선해안경비대로 새로이 발족하였고, 1948년 대한민국 정부 수립 후 조선해안경비대는 국방부 훈령 제1호에 따라 해군으로 개칭되었으며, 9월 1일 국군에 편입된 뒤 9월 5일에는 '대한민국 해군'으로 정식 호칭되었다. 그리고 1948년 11월 30일 국군조직법이 공포되고 이어서 국방부직제령이 제정됨으로써 1948년 12월 15일 대한민국 해군으로 법제화되어 현재에 이르고 있다.

3) 공군

대한민국 공군은 좁은 의미에서는 육 · 해군에 속하는 항공기를 제외한 항공기로 항공작전을 수행할 수 있도록 시설과 장비로 편성된 군대를 말한다. 공군은 공중을 통하여 어느 지역이든 기동할 수 있다는 특성을 가진다. 이런 점에서 육군과 해군은 지상과 해상이라는 한정된 범위에서 작전을 수행하나 공군은 지상, 해상, 공중 어디에서나 작전이 가능한 이점을 보유하고 있다. 주요 임무로는 제공권을 확보하기 위한 적 항공기와의 전투, 그리고 적 지역에 대한 정찰, 폭격 등으로 육군과 해군을 지원할 수 있으며, 독자적으로 국가 전략적 표적을 타격할 수도 있다.

공군의 창설은 광복 직후 바로 창설되지 않았다. 1945년 11월 국방부가 설치되고, 곧이어 남조선 국방경비대(육군)와 해안경비대(해군)가 창설되었으며 대한민국 정부 수립 후에 각각 육군과 해군으로 개편되었다. 그러나 공군은 아직 창설되지 않고 있어서 국내외에서 항공계에 종사하는 인사들은 몇 개의 항공관계조직체를 창설하여 후일에 대비하고자 하였다. 1946년 3월 20일 군 출신 항공인들이 중심이 되어 조선항공기술연맹이 창설되면서 처음으로 기성 항공인 단체의 활동이 시작되었다. 이 단체들은 항공인들의 규합과 항공사상의 보급을 위하여 상호 관계를 유지해 오던 중, 그 해 7월 26일 여러 항공인들이 뜻을 같이하여 항공인의 단합을 위한 항공단체 통합 준비위원회 결성을 만장일치로 결의하였다.

1946년 8월 10일, 한국항공건설협회를 창립, 항공부대 창설을 추진해 오다 1948년 3월 미군정 당국은 앞으로 조선경비대에 경비행기부대를 창설한다는 전제 아래, 항공계 지도급 인사들이 조선경비대 보병학교에 입교하여 미군 식의 훈련을 받는 것이 좋겠다고 제의하였다. 이에 1개월간의 교육을 받은 뒤, 5월 1일 태릉에 있는 경비사관학교에 입교하여 2주간의 장교후보생 교육을 받은 다음 5월 14일부로 소위로 임관하였다. 이 인원들을 근간으로 하여 1948년 5월 15일 경기도 수색에서 통위부 직할부대로서 항공부대가 창설되었다. 창설과 동시에 초대 사령관에 소령 백인엽이 임명되었다. 이 항공부대는 그 해 6월 조선경비대로 예속되었고 7월 9일 초대 사령관이었던 백인엽이 제4여단으로 전출되면서 후임에 중위 최용덕이 임명되었다.

대한민국 정부가 수립되자 9월 4일 L-4형 연락기 10대를 인수하여 열흘 만에 조립작업을 완료하고, 비행부대장인 대위 김정렬이 시험비행을 하였으며, 9월 15일 태극 표지를 단 L-4기 10대가 편대를 지어 한국 역사상 최초로 서울상공을 비행하였다. 한편, 10월 19일에 발생한 여순사건의 진압작전에 비행부대가 참가하게 되면서 항속거리가 짧은 L-4기로는 많은 어려움이 있다는 것을 인식했다. 이러한 사정을 감안한 미군 당국에서는 정찰용 L-5형 연락기 10대를 제공하여 도합 20대의 항공기를 보유하게 되었다. 항공기지부대가 L-4형 항공기를 보유하게 되자 같은 해 9월 13일 항공군사령부로 명칭을 개칭하는 한편, 전반적으로 기구를 개편하였다. 12월 1일 조선경비대가 육군으로 개편됨에 따라 항공군사령부는 육군항공군사령부로 개칭되었다. 사령부 예하에는 여의도기지에 비행부대, 김포기지에 항공기지부대를 새로 창설하였다.

1948년 12월 1일 조선경비대 항공군사령부가 육군항공군사령부로 개칭되자 사령부 간부들은 이승만대통령에게 공군의 독립을 건의하여 상당한 호응을 얻었으나 미 군사고문단 측의 맹렬한 반대에 부딪히게 되었다. 그러나 많은 노력의 결과로 1949년 6월 28일 육군본부에 항공국을 설치하였고, 마침내 1949년 10월 1일 이승만 대통령의 결단으로 육군 항공군사령부는 병력 1,897명(장교 242명, 사병 1,655명)과 항공기 20대를 가지고 육군에서 분리되어 공군으로 독립하여 현재에 이르고 있다.

4) 해병대

해병대는 해군에 소속되어 육상전투, 특히 상륙작전을 위해 편성된 부대를 말한다. 근대 이전에는 통상 보병이 군함을 타고 전투 시에 적함으로 올라타 근접 백병전을 실시했다. 하지만 식민지 전쟁에서 해병대의 필요성이 증대되고 기술의 진보 등으로 점차 지상전투를 수행하는 특화된 근대적인 해병대가 탄생하였다. 현대 해병대의 주임무인 상륙작전은 제2차 세계대전 시 미 해병대의 태평양 전쟁에서 과달카날섬, 유황섬, 오키나와 등 여러 작전에 의해 필요성이 증대되었다. 제2차 세계대전 후에는 해병대 특유의 뛰어난 즉응성을 인정받아 상륙작전에 그치지 않고 유사시에 신속대응부대로서 활용되고 있다.

우리나라는 삼면이 바다이며 동북아시아의 관문으로 예나 지금이나 분쟁의 중심이 되어 왔다. 이러한 정치적 · 군사적 환경 때문에 대한민국의 국방은 수륙양면작전을 전개시킬 수 있는 전략 기동부대로서의 해병대 창설이 요구되었다. 특히, 1948년 10월 19일에 발발한 여수 · 순천 반란사건을 진압하는 과정에서 수륙양면작전을 수행할 수 있는 해병대의 필요성이 절실히 요청됨에 따라 해군총참모장을 비롯한 군 수뇌들이 적극적으로 해병대의 창설을 추진하였다. 그리하여 1949년 4월 15일 해군에서 편입한 380명(장교 26명, 하사관 54명, 병 300명)으로 진해 덕산 비행장에서 해병대 창설식을 거행하였으며, 1949년 5월 5일 대통령령이 공포됨에 따라 법적인 승인을 얻게 되었다.

창설 당시 해병대는 380명의 적은 병력과 일본식 장비를 가지고 탄생했다. 초기에 비행장 격납고를 막사로 사용하는 등 보잘 것 없는 시설과 여의치 못한 군수지원 등의 악조건 하에서도 최강부대로 만들어 보겠다는 일념에 불탔다. 1949년 8월 15일에는 서울에서 거행된 조국광복 제4주년기념식에 참가하여 해병대가 창설되었다는 사실을 국민에게 처음으로 알리고 현재에 이르고 있다.

국군의 창설

- 국방부 훈령 1호: 육 · 해군 장병은 국방군으로 편성
- 국방부 직제 제정 · 공포 및 공군 창설
  - 통위부→국방부, 조선경비대→육군
  - 조선해안부대→해군으로 정식 편입
  - 항공부대→육군항공사령부→공군독립

1.4. 병과는 어떻게 발전되어 왔나요?

최초 군대가 만들어졌던 고대부터 군대는 보병과 기병으로 구분된 것을 보더라도 병과의 역사가 상당히 오래되었음을 알 수 있다. 보병과 기병으로 나누어지기 이전에는 보병 외의 병과가 존재하지 않았다. 중세 화약이 도입되기 이전인 인력위주시대에는 주로 도보 전투방식의 보병 · 창병 · 궁수와 말을 이용하여 전투하는 기병, 요새를 구축하는 공병 및 초기 수준의 군수지원병과로 운용되었다. 화약발명 이후 시대에는 포병 및 무기를 제조하는 병기 기능과 이를 지원하는 병참병과 등이 발달하게 되었다. 산업혁명 이후 기계 중심의 시대에는 기갑 및 항공 등의 병과가 탄생되었으며 원자력 및 하이테크 시대에는 고도의 정보기능이나 우주 및 사이버 관련 기능의 병과가 더욱더 발달할 것으로 예상된다.

병과란 군무(군대 사무)의 종류를 구분한 것으로 어떻게 싸울 것인가, 구성원들을 어떻게 전문화시킬 것인가를 고려하여 집단화시킨 것이다. 이런 병과는 자체 고유의 영역을 가지고 전투기능을 수행하는 집단을 말한다. 즉, 군 조직의 임무 및 기능수행을 위해 군 간부의 복무와 직무단위로 유사 분야를 묶어 직업전문화와 각종 인사관리가 가능하도록 전투기능을 전문화하여 수평으로 분류한 전문 집단을 말한다. 그럼 한국군의 병과가 어떻게 발전되었는지 살펴보면 아래와 같다.

한국군의 병과는 1945년 광복이후 국방경비대 및 예하 각 연대가 편성되면서 이를 지원하기 위한 병과체계가 국군조직법 제정과 함께 탄생되었다. 당시는 미군의 병과제도를 그대로 도입하여 보병, 포병, 기갑 등 14개 병과를 창설하였으며 여군, 수송, 군종, 화학병과를 신설하였다. 현재 병과의 구분은 군인사법(제5조 1항)과 육군규정(110 장교인사관리규정)에 기본병과(전투병과, 기술병과, 행정병과)와 특수병과로 규정하고 있다.

〈표 1〉 병과 구분

구 분		병 과
기본병과 (16)	전투병과	보병, 포병, 기갑, 정보, 공병, 항공, 정보통신, 방공
	기술병과	화학, 병기, 병참, 수송
	행정병과	부관, 헌병, 재정, 정훈
특수병과(7)		의무(군의, 치의, 수의, 의정, 간호), 법무, 군종

위의 〈표 1〉 병과 구분은 인사적 측면에서 분류한 것이며, 이를 작전적 측면에서 분류하면 전투병과(보병, 기갑, 항공 등), 전투지원병과(포병, 정보, 공병, 정보통신, 방공, 화학 등), 전투근무지원병과(병기, 병참, 수송, 부관, 재정, 정훈, 의무, 법무, 군종 등)로 구분할 수 있다.

병과의 기능은 작전적인 측면과 인사적인 측면의 기능을 가지고 있다. 작전적인 측면에서는 전장에서 싸우는 방법의 차이에서 태동한 것으로 병과는 '어떻게 싸울 것인가(How to fight)'를 기초로 교리 및 무기체계 발전과 전력증강 및 군 구조 개편 등을 종합적으로 고려하여 발전되어야 한다. 인사적인 측면에서는 획득, 교육, 보직, 진급관리, 분리 등 법규적인 통제수단으로 활용하며, 병과 특기별로 독립적인 인사관리를 원칙으로 한다.

그러면 병과별 어떤 특성을 가지고 있고 어떤 역할을 하는지 알아보면 다음과 같다. 먼저 전투병과인 보병병과는 사격과 기동으로 근접전투를 실시하여 적 부대를 격멸하고 중요지형을 탈취 및 확보하여 전투에서 최종적인 승리를 달성하는 역할을 한다. 이와 같은 보병에는 일반보병과 기계화보병, 수색 및 특공부대 등이 있다. 기갑병과는 전차 및 차량에 탑승하여 전투를 실시하는 강력한 공격부대이며 기동, 화력, 충격력을 이용한 기동위주의 공세적 운용으로 적 부대를 격멸하며, 적의 전투의지를 파괴하는 역할을 수행한다. 포병병과는 대포 및 로켓포, 미사일체계 등으로 전투부대의 작전수행을 지원하고 적의 작전을 방해할 수 있도록 화력을 지원하는 역할을 수행한다. 항공병과는 헬기를 이용한 화력, 민첩성, 속도로 지상 전투부대로 하여금 보다 넓은 지역에서 적의 접근을 경고 및 격퇴하고 적 부대를 격멸하며 제병협동 및 합동부대의 일부 또는 단독으로 항공타격작전, 공중강습작전, 항공지원작전 등의 임무를 수행한다. 공병병과는 원할한 작전수행을 위해서 기동 및 대기동지원, 생존지원, 일반공병지원, 지형정보지원 등의 임무를 수행한다. 정보병과는 제대별, 수집수단별 정찰 및 감시자산을 통합 운용하여 전장을 가시화하고 지휘관의 중요정보요구를 충족시키고 전자전과 심리전을 수행한다. 정보통신병과는 지휘통신체계의 운용과 정보관리를 통하여 전투력의 통합운용을 지원하고 전장의 가시화를 지원함으로써 실시간 지휘통제를 보장하는 역할을 한다. 방공병과는 적의 항공기나 미사일 등 다양한 공중위협으로부터 아군부대 및 시설에 대해 대공방어 하는 역할을 수행한다.

기술병과는 기술을 요하는 병과로 화학, 병기, 병참, 수송병과가 여기에 속한다. 화학병과는 화학 및 생물학 작용제와 방사능 공격에 대비한 화생방 정찰 및 제독작전과 부대 은폐를 위한 연막작전을 수행하는 역할을 한다. 병기병과는 각종 장비 및 탄약의 보급과 정비, 수리부속 보급과 장비의 구난 및 후송, 유기 및 불발탄 처리 등을 통해 작전부대를 지원하는 역할을 한다. 병참병과는 전투에 필요한 물자를 사전에 예측하여 평상시 확보함으로써 전투 시에 작전부대가 필요로 하는 물자를 적시 · 적소 · 적량을 지원하는 역할을 한다. 수송병과는 작전에 필요한 병력과 화물을 적시적소에 이동시켜주는 수단 및 방법을 제공하고 이동에 필요한 수송인력, 수송장비, 수송시설 및 이동관리 등을 지원하는 역할을 수행한다.

행정병과는 모든 군사사항에 대한 행정업무를 수행하는 병과로 부관, 헌병, 재정, 정훈병과가 포함되어 있다. 부관병과는 부대병력을 유지하고 장교를 제외한 전 신분의 인사관리 및 포상, 전 · 사망, 전역 등 인사처리와 병적관리, 부대행사, 전자결재시스템 및 사무기록관리, 역사관 운영 등 제반 인사행정지원 업무를 지원하는 역할을 한다. 헌병병과는 피지원부대가 효과적으로 전투력을 발휘할 수 있도록 작전지역내 전투방해요소를 제거하고 전투력을 보존하고 방호활동을 지원하는 역할을 한다. 재정병과는 예산을 편성하고 편성된 예산에 따라 자금을 지출 및 지급하고 관리하는 역할을 한다. 정훈병과는 정훈교육, 진중문화, 홍보 및 공보업무를 통하여 장병 정신전력을 강화하고 국민의 대군신뢰를 증진하는 역할을 수행한다.

특수병과인 의무병과는 신속한 환자처치를 위한 응급처치와 환자후송, 환자관리, 의무보급 및 정비지원, 대량전상자처리 등에 대한 의무지원체계를 유지하고 기동성을 구비하여 전투부대에 대한 근접의무지원을 제공하는 역할을 한다. 법무병과는 주로 군 사법 업무를 수행하고 군에서 지휘관 및 참모장교들에게 법률지원, 법률상담에 대한 업무를 수행한다. 군종병과는 군에서 종교와 관련된 업무를 수행하며 군사특기인 기독교, 천주교, 불교, 기타의 종교에 대한 업무를 수행하는 역할을 한다.

참고로 공군의 병과는 공군 규정의 군사특기관리에 제시되어 있는 병과분류를 〈표 2〉와 같이 제시하고 있다.

〈표 2〉 공군 병과 구분

구 분		세부병과
기본 병과	전투 병과	조종, 항공통제, 방공 포병
	기술전문 병과	기상, 정보통신, 항공무기정비, 보급수송, 시설, 재정, 인사행정, 정훈, 교육, 정보, 헌병
특수병과		법무, 군종, 의무(군의, 치의, 의정, 간호)

그리고 해군, 해병대 병과는 해군 규정의 해군 분과 규정을 참고하여 〈표 3〉과 같이 제시하였다.

〈표 3〉 해군 및 해병대 병과 구분

구 분		해군 병과	해병대 병과
기본 병과	전투 병과	항해, 기관, 항공, 정보	보병, 포병, 기갑
	기술 병과	정보통신, 병기, 보급, 시설, 조함	공병, 통신, 병기, 보급, 수송
	행정 병과	재정, 정훈, 헌병	재정, 정훈, 헌병
특수병과		법무, 군종, 의무(군의, 치의, 의정, 간호)	•

▌병과의 역할과 기능

- 고유의 역할과 기능을 수행하는 영역을 가지며, 타 병과와 합동 또는 협동으로 보다 넓은 영역에서 기능을 수행한다.
- 병과 자체의 능력에 한계가 있으며, 부가적인 특기나 기술분야의 수용 · 관리가 불가할 경우 또 다른 병과를 파생시킨다.
- 각종 인사관리의 통제수단으로 기능을 가진다.
  ※ 부여된 병과 내에서 임용, 교육, 훈련, 보직, 진급 및 분리

1.5. 우리 군(軍)조직은 어떻게 편성되어 있나요?

국가방위를 위해 군은 평시에 군사력을 건설(양병, 군정)하고 전시에는 건설한 군사력을 효율적으로 운용(용병, 군령)하여 적을 격멸하여야 한다. 우리나라는 합동군제[6]를 채택하고 있다. 군사력 건설에 대한 책임은 육군 · 해군 · 공군본부에 있으며, 군사력 운용에 대한 책임은 합동참모본부에 있는 2중 지휘구조로 되어있다. 이들에 대한 조정통제는 국방부가 행사한다. 합동참모본부는 유사시 한국군 최고의 군사지휘부로 각 군에서 제공한 작전사령부를 통제하여 작전을 수행한다. 그러나 전시에 군사력 운용은 한미연합방위태세를 근간으로 한국과 미국이 공동으로 책임지고 있다.

6 _ 군종체제는 3군 병립체제, 합동군제 그리고 통합군제로 나뉜다. 3군 병립체제는 국방부장관이 군정과 군령을 통할하되, 각군 총장으로부터 군사문제를 자문받는다. 각군 총장은 장관의 군정과 군령을 위임받아 업무를 수행하며 이 체제를 '3군 참모총장형'이라하고 일본, 독일, 미국에서 채택하고 있다. 합동군제는 국방장관이 군정과 군령을 통할하되 합참의장이 작전지휘를 행사하고 각군 총장은 자군의 군사력을 건설하고 지휘기능을 수행하는 형태로 영국과 프랑스에서 채택하고 있다. 통합군제는 '통합참모총장형'이라 하며 국방장관이 군정과 군령을 통할하되 통합군사령관이 장관으로부터 군정과 군령을 위임받아 행사하며 이스라엘, 북한 등에서 채택하고 있다. 우리나라는 합동군제를 유지하고 있다.

육군은 육군본부와 2개의 야전군사령부, 1개 작전사령부, 수도방위사령부, 특수전사령부, 항공작전사령부, 유도탄사령부, 기타 지원부대로 편성되어 있다. 제1 · 3야전군사령부는 군사분계선(MDL)으로부터 전방 책임지역까지 방어 임무를 수행하고, 제2작전사령부는 후방지역 안정과 전쟁지속능력을 유지하는 임무를 수행한다. 수도방위사령부는 서울의 기능유지 지원 및 중요시설방호 등 수도권 방위 임무를 수행한다. 그 외 부대는 특수전, 항공작전, 군수지원, 교육훈련 등의 임무를 수행한다.

해군은 해군본부와 해군작전사령부, 해병대사령부, 기타 지원부대로 편성되어 있다. 해군작전사령부는 전반적인 해군작전을 지휘하고 〈표 4〉와 같이 대함작전, 대잠작전, 기뢰작전, 상륙작전 등을 수행한다.

〈표 4〉 작전의 유형

구분	내 용
대함 작전	수상전투함, 잠수함 및 항공기를 이용하여 해양 통제권을 확보, 유지하거나 적을 파괴하는 작전
대잠 작전	적 잠수함을 파괴 또는 무력화시켜 해양 사용을 보장하는 작전
기뢰 작전	기뢰를 사용하여 적 해군세력을 차단하고 적 기뢰사용을 거부하는 작전
상륙 작전	함정 또는 항공기에 탑승한 상륙군이 적 해안에 군사력을 투사하는 작전

함대사령부는 구축함, 호위함, 초계함, 고속정 등의 전투함을 운용하여 책임해역 방어임무를 수행한다. 해병대사령부는 상륙작전과 수도 서울 서측방 및 서북도서 방어임무를 수행한다. 그 외 부대는 군수지원, 교육훈련

등의 임무를 수행한다.

공군은 공군본부와 공군작전사령부, 기타 지원부대로 편성되어 있다. 공군작전사령부는 항공작전 수행과정을 중앙집권적으로 통제하고 〈표 5〉와 같이 제공작전, 전략공격작전, 항공차단작전, 근접항공지원작전 등을 수행한다.

〈표 5〉 작전의 유형

구 분	내 용
제공작전	공중우세를 확보, 유지하기 위해 적의 항공력과 방공체계를 파괴 또는 무력화 시키는 작전
전략공격작전	적의 핵심 전략목표를 타격하여 적의 전쟁수행 의지를 말살하는 작전
항공차단작전	적의 군사력을 차단, 파괴하여 적 전력의 증원, 재보급을 제한하는 작전
근접항공지원작전	우군과 근접하는 적에 대해 항공력을 이용하여 파괴, 무력화하는 작전

방공포병사령부는 적 항공기와 미사일 등 공중공격에 대비한 전방위 대공방어 임무를 수행한다. 그 외 부대는 군수지원, 교육훈련 등의 임무를 수행한다.

2. 군사제도

2.1. 시대별 군사제도는 어떻게 발전되어 왔나요?

인류 역사의 진화과정과 인류 문화의 발전단계를 돌이켜 보면, 개인의 생활권에서 집단 활동단계로 변화하면서 생존 및 자체 방어를 위해서 모든 집단들은 군사조직을 갖게 되었다. 이러한 조직은 제도로부터 이루어지게 되며 조직을 유효하게 활용함으로써 그 가치를 발휘하게 된다. 결국 군사제도가 발전하게 된 이유는 개인으로부터 군대집단으로 규모가 커지게 되면서 군사 조직을 효율적으로 운용함으로써 전쟁에서 승리하기 위해 군사제도 및 참모제도가 발전되어 왔다.

군사제도는 군사와 제도의 합성어로서 '군사'라는 말은 국력의 한 분야로 이는 군사력을 건설, 유지 및 사용에 관한 모든 업무의 총칭이라 할 수 있다. 반면에 제도란 관습이나 도덕, 정치, 법률, 체제 등이 포함되는 법도로서 어느 집단이 공동생활을 영위함에 있어서 그 집단의 운영과 발전을 위하여 필요로 하는 규율을 말한다. 즉, 군사제도란 "한 국가의 안전보장을 위해 합법적인 권위로 만들어진 사회제도의 일종으로서 군의 조직, 편성, 관리 및 운용에 관련된 제도의 통칭"이라고 볼 수 있다.

한 국가의 군사제도는 국방체제, 병역제도, 군비 및 교육훈련 등의 광범위한 내용을 포괄하며 시대적 상황이나 전쟁의 영향을 받는다. 따라서 군사제도는 국력을 반영할 뿐만 아니라 민족의 생존과 국가존립을 좌우하기도 하는 것이다. 역사를 통해 볼 때 우리나라의 경우도 국가가 강성했을 때는 군사제도가 충실했고 국가 정치가 혼란하고 군사제도가 미비했을 때는 비록 군대가 있어도 그 힘을 발휘할 수 없었던 것이 사실이다.

이처럼 군사제도는 국가 안보를 위해 매우 중요한 제도라 할 수 있다. 그러면 군사제도가 고대전쟁으로부터 현대전쟁에 이르기까지 시대별로 어떻게 발전되어 왔는지에 대해 살펴보자. 〈표 6〉은 시대별 군사제도를 제시하였다.

〈표 6〉 시대별 군사제도

구 분	고 대	중 세	근 대	현 대
군대형태	민병군(그리스) 용병군(로마 제정)	봉건군	국민군	상비군
군사제도	민병 · 용병제도	봉건군사제도	국민개병제도	상비군제도

고대의 주요 국가인 그리스와 로마의 군사제도는 민병 및 용병제도였다. 그리스 군대는 민병인데 비해서 로마 군대는 공화정시대에는 민병이었으나 제정시대부터 용병이었고, 이는 그 시대의 정치제도와도 관계가 깊다. 그리스와 로마 공화정의 경우는 민주주의를 채택함으로써 자기의 나라는 자기가 지켜야 한다는 시민의식을 바탕으로 한 민병이었다. 하지만 로마 제정시대에는 황제가 나라를 다스리는 형태의 독재정치제도를 택함으로써 시민의식이 희박해짐에 따라 용병제를 선택할 수밖에 없었다.

중세시대의 군사제도는 봉건제도로 지배자인 주군(왕)이 가신(귀족, 기사)에게 봉토를 주어 일정한 지역에 대하여 지배권을 주고, 이에 보답하기 위해 가신은 유사시에 군주를 위하여 전투에 참가하는 주종관계로 이루어졌다. 중세시대는 외적을 막아줄 강력한 정부가 없는 상황이었기에 어느 정도의 힘이 있은 사람 중심으로 뭉쳐서 각자의 안전을 담보했기 때문에 봉건제도가 탄생할 수 있었다. 중세시대의 기사는 최초부터 귀족인 경우도 있었지만 평민에서 기사로 선발되어 귀족이 되기도 했다. 기사를 양성하기 위해서는 많은 시간이 필요했고, 또한 말의 사육과 기사의 무장을 위해서는 많은 돈을 필요로 했다. 이 시대의 전투는 왕을 위하여 모인 소수의 기사 집단이 수행하였으며, 또한 기사의 손실을 염려하여 매우 제한적으로 실시되었다.

근대의 군사제도는 국민개병제도로서 한 국가의 국민으로 일정한 연령에 달하면 일정기간 동안 군에 복무하도록 하였다. 중세에는 국가라는 개념이 발전되지 못하였으나 근대에는 프랑스혁명으로 국가라는 개념과 민주시민 의식이 형성되었다. 이에 따라 내 국가는 내가 지킨다는 생각을 하게 됨으로써 모든 국민이 군대에 가는 국민개병제도가 탄생되었다. 특히 산업혁명으로 발전된 무기와 철도 등 수송수단으로 인하여 이 시대의 전쟁은 대규모화하여 국민총력전 형태를 띠게 되었다.

현대의 대부분 국가는 상비군제도를 운영하고 있다. 상비군은 전쟁 시 뿐만 아니라 평상시에도 유지되는 군대로 정규군이라고도 하며, 고대의 호위병에서 유래되었다. 우리나라의 경우에는 대한민국 정부 수립 이후부터 근대적인 상비군 제도가 실시되었다. 각 국가들은 제1 · 2차 세계대전을 통하여 상비군의 필요성을 절감하게 되었으며, 평시부터 전쟁을 대비해야 함을 절감하였다. 이와 같은 상비군 제도로 인하여 군대조직은 많은 발전을 거듭하여 오늘에 이르고 있다.

▌시대별 군사제도 발전

- 고대시대는 밀집 중보병 위주의 전투를 수행했으며 무산 계급이나 시민에 의한 용병을 운용하는 군사제도였다.
- 중세는 봉건군대로서 기병이 군대의 근간이었으며 신하와 군사의 보호관계의 봉신제도로 운용되는 봉건군사제도였다.
- 근대는 산업혁명에 의한 영향으로 국민군을 태동시켰으며 국민개병제도를 운용하였다.
- 현대는 전쟁영역의 확대와 무기체계의 발달로 국가별 상비군을 운용하는 상비군제도로 발전되었다.

2.2. 참모제도가 무엇이며 왜 필요한가요?

한 편의 영화를 제작할 때에는 감독을 보좌해주는 조감독과 촬영, 분장, 조명, 음악 등을 담당하는 스태프(Staff)가 필요하다. 하물며 매우 다양하며 전문적인 분야를 포함하는 전투를 수행하기 위해서는 지휘관 혼자서 모든 것을 계획하고 시행하지 못한다. 이런 이유로 군대에서도 지휘관을 보좌하는 스태프(Staff)가 필요하다. 군에서는 이런 인원을 참모(Staff)라하며 인사, 정보, 작전, 군수 등의 업무를 담당한다.

참모는 지휘관이 부대지휘의 막중한 책임과 불확실한 전장상황 하에서도 자신의 의지를 실현하고 능력을 발휘할 수 있도록 보좌해야 한다. 참모는 자신이 담당한 분야에 대한 업무수행 책임은 있으나 통상적으로 지휘권한을 갖지 않는다. 하지만 지휘관이 지시하거나 위임한 사항에 대해서는 권한을 행사할 수도 있다. 각 참모에게 위임되는 권한의 범위는 부대규모, 임무의 긴급성 및 참모의 능력과 책임분야에 따라 다르다. 참모가 위임받은 권한 범위 내에서 지휘관 명의로 명령을 하달하였을 경우에 이에 대한 책임은 지휘관과 참모가 동시에 진다.[7]

따라서 참모는 부대에 영향을 주는 권한 행사 간에는 신중을 기하며 사전 및 사후에 지휘관에게 지체 없이 보고해야 한다. 참모는 어떠한 상황 하에서도 지휘관이 건전한 결심을 할 수 있도록 건의할 수 있는 용기가 있어야 하며 지휘관의 건전한 결심을 보좌하고 지휘관의도와 작전개념에 부합된 작전수행을 위해 여러 전투수행기능이 통합될 수 있도록 조정 · 통제하는 역할을 수행한다.

참모는 지휘관의 결심내용을 지휘통제의 중요한 요소 중 하나인 계획 및 명령으로 작성 및 하달함으로써 상 · 하급 부대가 전투력을 공동의 목표와 방향에 집중할 수 있게 한다. 참모제도는 전쟁영역이 확대됨에 따라 각 국가별 군사사상과 역사에 기초하여 다양하게 발전되어 왔다.

고대 전쟁의 영역이 소규모일 때는 군주 독단적으로 전쟁을 지휘하였으나, 전투범위가 확장됨에 따라 통제해야 할 분야가 확대됨으로써 지휘관(군주)을 보좌할 요원들이 필요하게 되었다. 이에 군주나 장수에게 계책을 수립하고 조언을 하는 모사나 군사 등이 나타나기 시작하였는데 이들이 참모의 효시라고 할 수 있다. 그 이후 알렉산더 대왕이나 시저 때도 참모들을 운용했던 전례들을 발견하게 되는데 이들은 특정한 분야의 업무를 관장하는 참모가 아니라 지휘관에게 조언하는 개인참모와 같은 성격이었다.

현재와 같은 참모제도가 처음으로 나타나기 시작한 것은 30년 전쟁[8] 때

---

7 _ 김용현, 『군사학 개론』(서울: 백산출판사, 2005), pp. 128~158.

스웨덴의 구스타프 아돌프 왕에 의해서다. 그는 최초로 연대를 조직하고 무기조달이나 창고를 관리하는 병참장교와 군종목사, 법무관, 군의관 등의 참모를 운용하였다. 그러나 참모제도를 현재와 유사하게 발전시킨 것은 독일이다. 독일의 전신이라고 할 수 있는 브란덴부르크[9]가 스웨덴의 참모제도를 모방하여 운용하기 시작하였고, 프로이센의 프리드리히 빌헬름 1세(1688~1740, 군인왕) 시대를 거치면서 개선되었으며, 예나전투에서 프랑스에게 대패한 프로이센은 아우구스트 폰 그나이제나우(1760~1831)에 의해 군사개혁을 단행하여 더욱더 참모제도를 발전시켰다. 그 후 몰트케(1800~1891)가 독일참모본부 총장을 32년 동안 장기 집권하면서 참모제도를 정착시킴으로써 1870년 보불전쟁에서의 승리와 1·2차 세계대전에서 독일 참모본부의 위용을 떨치게 된다. 이에 반해 미국은 1917년 1차 세계대전 원정군 파견시 최초로 참모제도를 편성하여 참전하였으며, 그 이후 각종 전쟁에 참전하면서 자체적으로 참모제도를 발전시켜 현재에 이르고 있다.

한국의 참모제도는 1945년 창군과 더불어 미국의 영향을 받아 미군의 참모제도와 유사하게 발전되어 왔으며, 이후 독자적으로 한국적인 상황에 맞게 참모제도를 보완 · 발전시켜 왔다.[10] 아래 〈표 7〉은 현재 우리나라가 적용하고 있는 군 조직에서의 참모편성이다.

---

8 _ 30년 전쟁은 1618년~1648년 독일을 무대로 신교(프로테스탄트)와 구교(카톨릭) 간에 벌어진 종교전쟁이다.

9 _ 브란덴브르크는 15세기 초부터 베를린 주변을 지배하던 귀족 집안으로 프로이센을 건설하였다.

10 _ 김용현, 전게서, pp. 159~164.

〈표 7〉 군 조직의 참모편성

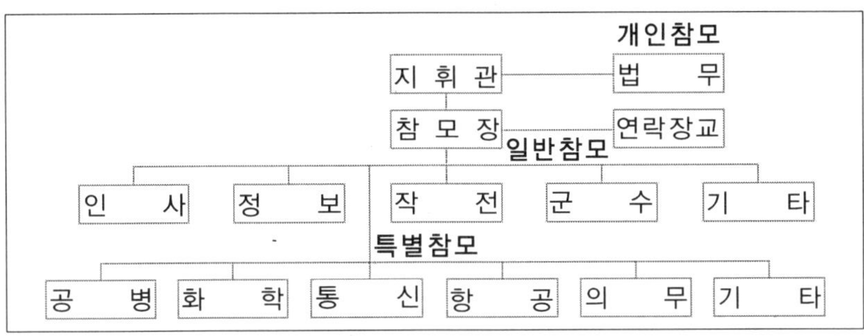

일반참모는 부여받은 업무분야에 대한 지휘관의 주무참모이며 일반참모 편성은 제대별로 상이하나 통상 인사, 정보, 작전, 교육훈련, 군수, 동원, 화력, 관리참모로 편성된다.

특별참모는 일반참모의 광범위한 책임분야보다 범위가 좁고 그 속에 포함된 특수분야 즉 기술적인 분야, 행정적인 분야 및 특정병과에 관한 업무에 관해 지휘관을 보좌하는 참모를 말한다. 이와 같은 특별참모는 일반참모의 직접적인 통제를 받지 않으나 일반참모 업무와 관련된 것은 일반참모의 지시를 받을 수 있으며, 필히 해당 참모와 협조하여야 한다. 또한 전투지원 및 전투근무지원부대의 지휘관은 외형적으로는 지휘관이나 담당분야에서는 지휘관을 보좌하는 특별참모의 역할을 수행한다. 특별참모 편성은 제대별로 상이하나 통상 재정 · 부관 · 군종참모, 연락장교 · 행정실장, 포병 · 공병 · 정보통신 · 화학 · 방공 · 정비 · 보급 · 수송 · 헌병 · 의무 · 본부근무대장, 지원배속부대장 등이 편성된다.

개인참모는 지휘관이 직접 통제하는 개인적인 업무 또는 특정분야에 관하여 지휘관을 보좌하는 참모이며 개인참모 편성은 제대별로 상이하나 통상 감찰 · 정훈 · 공보 · 법무참모, 전속부관, 주임원사 등이 편성된다. 개인참모는 일반참모의 통제를 받지 않으나 관련업무 처리 시는 필히 협조하여야 한다.

참모의 편성형태는 일반형 참모와 부장형 참모로 구분할 수 있으며 세부 내용은 〈표 8〉과 같다.

〈표 8〉 참모의 편성형태

구 분	내 용
일반형	• 각 참모들이 참모장의 보좌관으로서 기능과 권한을 가진 형태 • 일반 및 특별참모 및 개인참모 등으로 구성되며 필요시 연락장교와 비서실장이 포함됨. 통상 전투/ 전투지원부대, 각 사단/ 군단 및 야전군에서 적용
부장형	• 각 참모들이 부서업무와 관련하여 참모장으로서의 기능과 권한을 가진 형태 • 일반형 참모형태와 동일하게 구성되지만 참모장이 없는 것이 특징 • 해당 기능별로 지휘관 보좌, 일반형보다 많은 권한이 일반참모에게 위임 • 일반적으로 행정 및 작전의 2개 분야로 구분되나, 행정분야의 업무량을 고려 인사와 군수를 분리하여 3부장제의 참모조직 형태로 운영되기도 함 • 통상 전투근무지원부대와 합참 및 육군본부 등의 정책형 제대에서 적용

참모란 지휘관을 보좌하기 위해 편성되며 유사시 전쟁에서 승리하기 위해 참모제도가 발전되었다. 특히 미래 시대별 전쟁양상의 변화에 따라 참모제도가 변화할 것이다.

▌참모란?

- 참모는 지휘관을 보좌하고 책임분야를 통제하며 지원임무를 수행한다.
- 참모는 참모별로 주요업무를 수행하며 활동범위에 대한 역할을 수행한다.

2.3. 병역제도와 동원제도는 왜 생겨났나요?

인류는 고대로부터 전쟁을 시작한 이래 앞에서 설명한 군사제도가 발전되어 오면서 동시에 병역 및 동원제도도 함께 발전하였다. 병역제도는 군인의 군대복무에 관한 제도를 말하며 군인의 모집방식에 따라 강제병제도와 자유병제도로 나누어진다. 강제병제도는 국민개병제라고도 말하는데 이는 한 국가의 국민으로 일정한 연령에 달하면 일정기간 군에 복무하도록 하는 의무병역제도이다. 여기에는 대표적으로 평시에도 일정기간을 군에서 근무하는 징병제와 평시에는 일상 업무에 종사하다가 전시에 군무에 복무하는 민병제가 있다. 그리고 자유병제도는 지원병제라고도 하는데 의무나 강제가 아닌 개인의 자유로운 의사에 따라 국가와 계약에 의하여 병역에 복무하게 하는 제도이다. 여기에는 직업군인제, 모병제, 의용병제, 용병제 등이 있다. 우리나라의 병역제도와 관련 있는 분야에 대해 논거해보면 다음과 같다.

헌법 제 39조 1항에는 "모든 국민은 법률이 정하는 바에 의해 국방의 의무를 진다"라고 명시.
병역법 제 3조 제 1항에는 "대한민국 국민인 남성은 헌법과 이 법에서 정하는 바에 따라 병역의무를 성실히 수행하여야 한다. 여성은 지원에 의하여 현역 및 예비역으로만 복무할 수 있다"라고 명시.

한국군 병역제도의 법적근거는 헌법 제 39조와 병역법 제 3조 제 1항에 근거를 두고 있다.

이에 따라 현행 병역제도는 국민개병주의에 입각한 징병제를 채택하고 있으나, 엄격히 말하면 징병제를 원칙으로 하고 지원병제를 병행함으로써 안보상황의 요구에 대처하고 있는 징병제 위주 혼합형 제도이다. 다시 말해 징집을 원칙으로 하되, 특수 기술 분야의 군 소요를 충당하기 위해 지원병제를 부분적으로 운영하고 있다. 또한 장교 또는 부사관으로 장기복무하는 자에게는 직업 군인제를 유지한다.

최근 유럽은 냉전 종식 이후 국가 간의 직접적인 영토분쟁이나 전면전 발생 가능성이 줄어들고 경제 · 사회부문에 대한 투자 등의 이유로 징병제 기반 군대에서 지원병 기반 군대로 전환하는 추세이다. 이러한 추세에도 불구하고 한국군은 여전히 징병제를 원칙으로 하고 있는데, 가장 큰 이유는 유럽 각국의 안보위협과는 달리 북한이라는 현존 안보위협이 크게 존재하고 있기에 북한의 도발위협과 전면전을 대비한 적정수준의 병력을 유지해야 하기 때문이다. 또한 동북아 지역은 세계 최대의 군사력 집중지역으로 미 · 일 해양세력과 러 · 중 대륙세력의 견제 등의 각축이 계속되고 있어 언제든지 긴장이 고조될 수 있다. 따라서 한국의 안보위협 수준은 현존하는 북한의 위협과 동북아의 긴장상황 등을 고려시 냉전 종식 후 유럽 등과는 비교할 수 없을 정도로 높게 유지될 것으로 전망되기에 징병제를 유지하는 것이 타당하다.

또한, 징병제는 병력들이 전역하더라도 예비역으로 전환되기에 유사시를 대비한 충분한 예비전력 확보가 가능할 뿐만 아니라, 우리나라의 경제능력을 고려하여 적은 국방예산으로 많은 병력유지가 가능하다는 이점도 있다. 한편으로는 모든 국민들은 국가를 방위하기 위하여 인적부담을 한다는 점에서 군은 사회적 대표성을 지니고 있고 군이 요구하는 양질의 병력자원을 획득할 수 있으며 사회구성원들의 책임감과 애국심의 고양이 가능하다.

모병제는 국민들을 징병하지 않고 본인의 지원에 의한 직업군인들을 선발하여 군대를 유지하는 병역제도로서 한국의 안보상황과 경제여건 등을 고려시 징병제에서 모병제로의 전환은 많은 검토가 필요하다. 모병제의 장점으로 징병제에 비해 의무의 차원이 아닌 권리의 차원에서 접근하기 때문에 개인의 자유의사가 충분히 반영되고, 특정한 분야의 전문가는 병역의무를 수행하지 않고 중단 없이 자신의 소양을 계속 개발할 수 있다. 또한 자신의 의지에 의해 군을 선택하기 때문에 군내에서의 지휘통솔이 용이하며 첨단기술 분야의 전문가를 양성하여 활용하기에 유리하다.

하지만 징병제에 비해 군대가 사회의 대표성을 갖지 못하고 단지 사회조직의 한 요소로만 존재하게 되는 결과를 초래할 수 있기 때문에 국민들의 군에 대한 무관심이 증가될 우려가 크다. 그리고 병력수급에 있어서도 수요에 비해 공급이 부족할 경우 전투력 유지에 불균형이 발생할 가능성이 크기에 군은 이를 유지하기 위한 병력충원대책에 고심을 해야 한다. 가장 큰 문제는 인력운용과 첨단 기술군 건설을 위해 많은 국방비가 지출되어야 한다는 점이다.

〈표 9〉 모병제의 장 · 단점

장 점	단 점
• 국민의 병역의무 압박해소 • 장기복무로 인한 국민부담 경감 • 특수장비 운영요원 및 사회분야에 없는 군 특수전문가 확보 용이 • 숙련병 확보 가능 • 교육훈련비 절감	• 병역의무 존엄성 및 사명감 결여 • 군의 사회적 대표성 결여 • 국민의 국방의식 약화 • 유사시 예비전력 확보 곤란 • 장비 및 병력유지에 필요한 국가 재정 부담의 증가

따라서 징병제와 모병제는 〈표 9〉와 같이 제도상의 장 · 단점을 가지고 있지만 무엇보다도 그 나라의 안보상황과 경제력에 따라 많은 영향을 미치는 것을 알 수 있다. 이처럼 징병제에서 모병제로 전환 여부는 신중하고 체계적인 검토를 통해 결정되어야 할 것이다.

역사적으로 지구상에 전쟁이 없었던 시기가 없을 정도로 전쟁이 끊이지 않고 있는 것이 현실이다. 어느 나라든 전쟁을 시작하게 되면 승리하기 위해 모든 전력을 투사하기 마련이다. 국가 간에 전쟁이 지속될수록 현재 보유하고 있는 전력 이외 추가 전력이 필요하게 된다. 이처럼 인원과 장비 · 물자 등 추가전력을 확보하기 위한 것을 동원이라 말한다. 즉, 동원이란 국가 비상사태시에 필요한 자원을 확보하는 것을 말하며 동원령이란 국가동원을 시행하기 위한 일종의 국가 긴급명령을 말한다. 동원령은 국민의 재산권을 제한 내지는 침해하는 조치이기 때문에 이를 선포하려면 정당한 법적근거가 있어야 하고, 이러한 경우에도 상당한 요건이 충족되어야 한다.

한 국가의 군사조직은 경제력에 많은 영향을 미친다. 평시 군 조직의 관리 및 운용을 위해 100% 완전편성하지 않고 평균적으로 20~50%정도로 감소편성해서 운용하게 되며 나머지 50~80%는 유사시에 동원하는 동원전력으로 관리하는 것이 현실이다. 따라서 전시 동원은 대단히 중요하다.

이와 같은 동원은 형태에 따라 사전 계획에 의거 동원되는 정상동원과 우발상황에 따라 추가 소요가 발생했을 경우에 실시하는 긴급동원으로 구분된다. 동원 범위에 따라 국가의 유형 및 무형의 제반 자원을 모두 동원하는 총동원과 국가 위기 상태에 따라 단계적으로 필요한 부분에 대해 선별적으로 동원하는 부분 동원으로 구분된다. 이외에도 동원방법에 따라 공개동원과 비밀동원으로, 동원시기에 따라 전시동원과 평시동원으로 대상에 따라 인원동원과 물자 및 기타 동원으로 구분한다.

우리나라 동원관련 법규는 대통령훈령[11] 제284호 「국가전쟁지도지침」을 근거로 "전시 자원동원에 관한 법률(안)"과 국지전 등 위기극복을 위한 "부분 동원에 관한 법률(안)"이 있다. 여기서 법률(안)이라는 것은 평시에는 적용받지 못하고 전시에 적용하도록 하기위해 평시에 만들어 놓은 것으로 이를 「전시대기법」이라고 하며 이러한 전시대기법이 효력을 발생하도록 하기 위해서는 헌법 제76조 2항 대통령 긴급명령권을 발동하는 방법이 있다. 그리고 전시 자원동원에 관한 법률(안)을 근거로 총동원을, 국지전 등 위기극복을 위한 부분동원에 관한 법률(안)을 근거로 부분동원을 발령할 수 있다. 자원을 동원할 때에는 각 자원별 동원의 법적근거가 구분되는데 병력

11 _ 훈령이란 상급기관이 하급기관에 대하여 장기간에 거쳐 그 권한의 행사를 일반적으로 지시하기 위하여 발행하는 명령으로서 발령권자에 따라 대통령훈령, 국무총리, 각 부서별 장관훈령 등으로 구분된다. 훈령은 행정기관에만 적용된다.

과 전시근로소집대상은 병역법과 향토예비군설치법을 근거로 하며, 기술인력과 물자는 비상대비 자원관리법을 근거로 한다. 〈표 10〉은 우리나라 동원에 관한 법률을 종합한 것이다.

〈표 10〉 동원관련 법규

동원령 선포 시기 / 절차	• 국지전 등 위기극복을 위한 부분동원에 관한 법률(안) • 전시 자원동원에 관한 법률(안) • 대통령훈령 284호 국가 전쟁지도지침
전시대기법 유효화	• 헌법 제 76조 2항(대통령 긴급명령권) ※ 긴급명령 – 국지전 등 위기극복을 위한 부분동원에 관한 법률(안) – 전시 자원동원에 관한 법률(안)
병 력 / 전시 근로소집	• 병역법 • 향토예비군 설치법
기술인력 / 물 자	• 국지전 등 위기극복을 위한 부분동원에 관한 법률(안) • 전시 자원동원데 관한 법률(안) • 비상대비 자원관리법

동원은 전쟁을 지속하는데 대단히 중요하며 동원 상태에 따라 전쟁의 승패가 좌우되고 전쟁에 많은 영향을 주게 된다. 즉, 동원령 선포 시기와 선포 여부에 따라 국가 경제력에 지대한 영향을 미치며 작전의 성패에도 영향을 미친다. 예를 들어 이스라엘의 4차 중동전쟁(10월 전쟁)의 경우 동원령 지연 선포에 따라 전쟁수행 시 어려운 상황에 직면하는 결과를 초래했다. 당시 이집트의 5월 전쟁위기설과 전략적 기만으로 이스라엘은 5월 7일 동원령을 선포한다. 그러나 이집트는 전면공격을 하지 않았고 이스라엘은 조기에 국가동원령을 선포함에 따라 1,100만 달러를 낭비하고 16억 파운드의 대외부

채가 발생되어 경제적 타격은 물론 국민들의 위기 장기화로 오히려 심리적 이완현상이 초래되어 경계태세가 약화되었다. 이를 틈타 이집트는 10월 6일 전면공격을 하였다. 이 때 이스라엘은 10월 5일 야간에 이집트의 공격 징후를 입수하였으나 5월 동원령 조기선포로 경제적 손실이 크고 또한 임박한 선거에 악영향을 초래할까 두려워 동원령을 적시적으로 발령하지 않고 지연하게 된다. 따라서 개전 초 전쟁수행에 막대한 지장을 초래하였다.

동원령은 전시나 비상사태 시 국가가 제반자원을 효율적으로 통제 및 관리 · 운영하는 것으로 국가의 존망에 밀접한 영향을 미치는 것은 자명한 사실이다. 그러나 동원령은 국민의 재산권을 제한하거나 침해하는 조치이기 때문에 이를 선포하려면 정당한 법적인 근거가 명확해야 한다. 따라서 유사시에 동원령 선포를 할 경우 결정권자는 국가 경제 및 전쟁수행 상태 등을 고려하여 신중한 결정을 해야 한다. 그리고 현재 동원관련법이 전 · 평시, 각 자원별 관련 법률이 이원화되어 있기 때문에 매우 복잡한데 이를 합쳐 단순화하려는 노력을 지속적으로 해야 한다.

▮ 징병제와 모병제

- 징병제는 국민에게 강제적으로 병역에 복무할 의무를 부과시키는 국민개병제도이다.
- 모병제는 국민 개인의 의사에 따라 직업군인을 모집하는 병역제도이다.

▮ 동원령

- 동원령 발령은 전시대기법인 “전시자원동원에 관한 법률”에 근거한다.
- 충무계획에 의거 2종 사태시 동원령을 선포하여 국가동원계획을 시행한다.
  ※ 충무계획은 전시 · 사변 · 이에 준하는 비상사태시 적용할 비상대비계획이다.

2.4. 전쟁이 나면 그 많은 부대를 어떻게 통제하나요?

오케스트라 지휘자는 다양한 동작을 통해 음악 연주를 이끌어 가며 악곡의 빠르기, 박자, 악상 등 악곡의 조화를 이루어 지휘를 함으로써 환상적인 악곡을 만들어 간다. 이처럼 군에서도 지휘관은 부여된 임무를 수행하기 위해 예하부대를 합법적으로 통제하는 일체의 권한행사를 하게 되는데 이것을 지휘라 한다. 지휘에는 부여된 임무를 달성하기 위해 가용자원을 효과적으로 사용하고 부대의 운용을 계획, 편성, 지시, 협조, 통제하는 권한(권리나 권력의 범위)과 책무(책임과 임무)가 포함된다.

군이라는 특수한 조직에서는 평시나 전시에 작전을 수행함에 있어 지휘 및 지원[12]관계를 부대 상호간에 설정해 줌으로써 작전을 원활하게 수행하게 된다. 지휘관계[13]란 부여된 임무를 달성하기 위하여 부대를 지휘하는 권한과 책임의 정도를 합법적으로 규정한 것이다. 편제상 지휘관계는 건제와 예속이 있으며 작전수행 간 지휘관계에는 배속, 작전통제, 전술통제가 있다. 편제상의 지휘관계는 육군본부의 일반명령으로 설정이 되어 있으며, 건제부대(organic unit)는 평시부터 단일 지휘관하에 고정된 지휘관계를 말하며 예하부대를 분리하여 운용하는 것을 금지하고 있다. 이와 같은 부대는 군사령부와 본부 및 근무지원단의 관계, 군단과 군단 본부 · 본부대의 관계, 사단과 예하부대 등이 건제부대에 해당된다. 예속부대는 특정 상급부

12 _ 지원(支援)이란 것은 한 부대가 다른 부대를 도와주는 것으로 지휘관의 지시에 의해 타 부대를 원조하는 것이다.

13 _ 지휘관계는 편제상 지휘관계와 작전수행 간 지휘관계로 구분한다. 편제상 지휘관계란 평상시부터 부대를 조직하여 임무 및 기능을 부여하고 예하부대를 편성하여 인원과 장비를 할당해주며 지휘관계를 정하는 것을 말하며, 작전수행 간 지휘관계란 전시나 평시에 작전을 수행함에 있어 부대와 부대 간에 지휘관계를 설정해 주어 작전을 원활히 수행할 수 있도록 관계를 설정해 주는 것이다.

대에 비교적 영구적으로 소속된 지휘관계를 말하며 군사령부와 군단, 군단과 포병여단, 군사령부와 사단 등이 예속부대에 해당된다.

다음으로 작전을 수행할 때의 지휘관계는 당시 상황과 작전목적에 따라 상급부대로부터 부여받는 작전명령으로 설정된다. 여기에는 배속, 작전통제, 전술통제로 구분할 수 있다.

배속(Attachment)은 부대 또는 인원이 특정 부대에 일시적으로 관계를 맺어주는 것으로 피배속부대의 지휘관은 배속인원에 대하여 지휘 및 통제권을 행사할 수 있으나 전속과 진급에 대한 권한 및 책임은 원 소속부대장에게 있다. 이와 같은 부대는 포병여단과 포병대대, 군단과 사단의 관계 등 군단에 예속된 직할부대의 일부를 예하 사단에 배속 운용하거나 기계화부대의 예하대대를 여단에 배속 운용하는 것을 예로 들 수가 있다.

작전통제(Operational Control)는 작전계획이나 작전명령 상에 명시된 특정 임무나 과업을 수행할 수 있도록 특정기간에 일시적으로 지휘관이 행사하는 권한으로 예하부대 위임이 가능한 권한이다. 작전통제 시 행사할 수 있는 권한은 작전에 관한 과업부여, 피작전통제부대 계획수립, 훈련 · 연습에 대한 지침부여 등이며 행정 및 군수지원에 관한사항은 포함되지 않는다. 작전통제의 지휘관계는 연합사령부와 각 구성군사령부를 작전통제하고 각 구성군사령부가 관련 부대들을 작전통제 하는 것을 예로 들 수 있다.

전술통제(Tactical Control)는 부여된 임무나 과업완수에 필요한 작전지역 내에서의 이동 또는 기동에 관한 지시 및 통제에 국한하여 일시적으로 설정하는 지휘 권한으로 작전통제권자는 자동적으로 전술통제권을 행사할 수 있다. 전술통제시 행사할 수 있는 세부 권한은 피전술통제부대의 군사작전에 대한 지시, 부여된 임무 및 과업에 대한 부대운용, 전투지원자산의 전술적인 사용 등이며 전술통제 시에 편제상의 지휘관계나 건제, 예속, 행정 및 군수지원에 관한 지시는 할 수 없다. 이와 같은 전술통제는 초월작전, 도하작전, 연결작전 등 작전의 효율성과 혼란을 방지하기 위해 한 부대를 특정부대에 전술통제 하에 두는 것을 예로 들 수 있다.

지원관계란 도움을 주는 부대와 도움을 받는 부대간에 책임관계를 설정하는 것을 말하며 그 책임의 정도에 따라 직접지원, 일반지원, 증원, 일반지원 및 증원으로 구분한다. 지원관계는 전투지원부대와 전투근무지원부대가 전투부대를 지원할 경우에 통상적으로 사용한다.

직접지원(Direct Support)은 한 부대가 지정된 특정부대만을 지원하는 것을 말하며 직접지원 임무를 부여 받은 부대는 지원받는 부대의 요청에 최우선적으로 지원을 해야 하는 것을 말한다. 예를 들어 사단 포병연대 예하의 포병대대가 보병연대를 직접지원 하는 것을 말한다.

일반지원(General Support)은 한 부대가 특정부대를 지원하는 것이 아니라 지원을 받는 여러 부대를 동시에 지원하는 것을 말한다. 예를 들어 사단 포병연대 예하 포병대대가 3개 보병연대 전체를 지원하는 것을 말한다. 일반지원 임무를 부여 받은 부대는 원 소속부대에서 모든 통제를 하게 된다. 증원(Reinforcing)이란 화력을 보강해주는 것을 말하는데 지원부대가 지원을 받는 부대를 지원해주는 것을 말한다. 예를 들어 포병부대 대 포병부대, 기갑부대 대 기갑부대, 공병부대 대 공병부대 등은 증원임무를 부여해 줄 수 있다. 일반지원 및 증원(General Support and Reinforcing)이란 지원해 주는 부대와 증원해주는 부대가 지원을 받는 부대를 전체적으로 지원하거나 같은 종류의 부대를 증원해 주는 지원관계를 말한다.

따라서 지휘 및 지원관계란 부여된 임무를 효율적으로 달성하기 위해 부대와 부대간에 지휘권의 책임을 설정해주며 어디까지 도와 줄 것인지를 설정하는 것을 말하는 것이다. 이처럼 지휘 및 지원관계를 어떻게 설정하느냐에 따라서 임무달성의 성패에도 많은 영향을 미치게 됨으로 그 중요성을 인식해야한다.

▌지휘 및 지원관계

- 부대와 부대 간의 지원 및 작전수행에 관한 권한과 책임의 한계를 규정
- 미 지휘 및 지원관계와 합동 및 연합작전시 지휘 및 지원관계가 다소 상이함.

Chapter 4

군사력 건설

1. 기본개념

1.1. 전쟁준비는 왜 하나요?

"천일양병(千日養兵), 일일용병(一日用兵)", "평화를 원하거든 전쟁을 대비하라." 등은 전쟁준비의 중요성을 말하는 경구들이다. 평상시 군의 임무는 적이 전쟁을 일으키지 못하도록 억제하는 것이며, 적이 오판하여 전쟁을 일으킬시 전쟁에서 승리하기 위해서 철저히 준비하는 것이다. 어떤 일이든 준비 과정이 치밀하고 충실할 경우, 그 성과는 매우 성공적으로 나타난다. 하물며 국가의 운명을 결정짓는 전쟁이야말로 그 준비가 절대적으로 충분해야 한다. 손자병법에 "선승이후구전(先勝以後求戰)"이라는 구절이 있는데, 이는 먼저 이길 수 있는 태세를 갖춘 후 적과 상대하여 승리를 가진다는 의미로서, 적과 싸워 이길 수 있는 준비가 우선하지 못할 경우에는 아예 전쟁을 시작하지 말라는 의미와 같다고 할 수 있다. 그렇다면 지금 우리는 "선승이후구전"이라는 만전의 준비태세를 갖추고 있는가, 우리는 우리를 위협하는 적을 거부할 수 있는 충분한 능력을 갖추고 있는가, 전쟁준비를 논함에 있어 반드시 짚어 보아야 할 중요한 질문들이다.

과거 임진왜란(1592~1598)이 발생하기 9년 전, 이율곡 선생이 10만 양병설을 주장하였으나 조선 조정은 이를 망국의 방책이라 비판하고 전쟁준비를 게을리 함으로써, 임진왜란이라는 국가적 혼란을 겪었고 국가의 존립이 풍전등화에 처하였었다. 만약 일본 침략의 위협을 직시하고 전쟁을 준비하였다면, 조선은 왜군이 한반도에 상륙하는 것조차 허락하지 않았을 것이다. 반면 국가 차원의 부실한 전쟁준비에도 불구하고, 조선 삼도수군통제사였던 이순신 장군의 철저한 준비는 해전에서 연전연승을 거두는 계기가 되었고, 이러한 승리가 왜의 지상군을 약화시킴으로써 국난을 극복하는 데 결정적으로 기여하였다.

6 · 25 전쟁 시 남한은 북한의 침략 위협에 대응한 충분하고 치밀한 전쟁준비가 이루어지지 않았고, 이로 인해 북한군은 순식간에 수도 서울을 함락하고 낙동강 선까지 진격할 수 있었다. 당시 피 · 아간의 무기체계 및 병력의 훈련수준면에서 남한은 북한의 침략을 격퇴할 수 있는 능력을 갖추지 못하였으며, 추가하여 남한 군사 지도부의 잘못된 인식과 상황판단으로 38선 일대의 방어준비태세가 매우 약화되었다. 반면 38선을 방어하였던 4개 사단 중 춘천지역을 담당하던 국군 6사단은 부단한 정찰활동으로 적의 공격을 사전에 예측하고, 이를 바탕으로 전투시설과 장애물을 준비하고, 병력의 출타를 제한함으로써 북한이 침략할 당시에 높은 전투력을 발휘할 수 있었다. 이로 인해 6사단의 성공적인 방어로 춘천지역에서 북한의 기습공격은 초기에 저지되었고, 북한군이 계획한 서울을 포위하려는 작전은 차단되었으며, 미군의 한반도 전개와 국군의 한강 방어선 형성에 필요한 소중

한 시간을 확보할 수 있었다.

따라서 전쟁준비의 목적은 적이 우리의 능력을 두려워하여 감히 침략하지 못하도록 억제하거나, 적이 오판하여 침략할 경우에는 이를 격퇴하거나 격멸하여 국가의 생존을 보장할 수 있는 전쟁수행능력을 갖추는 것이다. 한 국가의 능력은 비단 군사적 능력만을 의미하는 것은 아니다. 즉, 경제력 · 외교력 · 정보력을 모두 포함하는 총체적인 능력을 의미한다. 이러한 제반 능력은 국가가 외부의 위협에 직면하게 되면, 군사력을 중심으로 통합되어 전쟁수행능력을 확대하는 요소로 작용하게 된다.

따라서 한 국가의 전쟁수행능력은 강하면 강할수록 좋다고 볼 수 있다. 역사적으로 볼 때, 주변국에 비해 높은 수준의 전쟁수행능력을 유지하고 있을 때 외부의 침략을 허용한 적이 없었다. 강한 군사력은 경제 · 외교 · 문화 등의 국가활동에서 국익을 뒷받침하는 지렛대 역할을 할 수도 있기 때문이다. 그러나 현실적으로 한 국가가 전쟁수행능력을 무한대로 증강시킬 수는 없다. 국가경제의 한계, 국토와 인구의 한계, 과학기술의 한계 등으로 인해 국가의 전쟁수행능력도 그 한계를 반드시 가질 수밖에 없다. 따라서 전쟁준비는 군사적 문제로 한정될 수 없는 국가적 문제가 되는 것이다.

〈그림 1〉 국방비 규모 결정 개념도

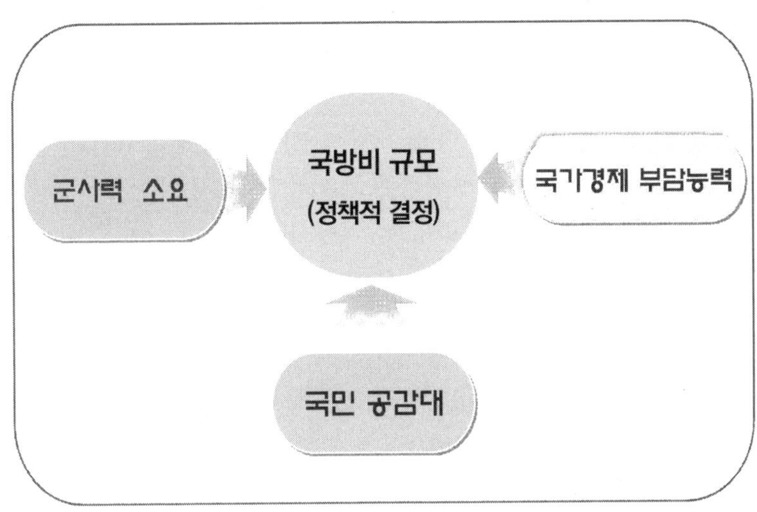

따라서 어느 정도 수준의 군사력을 건설하고 유지해야 하느냐 하는 것은 국가의 전략적 과제로서 국가차원의 정책과 전략을 통해 그 방향을 설정하고 추진한다. 즉 적의 위협이 강하고 급박할 때는 군사력 건설에 많은 재원을 투입해야 할 것이고, 적의 위협이 약하고 다소 여유가 있을 경우는 적은 재원을 투입할 것이다. 또한 국가 재원이 충분할 경우에는 충분한 군사력을 건설할 것이고, 그렇지 못할 경우에는 적은 재원으로 최소의 군사력을 건설하되 연합방위체제 등으로 이를 보완하여야 할 것이다. 과거 군주시대에도 군주가 군대를 부리는데 있어 정부의 재정능력이 결정적 역할을 하였듯이, 현재에도 한 국가의 국방비는 해당 국가의 군사력 건설의 중요한 역할을 수행하게 된다. 즉, 국방에 투자하는 비용이 클수록 군사력 건설의 속도도 빨라지는 것이다. 국방비는 국가 예산의 일부로서 군사력의 건설과 유지를 위한 비용이다. 따라서 한 국가의 국방비 규모는 〈그림 1〉에서 보는 바와 같이 외부 위협을 억제하거나 필요시 격퇴 및 격멸할 수 있는 군사력의 필요량인 군사력 소요와 국가의 경제적 부담 능력, 그리고 국민적 공감대가 어우러져 국가 정책적 결정으로 나타나게 된다. 여기서 군사력 소요는 기준점의 역할을 하며, 국가경제 부담능력은 가용능력을 의미하고, 국민적 공감대는 국방비 할당의 저울 역할을 한다고 볼 수 있다.

예를 들면, 주변국의 잠재적 위협을 억제하기 위해서 최신예 전투기 100대가 향후 5년 내에 필요하다면 이것이 군사력 소요이다. 그리고 향후 5년간 국가의 경제력과 재정을 고려 시 100대를 확보할 수 있다는 것은 국가경제 부담능력을 의미한다. 하지만 현재 처한 국가적 상황에 대한 국민의 인식이 주변국의 위협에 대한 대비보다는 국가경제 발전과 복지에 대한 요구가 더 높아서 국회 예산편성 과정에서 50대로 축소되었다면 그것은 국민적 공감대를 얻지 못해서 축소된 것이다. 따라서 정상적이고 효과적인 군사력의 건설은 국가 경제의 발전이 동반되어야 하며, 국민적 공감대를 얻어야만 가능한 일이다.

여기에 추가하여 타국과의 동맹관계도 국방비 규모에 직접적인 영향을 미친다. 한 국가의 전쟁수행능력(군사력)은 현존전력, 동원전력, 연합전력 등으로 구분할 수 있다. 현존전력은 상비군과 같이 지금 당장 운용할 수 있는 군사력을 말하고, 동원전력은 예비군, 민방위대 등 유사시 국가총력방위 차원에서 동원령을 통해 운용할 수 있는 군사력이다. 연합전력은 주한미군 또는 전시 한반도에 전개하는 미 증원군과 같이 군사동맹국이 지원할 수 있는 군사력이다. 따라서 타국과의 동맹관계를 통해 지원받을 수 있는 연합전력은 현존전력의 부족함을 일정 부분 보완 할 수 있고, 이를 통해 국방비의 절감 효과를 달성할 수 있는 것이다.

〈그림 2〉 전쟁준비 분야

전쟁수행능력(군사력)의 구분에 따라 전쟁준비 분야를 〈그림 2〉에서처럼 군사력 건설 및 유지, 총력방위체계 구축, 연합방위체계 구축 등 크게 3가지로 구분할 수 있다. 군사력 건설 및 유지 분야는 현존전력에 중점을 두고 이를 강화하는 전쟁준비 활동이다. 국방비의 대부분이 이 분야에 투입되며, 군사력 증강과 직결된다. 또한 현존전력에 중점을 둔다는 것은 비단 현재 존재하는 전력의 보강만을 말하는 것이 아니라 미래의 전쟁에 대비한 새로운 전력의 준비까지를 포함한다. 예를 들어, 향후 신형 전투기를 획득하거나 신무기를 개발하기 위해 필요한 금액의 국방비를 현재 투자하고 있다면, 이 역시 군사력 건설 및 유지 분야에 속한다고 할 수 있다. 따라서 군사력 건설 및 유지는 현재 운용하고 있는 전력의 효율성을 극대화하는 것(현존전력 극대화)과 미래전장을 주도할 수 있는 전력을 새롭게 창출하는 것(미래전력 창출)으로 구분할 수 있다.

총력방위체계 구축은 유사시 국가가 총력전을 수행할 수 있는 능력을 보장하는 활동이다. 국가의 제반 요소를 군사력을 중심으로 통합하여 국가의 전 역량이 전쟁수행능력으로 결집되도록 하는 것이다. 가장 대표적인 체계인 국가 동원으로는 전시에 국가의 인력과 물자, 장비 등을 신속히 전쟁의 수단으로 전환하는 과정으로 현대전의 승패에 결정적인 영향을 미친다. 따라서 평시 전쟁에 대비한 국가 위기관리 및 전쟁수행체계를 구축하고 이를 주기적으로 가동시키는 훈련은 매우 중요한 일이다. 이러한 훈련의 대표적인 사례로는 매년 정부에서 실시하는 을지훈련이 있다.

연합방위체계 구축은 국가 상호간의 신뢰와 군사동맹관계를 바탕으로 이루어진다. 따라서 동맹국들은 평시 또는 유사시 특정 위협에 대비하여 양국의 군사력을 협력적으로 운용한다. 이를 위해 군사협조체계를 마련하고, 공동의 계획을 발전시키며, 이를 바탕으로 주기적인 훈련과 연습을 실시하여 실질적인 연합전력을 만들어내는 노력이 중요하다. 한 · 미 연합사령부, 한 · 미간의 연합연습 등은 한 · 미 연합방위체계를 군건히 하기 위해 이루어진 대표적인 노력들이 되겠다.

1.2. 전쟁준비는 어떻게 해야 하나요?

전쟁준비는 전쟁수행과의 관계를 고려할 때, 수단과 목적의 관계를 가진다. 즉, 전쟁을 어떻게 수행할 것이냐(목적)에 따라 어떻게 전쟁을 준비할 것인가(수단)가 정해진다는 것이다. 전 · 평시 적의 위협에 대비하여 사전에 위협을 예방 또는 억제하거나, 억제 실패 시 이를 제거하기 위한 군사력 운용개념이 한 국가의 군사전략이다. 따라서 특정 국가의 군사력 건설 및 유지의 방향은 당연히 그 국가의 군사전략을 구현할 수 있도록 집중되어야 한다.

〈그림 3〉 군사력 운용 목적별 전략 비교

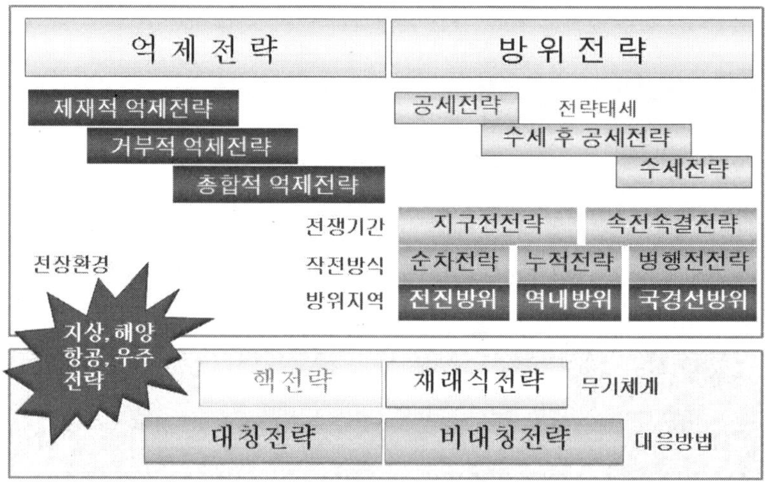

군사전략은 〈그림 3〉에서처럼 군사력 운용의 목적에 따라 억제전략과 방위전략으로 구분한다. 무기체계에 따라 핵전략과 재래식전략으로, 대응방법에 따라 대칭전략과 비대칭전략으로 구분한다. 억제 전략 중 제재적 억제전략은 적대국가가 침략행위를 하였을 경우, 이에 대한 응징의 능력과 의지를 보여주어 적의 침략을 억제하는 것을 말한다. 거부적 억제전략은 적의 침략이 이익보다 손해가 클 것이라는 것을 인식토록 하여 침략을 억제하는 것이다. 앞서 언급한 두 가지의 억제전략이 군사적 수단에 의한 억제전략임에 비해 총합적 억제전략은 비군사적 수단까지를 포함한 억제전략을 말한다. 한편 방위전략은 적의 침략을 거부하기 위한 전략으로서 전략태세에 따라서 공세전략, 수세 후 공세전략, 수세전략으로 구분한다. 전쟁기간에 따라 지구전전략과 속전속결전략으로 나뉘고, 작전방식에 따라서는 순차전략, 누적전략, 병행전전략으로, 방위지역에 따라 전진방위전략, 역내방위전략, 국경선방위전략으로 구분한다. 이러한 구분법을 적용 시, 현재 북한이 취하고 있는 군사전략은 공세전략, 속전속결전략, 병행전전략, 핵전략, 비대칭전략 등이다. 우리가 취하고 있는 전략은 제재적 억제전략과 수세 후 공세전략이라 할 수 있다.

앞서 언급한 대로 한 국가의 군사전략은 그 국가의 전쟁준비의 방향(군사력 건설 방향)을 결정한다. 예를 들어 특정 국가가 주변국의 위협에 대응하기 위해서 핵전략을 선택하였다면, 군사력 건설 방향은 핵무기를 확보하고, 이를 운용할 수 있는 능력을 갖추는 것이다. 또는 특정국가가 수세 후 공세전략을 선택한 경우, 군사력 건설 방향은 적의 침략징후를 조기에 식별할 수 있도록 감시능력을 구축하고, 적의 능력과 의지를 무력화하여 신속히 공세로 전환할 수 있도록 정밀타격능력과 기동력을 구축하는 것이다.

군사력 건설은 군사력 소요를 결정하고, 이를 획득하여 전력화함으로써 실현된다. 따라서 군사력 소요 결정은 군사력 건설의 첫 단계로서 매우 중요한 역할을 한다. 군사력 소요는 여러 경로를 통해 소요를 도출하고, 도출된 소요에 대한 검증과 실험 과정을 통해 결정된다. 그런 측면에서 앞서 언급한 군사력 건설 방향은 군사력 소요 결정에서 기본적인 지침을 제공한다고 볼 수 있다. 군사력 소요의 도출은 두 개의 경로로 이루어진다. 첫 번째는 하향식(Top-Down) 접근방법으로 전쟁수행개념을 기초로 필요한 능력을 식별하고 이에 기초하여 소요를 도출하는 방법이다. 예를 들어, 미래의 전쟁수행개념을 로봇에 의한 대리전쟁이라고 설정하였다면, 로봇을 개발하고 운용하는 능력이 필요할 것이고(능력 식별), 로봇원격통제체계, 로봇탑재무기체계, 로봇운용교리 등 다양한 소요가 도출될 수 있다. 두 번째는 상향식(Bottom-Up) 접근방법으로 현재의 군사능력에 기초를 두고 소요를 도출하는 방법이다. 예를 들어, 육군의 전술통신체계의 부족한 데이터 전송능력을 해결하기 위해 보완된 체계가 요구되거나, 육군전술지휘정보체계(ATCIS)의 사용자에 의해서 부족한 성능의 개량이 요구되어지는 것이 여기에 해당될 수 있다.

이렇게 두 방향의 채널을 통해 제기된 군사력 소요는 현존하는 위협을 포함한 안보 및 군사상황, 국방비의 범위, 국민적 공감대를 고려하여 최종적으로 결정된다. 그리고 결정된 군사력 소요는 국가경제 발전, 자주국방, 군사력의 공백 최소화 등을 고려하여 통상 구매(국외구매)나 연구개발의 방법을 통해 획득하는 과정을 가진다. 예를 들어, 도태 전투기를 대신하여 최신예 비행기를 외국으로부터 들여오는 것이 구매 방식이고, 부족한 화력을 보강하기 위해 새로운 화포를 국내에서 자체 개발하여 야전에 배치하는 것은 연구개발의 방법이다.

군사력 건설 및 유지를 위해 무엇이 필요한가(소요)를 결정하고, 이를 획득하여 군이 사용할 수 있도록 하는(전력화) 전쟁준비활동은 평시 다양한 국가 활동 중 매우 중대한 일이며, 국방비라는 막대한 예산이 투입된다. 따라서 각 국가에서는 효율적이고 효과적인 전쟁준비를 위한 시스템을 갖추고 있으며, 이를 기초로 전쟁준비에 필요한 절차가 진행된다. 현재 우리가 채택하고 있는 체계는 국방기획관리체계와 전투발전체계이다.

국방기획관리체계는 국가차원에서 군사력 운용개념을 설정하고, 이에 기초하여 합리적으로 군사력 건설 방향과 군사력 소요를 결정하며, 결정된 소요를 획득하기 위해 국방비를 효율적으로 활용하기 위한 시스템이다. 주로 합동참모본부와 국방부에서 수행되는 활동이며, 소요결정과 국방비의 집행

과정에서 각 군을 포함한 예하 기관의 활동이 긴밀히 연계되어 수행된다.

전투발전체계는 각 군 및 합동참모본부에서 미래의 작전수행개념(비전)을 기초로 군사력 소요를 제기하여 국방기획관리체계에서 구현되도록 하는 시스템이다. 전투발전체계는 미래의 전쟁수행개념을 구현하기 위해 분야별로 소요를 도출하기 위한 시스템이다. 전투발전분야에는 교리, 구조 및 편성, 무기 · 장비 · 물자, 교육훈련, 인적자원, 시설, 간부개발 등 7대 분야가 있다.

1.3. 국방기획관리체계[14]란 무엇인가요?

국방기획관리체계는 현존 군사력의 좌표를 분석하여 새로운 국방목표를 설계하고, 설계된 국방목표를 달성하기 위한 최선의 방법(군사력을 건설 · 유지 · 운용하는 방안)을 선택하여, 가용한 국방자원을 합리적으로 배분 · 운영함으로써 국방의 기능을 극대화 시키는 업무수행체계를 말한다. 국방기획관리체계는 〈그림 4〉에서처럼 기획체계, 계획체계, 예산편성체계, 집행체계, 분석평가체계 등 5단계로 구성된다.

기획체계는 예상되는 위협을 분석하여 국방목표를 설정하고 국방정책과 군사전략 수립 및 군사력 소요를 제기(소요를 결정하기 이전에 이루어지는 과정)하며, 적정 수준의 군사력을 효과적으로 건설 · 유지하기 위한 제반정책을 수립하는 과정이다. 계획체계는 기획단계에서 설정된 국방목표를 달성하기 위하여 수립된 중 · 장기 정책을 실현하기 위해 소요재원 및 획득 가능한 재원(예산)을 예측 · 판단하고 연도별, 사업별로 추진계획을 구체적으로 수

14 _ 국방부 훈령 제1511호(국방기획관리 기본훈령)를 참조하였다.

립하는 과정이다. 예산편성체계는 회계연도[15]에 소요되는 재원의 사용을 국회로부터 승인받기 위한 절차로서 체계적이며 객관적인 검토, 조정을 통하여 국방중기계획의 기준연도 사업과 예산소요를 구체화하는 과정이다. 집행체계는 예산편성 후 계획된 사업목표를 최소의 자원으로 달성하기 위한 제반조치를 시행하는 과정이다. 분석평가체계는 최초 기획단계로부터 집행단계까지 전 단계에 걸쳐 각종 의사결정을 지원하기 위하여 실시하는 분석지원과정이다.

〈그림 4〉 국방기획 관리체계

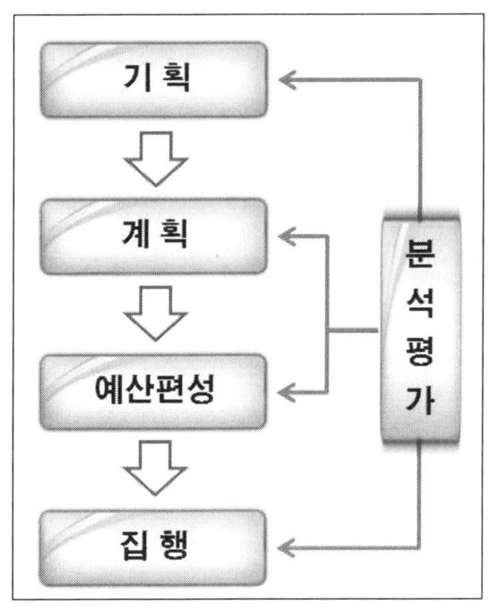

15 _ 회계연도(F년도, Fiscal Year)라 함은 모든 관리활동을 수행하는 "현재 연도"로서 지침하달, 계획수립 및 문서발간 시 적용하는 대상기간을 표시하기 위하여 사용하였다.

〈그림 5〉 단계별 문서 작성체계

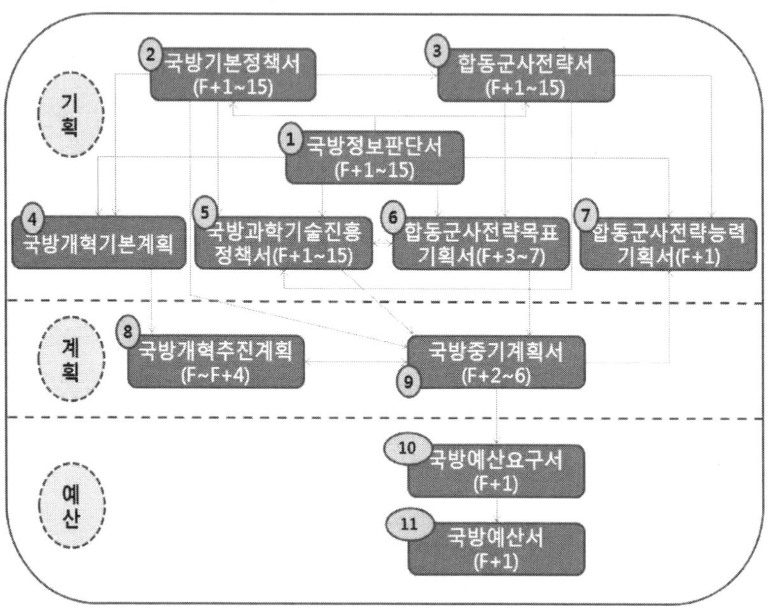

국방기획관리체계는 기획단계부터 집행단계까지 일련의 절차에 의해 수행되며, 그 과정에서 산물로서 문서들이 작성된다. 〈그림 5〉는 국방기획관리체계에 따라 작성되는 문서의 명칭과 대상기간, 문서상호 간의 관계를 나타내고 있다. 각각의 문서별로 살펴보면 다음과 같다.

① 국방정보판단서는 국제 및 주변정세와 북한의 대내 · 외 정세 및 군사정책을 판단한 문서로서 국방정책 및 군사전략 수립과 군사력 건설소요를 제기하는데 필요한 기초 자료를 제공한다. 이 문서는 대통령 임기기간인 5년을 주기로 만들어지며, 해당 연도 2월에 작성되고, 기획단계의 모든 문서에 영향을 미친다.

② 국방기본정책서는 대통령의 안보전략 및 국방지침을 반영하고 국방정책의 목표와 기본방향을 제시한다. 이 문서도 5년을 주기로 만들어지며, 해당 연도 10월에 작성된다. 또한 이 문서는 합동군사전략서, 국방개혁기본계획, 국방과학기술진흥정책서, 국방중기계획서, 국방 정보화 기본계획 작성에 기초를 제공한다.

③ 합동군사전략서는 국가 및 국방목표 달성을 위한 군사전략목표, 군사전략개념 및 군사력 건설방향이 제시된 문서로서 합동군사전략목표기획서, 합동군사전략능력기획서, 국방과학기술진흥정책서, 국방중기계획서 작성에 기초 자료를 제공한다. 이 문서도 5년을 주기로 만들어지며, 해당 연도 11월에 작성된다.

④ 국방개혁기본계획은 국방개혁을 효율적으로 추진하기 위하여 대통령의 승인을 얻어 수립한 문서로서 국방운영체제의 혁신, 병영문화의 개선 및 군구조 개편 등에 관한 사항을 정하고, 국방개혁의 목표, 국방개혁의 분야별 · 과제별 추진계획, 국방개혁의 추진과 관련된 국방운영체제 및 재원에 관한 사항을 제시하며, 국방 정보화 기본계획, 5년 단위 국방개혁추진계획 수립을 위한 기초자료를 제공한다.

⑤ 국방과학기술진흥정책서는 자주적 선진국방을 구현하기 위하여 국가과학기술정책과 연계된 국방과학기술진흥의 중 · 장기 발전목표 및 기본방향을 정하고, 군사혁신을 위한 분야별 국방과학기술발전 추진전략 및 중 · 장기 재원투자방향 등을 제시하여 국방중기계획서 작성에 필요한 근거 및 기초자료를 제공한다. 이 문서는 5년 주기로 만들어지며 해당년도 12월에 작성된다.

⑥ 합동군사전략목표기획서는 국방목표 달성과 수행을 위한 중기 군사력 건설방향, 중기 전력소요 및 전력화 우선순위를 제시한 군사력 건설소요에 관한 기획문서로서, 국방과학기술진흥정책서 및 국방중기

계획서 작성에 필요한 근거 및 자료를 제공한다. 이 문서는 매년 12월에 작성된다.

⑦ 합동군사전략능력기획서는 목표 연도의 초기에 구비된 군사능력에 기초하여 부여된 전략적 과업을 완수하기 위하여 관련 전시문서 작성에 필요한 군사력 운용지침과 자료를 제공한다. 이 문서는 매년 10월에 작성된다.

⑧ 국방개혁추진계획은 국방개혁기본계획을 기초로 해당 연도부터 5년간 추진해야 할 국방개혁 과제를 세부적으로 과업화하며, 전년도 국방개혁 추진결과를 분석하고 국방중기계획에 따라 대상기간 국방개혁 추진을 위한 연도별 재원을 판단한다. 이 문서는 매년 2월에 작성된다.

⑨ 국방중기계획서는 국방정책과 군사전략 구현을 위하여 제기된 5개년간의 군사력 건설 및 유지 소요를 가용 국방재원 범위 내에서 구체적으로 재원을 배분함으로써 연도 예산편성의 근거를 제공하며, 제기된 군 지휘구조, 부대의 창설 · 해체, 개편소요를 검토 · 조정하여 중기 대상기간의 부대계획을 수립함으로써 연도 부대계획, 정원계획 및 인력계획, 복지계획 수립에 기초 자료를 제공한다. 이 문서는 매년 12월에 작성된다.

⑩ 국방예산요구서는 기준 연도 사업에 대한 합동참모본부와 각 군 및 기관의 예산요구를 종합한 국방 예산안으로, 소정의 심의과정을 거쳐 기획재정부에 국방예산을 요구하고 국회의 심의를 받는다. 이 문서는 매년 6월에 작성된다.

⑪ 국방예산서는 예산편성 연도 12월까지 국회 예산 심의를 거쳐 확정된 국방부 예산서이다. 이 문서는 매년 12월에 작성된다.

1.4. 전투발전체계[16]란 무엇인가요?

전투발전이란 미래전에서 승리를 보장하기 위해 미래작전의 수행개념을 발전시키고, 요구되는 미래작전능력을 식별하여 제시하며, 이를 구비하는 데 필요한 핵심적인 소요를 창출하여 국방기획관리체계에 반영하고, 상호 협조 및 구현해 나가는 과정이다. 또한 전투발전은 국방기획관리체계와 연계하여 현존전력의 극대화와 미래전력 창출을 위한 다양한 소요를 종합적으로 도출하고, 이중에서 미래전 대비와 관련해서는 '개념에 의한 소요창출체계'를 적용하여 미래전에서 '어떻게 싸워야 할 것인가'에 근거하여 논리적인 소요를 창출한다.

개념에 의한 소요창출체계는 1970년대에 미 육군에서 발전시킨 개념으로, 미래 전장에서 '어떻게 싸울 것인가'를 먼저 정립한 후 이를 구현하기 위한 세부적인 방법과 소요를 도출하여 미래전에 대비하는 접근방식을 말한다. 이로써 미래전 수행의 방향과 대비의 방향을 일치시키고 효율성을 향상시킨다는 것이다. 그러나 현실적으로 불확실한 미래전에 관한 개념을 명확하게 개발하는 것이 어렵다. 때문에 이러한 접근방식을 기본으로 하되, 그 외에도 현실적인 과학기술의 발전성과 보유 가능한 무기 · 장비 · 물자의 수준, 기타 요소 등을 복합적으로 고려하여 미래전 대비를 추진하게 된다.

16 _ 육군규정 050(전투발전업무규정)을 참고하였다.

〈그림 6〉 전투발전체계 개념도

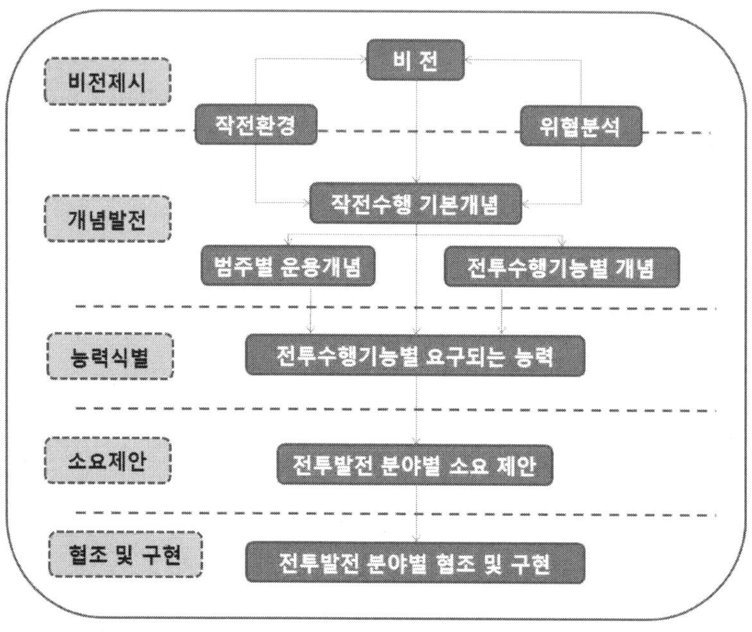

전투발전체계는 〈그림 6〉에서처럼 비전제시, 개념발전, 미래 작전능력 식별, 소요제안, 협조 및 구현 등 5단계로 구분하여 단계적으로 이루어진다. 비전제시 단계는 군이 지향해야 할 목표와 나아갈 방향을 정립하여 제시하는 단계이며, 개념발전 단계는 비전에 기초를 두고 작전환경과 위협분석을 고려하여 미래전에서 '어떻게 싸울 것인가'에 대한 기본개념과 작전범주별운용개념과 6대 전투수행기능별(전투력의 역할을 개념적으로 분류한 것으로서, 정보, 화력, 기동, 지휘통제, 작전지속지원, 방호 등으로 구분) 작전수행개념을 세부적으로 발전시키는 단계이다. 능력식별 단계는 발전시킨 세부개념을 기초로 요구되는 작전능력을 전투수행기능별로 도출하는 단계이다. 소요제안 단계는 전투발전분야별 소요 중 작전능력 구현에 필수적인 사항들을 소요로 제안하여 국방기획관리체계에 반영하는 단계이다. 협조 및 구현 단계는 전투발전 과정을 통하여 창출된 소요가 국방기획관리체계 내에서 구현되어가는 과정을 지속적으로 추적 및 확인하는 단계이다.

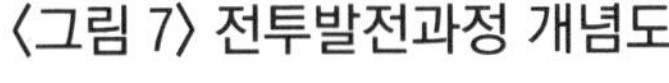
〈그림 7〉 전투발전과정 개념도

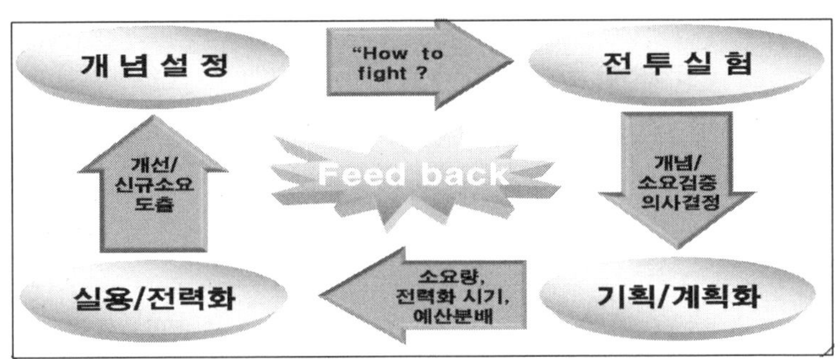

또한 전투발전의 과정을 〈그림 7〉에서처럼 개념설정, 전투실험, 기획 및 계획화, 실용 및 전력화 단계 등 4단계로 설명할 수 있다. 각각의 단계를 비교해서 보면, 비전과 작전수행개념을 발전시키는 과정이 개념설정 단계이고, 비전과 개념에 기초한 능력을 식별하고 소요를 도출하여 이를 검증하는 과정이 전투실험[17] 단계이다. 또한 검증된 소요를 국방기획관리체계에 반영하고 사업화하여 추진하는 과정이 기획/계획화 단계이며, 이를 집행하고 전력화하는 협조 및 구현과정이 실용/전력화 단계이다. 이렇게 실용 및 전력화된 무기, 장비, 물자는 사용 간 개선소요가 발생하고, 이에 따라 새로운 개념의 소요가 도출되면 다시 개념설정 단계로 환류하는 순환적 과

17 _ 과학적인 방법을 적용하여 미래의 운용개념과 요구능력을 충족하는 신기술, 신체계, 신교리, 신조직 등의 대안들을 반복적으로 실험함으로써 전투발전 분야별 소요와 전투수행방법을 검증하는 과정을 말한다.

정을 가지게 된다.

예를 들면, 육군은 미래의 비전으로 '작고 강한 군대'를 제시할 수 있고, 이러한 미래의 육군이 미래의 전쟁을 주도할 수 있는 작전수행 기본개념으로 '전 영역 동시통합작전'을 설정할 수 있다. 이러한 기본개념에 기초하여 평시, 국지전시, 전면전시, 평화작전시로 구분하여 작전수행개념을 구체화하여 설정하고, 기본개념을 구현하기 위한 전투수행기능별 운용개념을 세부적으로 발전시켜야 한다. 이렇게 해서 '어떻게 싸울 것인가'(How to fight)에 대한 구체적인 개념설정이 종료되면, 이제는 '어떻게 준비해야 할 것인가'(How to prepare)로 단계가 전환된다.

작전수행개념을 구현하기 위해서는 어떤 능력이 필요한지를 먼저 정의해야 한다. 즉, '전 영역에 대한 동시통합작전'을 수행하기 위해서 우리가 갖추어야 하는 능력을 전투수행기능별로 정리해보는 것이다. 여기서 제시된 요구되는 능력은 미래의 능력으로서 현재 우리가 갖고 있는 능력과 비교하여 앞으로 준비해야 할 소요가 도출된다. 이러한 예로는 살상력과 정밀도가 대폭 향상된 포병화기(K-000)를 예로 생각할 수 있다. 이러한 소요는 개념적 구분인 전투수행기능별[18]로 도출하는 것이 아니라, 실용적인 분류 기준인 전투발전 분야별로 도출한다. 도출된 소요 중 하나인 K-000은 전투실험을 통해 소요로서의 타당성을 검증받게 되면, 국방기획관리체계로 소요를 제기하게 된다(이는 전력화 요구임과 동시에 국방비의 투자를 요청한 것이다). 국방기획관리체계에서는 비용과 우선순위 등을 고려하여 제기된 소요를 검토하여 합동군사전력목표기획서 또는 국방중기계획서에 반영하여 전력화를 추진하게 되고, 목표연도에는 K-000이 야전에 초도배치되어 운용할 수 있

18 _ 『군사용어사전』 정의 : 지상군의 작전수행개념인 '전 전장 공세적 통합작전'을 구현하기 위해 수행해야 할 대표적인 군사적 역할과 활동들을 말하며, 지휘통제, 정보, 기동, 화력, 방호, 작전지속지원의 6대 기능으로 구성됨.

게 된다.

이러한 전투발전체계는 앞서 언급하였듯이 국방기획관리체계를 통해야만 완성된 절차를 갖는다. 국방기획관리체계는 국방비라는 국가의 재원을 가장 효율적으로 사용하고 낭비적 요소를 막기 위해 만들어진, 합리적 절차를 규정한 제도이다. 따라서 전투발전체계를 통해 미래전쟁을 위해 필요한 소요를 식별하고 이를 실용 및 전력화하기 위해서는 반드시 국방비를 다루는 국방기획관리체계로 연결되는 과정이 필요하다. 비전과 개념설정으로부터 실용 및 전력화까지의 전투발전체계는 각 군과 합참에서 이루어진다. 각 군의 경우 이를 위한 핵심조직이 교육사령부라고 할 수 있다. 각 군과 합참에서는 전투발전체계를 통해 전투발전소요를 도출하고, 이에 대한 전투실험을 통해 검증한 후 국방부 및 합동참모본부에 소요를 제안하게 된다. 제안된 소요는 국방기획관리체계의 소요제기 및 결정 과정을 거쳐 중 · 장기 소요는 합동군사전력목표기획서에 반영하여 이루어진다. 단기 소요는 국방중기계획서 또는 국방예산서에 반영되고, 집행과정을 거쳐 추진된다. 따라서 전투발전체계는 〈그림 8〉에서처럼 소요제안 단계에서 국방기획관리체계의 기획 또는 계획, 예산단계로 합류된 후 집행단계까지는 같은 흐름으로 진행되다가 실용 및 전력화단계에서부터는 다시 전투발전체계 자체의 논리에 따라 업무가 진행된다. 즉, 전투발전의 단계들은 일순환으로 종료되는 것이 아니라 연속적으로 순환되는 발전과정이고, 논리적으로 단계별 구분되지만 실제적으로는 모든 단계가 상호 영향을 주면서 순차적 또는 병행적으로 발전된다.

〈그림 8〉 전투발전체계 흐름도

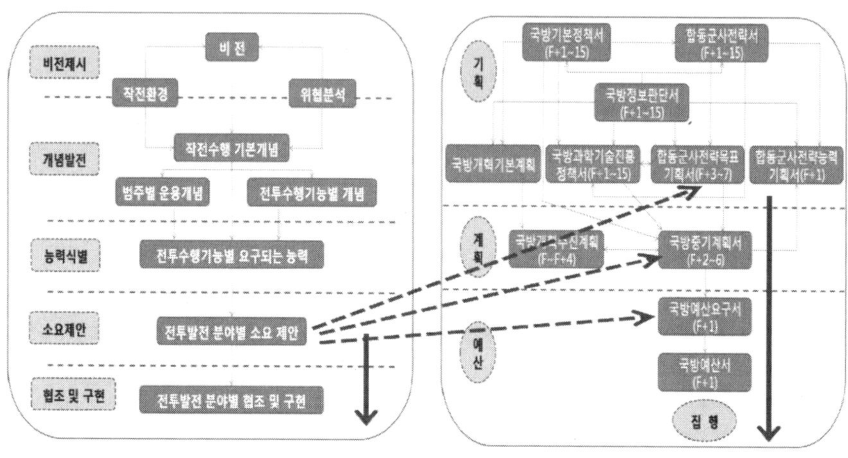

〈그림 9〉 전투발전 핵심 7대 분야

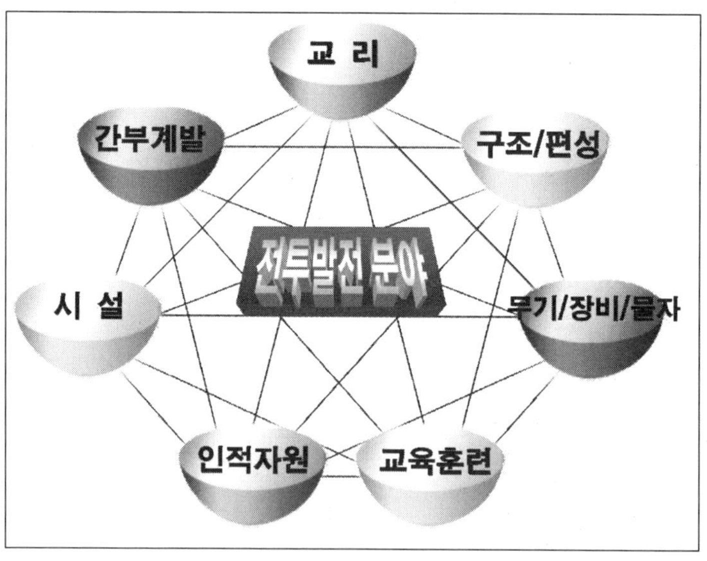

전투발전분야는 미래전 대비차원에서 작전개념을 구현하는데 필요한 능력을 구비할 수 있도록 발전시켜야 할 핵심 분야로서 〈그림 9〉에서처럼 교리, 구조 및 편성, 무기 · 장비 · 물자, 교육훈련, 인적자원, 시설, 간부계발 등 7개 분야이다. 이런 분야들은 상호 긴밀한 연관관계를 가지기 때문에 균형적으로 발전되어야 한다.

전투발전분야의 상호 연관관계를 보병대대로 예로 들면, 보병대대는 보병연대의 일부로 적을 격멸하거나 적의 공격을 격퇴하는 과업을 기본적으로 수행한다. 이런 과업을 완수하기 위해서 보병대대가 어떻게 공격전투 또는 방어전투를 할 것인가를 먼저 설정할 필요가 있다. 이에 대한 기준과 지침이 교리이다. 두 번째로 보병대대의 임무를 완수하고 교리적 지침을 수행하기에 적합한 형태(구조와 편성)가 결정되어야 한다. 즉, 보병대대를 어떻게 구성할 것인가, 어떤 능력을 부여할 것인가를 결정하는 것이다. 예를 들어, 3개 보병중대와 박격포 및 대전차화기를 가진 화기중대로 구성하는 것이다. 이것이 구조와 편성이다. 세 번째는 보병대대의 형태에 따라 필요한 무기와 장비, 물자를 구비하는 것이다. 네 번째는 보병대대가 그 형태에 적합하고 교리에서 제시한 행동을 숙달하여 임무수행능력을 향상시키기 위해서 실시하는 교육훈련이 되겠다. 다섯 번째는 임무수행에 핵심적인 역할을 하는 인적자원에 대한 관리이다. 보병대대의 대대장으로부터 말단 이등병까지 보충하는 것과 능력과 소질을 고려하여 적재적소에 배치하는 것을 의미한다. 여섯 번째는 시설이다. 보병대대가 임무수행을 위해서는 각종 시설, 즉, 병영시설, 복지시설, 훈련장, 전투시설 등을 필요로 한다. 마지막으로 간부계발이다. 보병대대의 임무완수에 있어 간부들의 역할은 상대적으로 말단 이등병의 역할에 비해 절대적으로 중요한 역할을 한다. 특히 리더십의 발휘는 대대 전 병력이 일심단결로 과업을 완수하고자하는 힘을 만들어내는 무형전투력의 중요한 분야이다. 따라서 보병대대에서 중추적인 역할을 하는 간부들의 능력을 최대로 끌어올리는 것은 중요한 일이다.

이와 같이 보병대대가 부여된 임무를 효과적으로 완수하기 위해서는 교리, 구조 및 편성, 무기 · 장비 · 물자, 교육훈련, 인적자원, 시설, 간부계발 등 전투발전분야가 균형적으로 발전되어야만 보장될 수 있음을 잘 알 수 있다. 각 분야별 구체적인 내용은 다음절에서 상세히 살펴보도록 하겠다.

군사력 건설

2. 전투발전 7대 분야

2.1. 교리

교리는 국가목표를 달성하기 위한 군사에 관한 일치된 견해로서 권위 있는 기관에 의해 공식적으로 승인된 군사력 운용에 관한 기본원리이다. 또한 교리는 현존전투력을 운용하여 현재에서 가까운 미래까지의 싸우는 방법을 체계화한 것으로 기본적인 원칙과 준칙을 제시한다. 교리는 군대의 구성원들에게 행동의 기준과 노력의 방향, 군사력 운용의 원리 · 원칙을 제시함으로써 개념 통일의 역할을 한다. 그러나 교리는 일반적인 지침이므로 특정한 상황 및 시간과 장소에 따라 신중한 판단과 해석, 그리고 융통성 있는 적용이 필요하다.

〈그림 10〉 군사 교리 · 사상 · 이론 상관 관계

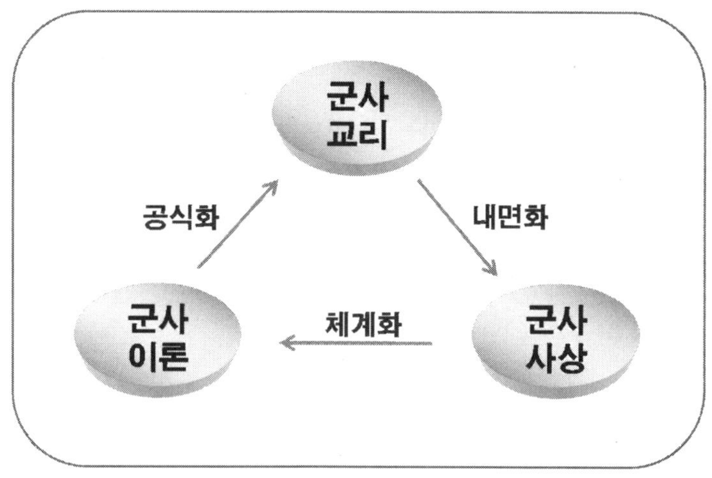

한 국가의 군사교리는 해당 국가의 군사사상을 배경으로 한다. 군사사상은 해당 국가가 처한 안보환경, 국민과 군의 정서, 역사적 전통과 역사에 대한 인식 등의 총화로서 내재적인 성숙성을 지니게 된다. 〈그림 10〉에서처럼 군사사상은 군사이론의 발전에 지대한 영향을 미치며, 다양한 군사이론 중 특정 이론이 공식적으로 채택되면 그것이 해당 국가의 군사교리가 된다.

1차 세계대전 후 프랑스는 강력하게 구축한 참호에서 장애물과 연계한 화력전투의 중요성을 높게 인식하였고, 이로 인해 방어 위주의 군사이론을 발전시켜 군사교리로 채택하였다. 반면에 독일은 1차 세계대전 시 적용하였던 침투식 공격전술을 기초로 전차의 활용, 침투 및 돌파 개념 등 공격 사상을 바탕으로 한 이론을 발전시켰다. 독일군은 이것을 군사교리로 정립하여 2차 세계대전시 전격전을 수행하였다. 이처럼 군사교리는 특정 국가의 군사력 운용, 즉 전쟁수행방법을 결정하는 중요한 역할을 한다. 한국의 군사교리도 화랑도 정신, 상무정신 등의 역사적 전통과 6 · 25전쟁의 경험, 그리고 선진 군사교리의 도입과 적용을 통해 발전되었다.

〈그림 11〉 교리문헌 체계도

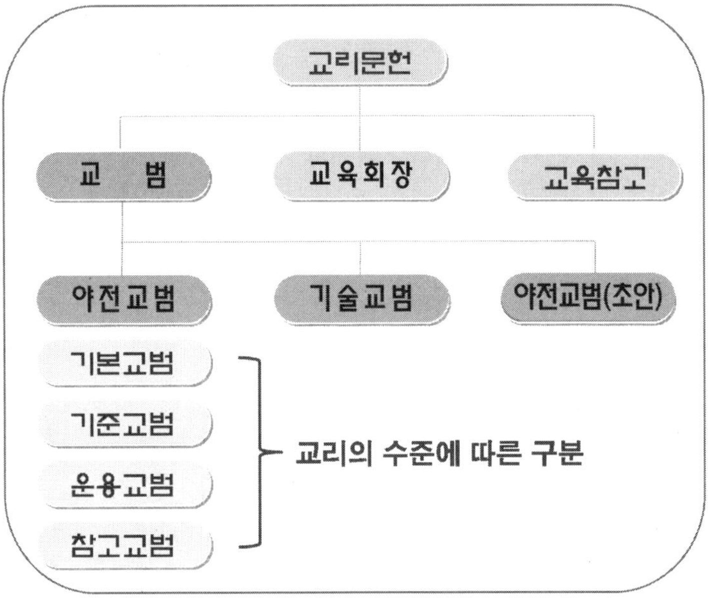

군사교리는 한 국가의 권위 있는 기관의 검증과 승인절차를 통해 교리문헌으로 발간되어 분배되는 과정을 거친다. 〈그림 11〉에서처럼 육군의 교리문헌은 교범, 교육회장, 교육참고로 구분된다. 교범은 교과서와 같은 성격의 문헌으로서, 군사방침, 전술, 전기, 원칙, 준칙, 절차 등에 관한 지시와 정비, 검사 등 참고사항을 기술한 간행물을 말한다. 교육회장은 잠정적인 성격의 교육지시, 방침, 첩보, 신교리 및 개선교리, 전술, 전기, 절차/기술내용 등을 공포하는 회람형식으로 신속한 전파가 요구될 경우 발간하는 교리문헌을 말한다. 교육참고는 참고서와 같은 성격의 문헌으로서, 학교교육 및 부대훈련을 위한 참고교재로 활용할 목적으로 교범이나 교육회장에 수록되어있는 교리, 전술, 전기 등의 내용을 알기 쉽게 편집한 것이다. 여기에는 측정 및 평가지침서, 도식교재, 특수교재, 학생군사훈련교재 등 특수성격의 문헌도 포함된다.

교범은 기술되는 내용에 따라 야전교범과 기술교범, 야전교범(초안)으로 분류한다. 야전교범은 군사교육 및 작전에 관한 지시, 첩보 및 원칙사항과 참고자료가 포함된 교리문헌을 말한다. 기술교범은 군에서 운용하는 장비 및 물자의 설치, 운용, 정비를 위한 제반사항을 포함한 원리와 사용, 정비, 점검 등에 관한내용과 이에 필요한 수리부속품, 특수공구목록과 전문적이고 기술적인 업무수행을 위한 지식 및 지시가 수록된 교리문헌을 말한다. 야전교범(초안)은 군사교육 및 작전에 관한 지시, 첩보 및 원칙사항 등 참고자료가 포함된 교리문헌으로 시험적용 후 보완하여 발간하기 위해 야전교범의 초안형태로 발간하는 교범이다. 기존교범과 관계를 구분하기 위하여 교범표지와 표지이면의 공지사항에 명시하여 혼란을 방지하고 있다.

또한 야전교범은 원칙, 전술, 전기, 절차 등의 교리수준을 고려하여 기본교범, 기준교범, 운용교범, 참고교범 등으로 구분된다. 육군의 경우, 기본교범이란 합동기본교리를 토대로 지상전장운영개념을 구현하기 위해 지상작전의 기본이 되는 육군의 최상위 교범으로서 지상작전에 대한 원칙과 기준을 수록한 교범이다. 기준교범이란 기본교범에서 분류한 작전 유형별로 원칙과 기준을 제시한 교범과 참모 분야별 업무를 수행하는데 필요한 원칙과 기준을 수록한 교범이다. 운용교범이란 기준교범을 근거로 참모업무분야 및 병과별로 분류한 교범으로 참모업무 및 병과운용, 부대운용, 장비운용 등에 대한 구체적인 전술, 전기, 절차를 수록한 교범이다. 참고교범이란 기본교범, 기준교범, 운용교범을 적용 및 이해하는데 필요한 세부수행절차,

방법, 제원, 기술적 사용요령 등에 관한 내용을 수록한 교범을 말한다.

일반적으로 교리의 발전방향은 첫째, 장차전 양상에 부합해야 하며, 해당 국가의 전쟁 및 작전수행개념을 구현할 수 있도록 해야 하고, 해당 국가의 지리적, 환경적 여건에 부합되어야 한다. 전투발전체계의 첫 단계인 비전과 작전수행개념을 구현하는 핵심수단이 교리이기 때문에 이는 당연한 논리이다. 둘째, 가용전투력의 운용효과를 극대화할 수 있도록 부대구조 및 무기 · 장비체계의 발전과 연계되도록 발전시켜야 한다. 셋째, 현존전투력의 운용효과를 극대화하고 미래전력을 창출을 위해 각국의 신 교리와 전사를 연구 분석하여 상대적 우위의 교리를 발전시켜야 한다. 넷째, 상 · 하위관련 교리 및 기타 관계교리와 연계성을 유지해야 한다. 다섯째, 야전 및 학교에서 즉시 적용해야하는 교리를 우선적으로 발전시켜야 한다.

교리는 시기적인 측면을 고려 시 〈그림 12〉에서처럼 현재 적용하고 있는 현용교리와 미래전에 대비하여 발전시켜야 하는 미래전 대비교리로 나누어 볼 수 있다. 지금 적용하고 있는 현용교리의 발전은 전쟁수행개념의 변화, 전투수행기능별 운용개념 발전, 작전수행에 영향을 미치는 위협요소의 변화와 무기체계발전 등 작전환경 변화를 고려하여 교리의 보완 및 개선 소요를 도출하고, 이를 연구 및 발전시켜 적용 및 활용하는 과정을 통해서 이루어진다. 반면 미래전 대비 교리의 발전은 비전과 미래작전수행개념을 설정하고, 이를 구현할 수 있도록 교리 선행연구를 실시한 후, 검증과정을 통하여 발전시킨다. 하지만 우리가 통상 교리라고 하는 것은 현행 교리를 말하며 이는 현재부터 가까운 미래인 5년 이내에 적용할 내용을 수록한다.

〈그림 12〉 현용 · 미래전 교리 발전 체계

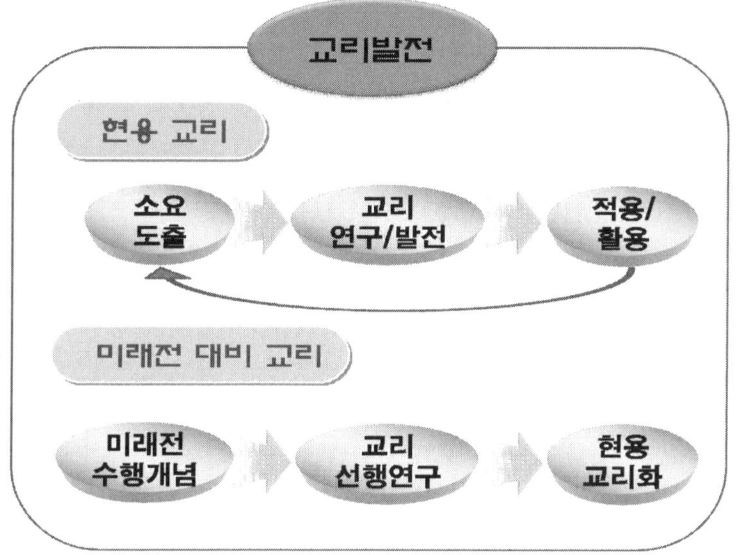

2.2. 구조 및 편성

구조 및 편성은 조직이 수행해야 할 임무 및 기능을 분석하여, 조직체를 분류하고, 각 조직체의 수직적 · 수평적 관계를 설정한 다음, 요구되는 인원과 무기, 장비를 편성하여 유기적인 조직체를 결성하는 과정이다.

예를 들어 보병대대의 경우, 적을 격멸하거나 적의 공격을 격퇴하기 위해서 적에게 접근하여 근접전투를 할 수 있는 기동부대와 적 전차를 파괴할 수 있는 대전차부대, 원거리에서 적을 타격할 수 있는 박격포부대, 대대의 전투지휘와 통신지원을 위해 참모조직과 정보통신부대 등이 필요할 것이다. 이러한 소요를 기초로 기동부대인 3개의 보병중대, 대전차소대와 박격포소대를 묶어서 화기중대, 참모조직과 통신소대를 합해서 본부중대로 하는 5개 중대형으로 형태를 정할 수 있다. 이렇게 구조가 결정되면 세부적인 편성을 한다. 이를테면 보병중대는 중대장과 소대장 등 100명의 인원과 K-3기관총 10정, K-2소총 90정, 60밀리 박격포 9문, 완전군장 100개 등의 장비 · 물자를 구체적으로 정하게 된다. 예를 들자면 32평의 아파트의 내부를 방 3개, 화장실 2개, 거실 1개 등으로 정하는 것을 구조라 하고, 안방에 기거하는 사람과 배치되는 가구와 물품을 세부적으로 정하는 것을 편성이라고 하면 쉽게 이해되겠다.

〈그림 13〉 군구조 구분

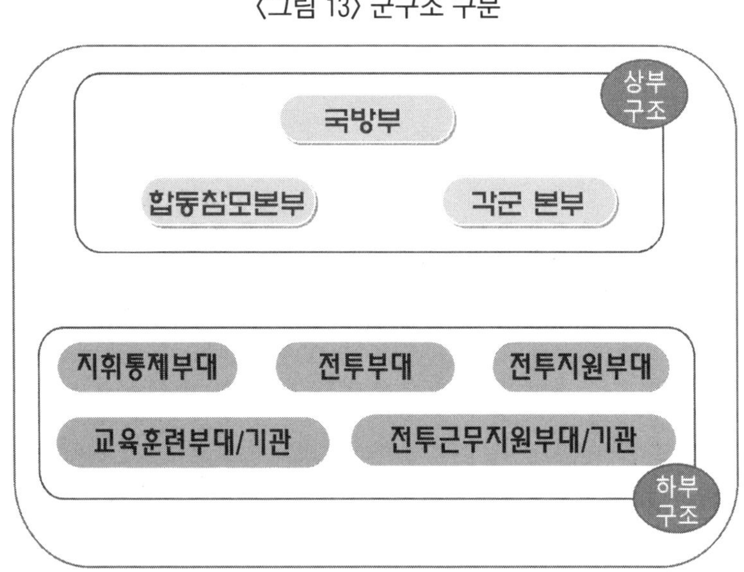

군의 구조는 국방 및 군사 임무수행에 관련되는 전반적인 군사력의 조직과 구성 관계로서 〈그림 13〉에서처럼 상부구조와 하부구조 또는 지휘구조, 부대구조, 전력구조로 구분할 수 있다. 상부구조는 군사정책과 전략을 결

정하고 집행하는 군의 최상위 조직을 말한다. 한국의 경우에는 국방부, 합동참모본부, 각 군 본부를 말한다. 상부구조의 조직들은 한 국가의 군사지휘구조에 따라 군사력 건설 및 운용에 대한 인사 · 예산 · 기획 · 작전권을 적절히 배분받아 그 임무를 수행한다. 반면에 하부구조는 상부구조 이하의 군 조직으로서 임무 및 기능에 따라 지휘 · 통제부대(예: 야전군사령부, 특전사령부 등), 전투부대(예: 보병연대, 기보대대 등), 전투지원부대(예: 포병대대, 공병대대 등), 전투근무지원부대 및 기관(예: 수송대대, 대전병원 등), 교육훈련부대 및 기관(예: 육군훈련소, 보병학교 등)으로 분류할 수 있다.

지휘구조는 상부조직으로부터 말단부대에 이르기까지 『지휘관계』측면에서의 구조를 의미한다. 한국군의 상부구조는 〈그림 14〉에서처럼 합동군제를 적용하고 있는데, 이는 합참이 전투력 운용에 해당하는 군령(용병) 측면에서의 지휘권을 갖고, 각 군 본부는 전투력 건설 및 유지에 해당하는 군정(양병) 측면에서 지휘권을 갖는 것을 말한다. 상부지휘구조는 합동군제 외에도, 통합군제(군 최고 직위자가 육 · 해 · 공군을 통합 지휘, 군정 및 군령권 행사), 삼군 병립제(군 최고 직위자는 자문 역할만 하고, 각 군의 총장이 군정 및 군령권을 행사) 등이 있는데, 국가별 해당국의 안보상황과 여건을 고려하여 적용하고 있다. 반면 하부구조에 속한부대들은 상급부대가 예하부대에 대한 지휘권을 행사한다.

부대구조는 단위제대별 전투력을 발휘하는데 필요한 인원 및 장비를 배분하고, 지휘관계를 설정하는 것을 의미한다. 부대구조는 합동부대(육, 해, 공군 중 2개 군 이상으로 구성된 부대), 제병협동부대(보병, 포병, 기갑 등 다양한 병과의 부대가 통합된 부대), 전투부대, 전투지원부대, 전투근무지원부대로 구분할 수 있다.

〈그림 14〉 지휘구조

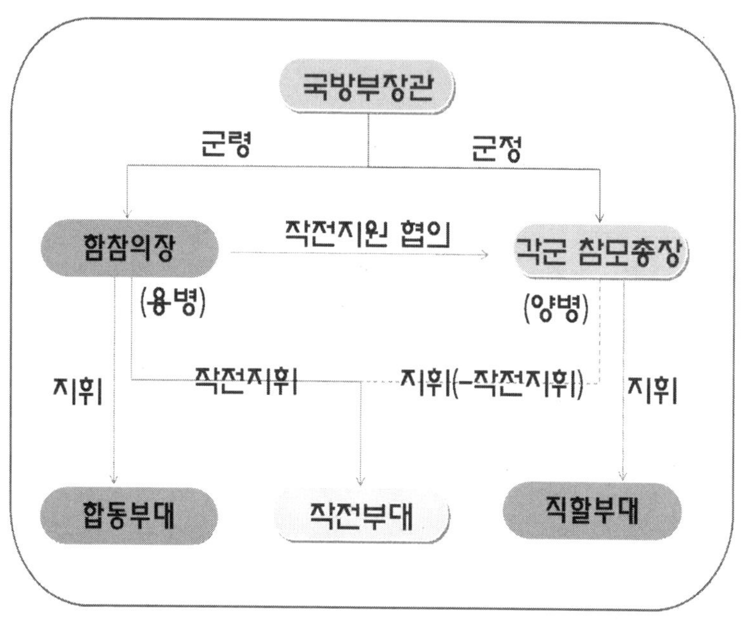

전력구조는 군사목표를 달성하고 군사전략 개념을 구현하기 위해, 가용한 인력과 예산 범위를 고려하여 전력배비개념, 인력규모, 유형별 부대 수 및 무기체계 등의 전력을 개략적으로 구상하는 것을 말한다. 예를 들어, 인력측면에서 민간인 · 군무원 · 현역의 비율, 육 · 해 · 공군별 병력 비율을 의미한다. 현역의 경우 장교 · 부사관 · 병의 비율 등을 정하는 것을 말한다. 무기체계면에서는 고정익항공기, 함정, 회전익항공기, 전차, 유도탄무기 등의 수량을 의미하며, 부대유형별로는 육군의 사단, 해군의 함대 또는 전대, 공군의 전투비행단의 수 등을 판단하는 것을 의미한다.

다음으로 군의 편성이란 공동 목표를 달성하기 위해 필요한 인적, 물적 자원을 유기적으로 결합하고 조화시켜 부대 또는 기관을 조직하는 것을 말한다. 또한 편성은 군 임무의 특수성을 고려할 때, 전시 임무를 기준으로 편성(전시편성)하되 평시 군의 인력 규모와 평시 부대와 기관의 수행업무를 고려하여 편성을 축소(평시편성)할 수 있다. 따라서 전시편성과 비교하여 평시에 동일한 수준의 편성을 유지할 경우에는 완전편성, 일부분을 축소한 경우를 감소편성, 대부분을 줄인 경우를 기간편성이라고 한다. 감소편성과 기간편성의 경우, 장비는 대부분 전시편성에 준하여 평시에도 보유하고 인원만 동원병력으로 유사시 완전편성으로 전환하게 된다. 육군의 경우, 평시에 완전편성을 적용하는 부대는 평시 경계작전을 수행하는 GOP부대가 대표적이며, 기간편성을 적용하는 부대는 동원사단이 된다. 그 외 대부분의 부대는 감소편성을 적용하고 있다.

군의 부대와 기관의 편성은 일반적으로 지휘 및 참모부서와 예하부대(기관)로 구성한다. 참모부서는 일반참모, 특별참모, 개인참모 등으로 구성하되, 부대의 임무 및 기능에 따라 일반형 참모, 부장형 참모 중 하나의 형태를 적용한다. 예하부대는 통제 범위를 고려하여 통상 1~2계급 낮은 인원이 지휘하는(예를 들어, 중령이 지휘하는 부대의 경우, 예하부대는 소령 또는 대위가 지휘함.) 2~4개 부대로 구성하고, 직할부대와 전투지원, 전투근무지원부대는 부대의 특성과 임무를 고려하여 구성한다. 보병대대의 경우, 참모부서는 일반형 참모의 형태를 적용하고, 4개의 예하중대(3개의 보병중대, 1개의 화기중대), 직할부대인 본부중대로 구성되게 된다.

미래전에 대비한 군 구조 및 편성의 발전방향은 다음과 같다. 첫째, 합동성에 기초하여 합동기본개념 구현이 가능하고, 미래 합동작전환경에 적합하도록 발전시켜야 한다. 미래의 다양한 위협에 대비하여 전력의 통합 발휘와 유연하고 신속한 대응능력, 확장된 전장영역에서 군사력 운용이 가능해야 한다. 각 군의 구조와 편성은 각 군의 고유한 문화와 독자성 및 전문성의 발휘가 보장된 가운데 합동성 및 상호운용성을 증대 시킬 수 있도록 기능적 모듈화를 확대하는데 중점을 두어야 한다. 둘째, 지휘구조는 통합전력 발휘를 극대화하고, 합동작전 수행을 보장하며, 의사결정의 신속성과 효율성이 보장되도록 합참주도 전구작전 수행체제를 구축하고, 합동성을 강화토록 해야 한다. 셋째, 부대구조는 병력위주의 양적 재래식 구조를 정보 · 기술 집약형구조로 보완해야 한다. 육군은 기동 · 정밀타격력, 생존성을 갖춘 다차원의 공세 기동전 수행이 가능한 구조로, 해군은 수상 · 수중 · 공중 입체전력 운용에 적합한 구조로, 공군은 공중우세 확보 및 전략적 · 작전적 정밀타격이 가능한 구조로, 해병대는 신속대응 및 공 · 지 기동이 가능한 구조로 발전해야 한다.

2.3. 무기 · 장비 · 물자

무기 · 장비 · 물자는 유형 군사력의 핵심적인 요소로, 어떻게 싸울 것인가의 구현수단으로서 군사 활동을 지원, 유지, 운용 및 장비시키기 위한 모든 요소를 말한다. 부대는 편성에 따라 무기와 장비 및 물자가 할당되고 운용된다.

무기란 적에게 피해를 주기 위해 전쟁에서 사용하는 전투 용구의 총칭이며, 〈그림 15〉의 분류 A처럼 재래식무기, 화생방무기, 특수무기 등 3가지로 분류하거나, 분류 B처럼 지휘통제통신, 감시정찰, 기동, 함정, 항공, 화력, 방호, 기타 등 8가지의 무기체계로 분류[19]하기도 한다.

19 _ 국방부 훈령 제1388호(국방전력발전업무훈령)을 참조하였다.

〈그림 15〉 무기체계 구분

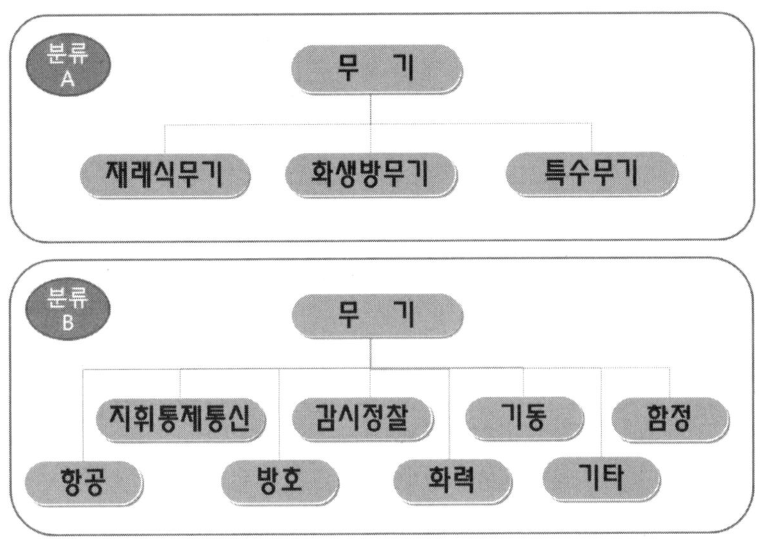

여기서의 무기체계란 무기의 확장된 개념으로서 하나의 무기가 부여된 임무를 달성하기 위하여 필요한 인원, 시설, 소프트웨어, 종합군수지원요소, 전략·전술 및 훈련 등으로 성립된 전체 체계를 의미한다. 따라서 여기에는 무기와 관련된 탄약과 장비, 시설 등이 모두 포함되어 무기, 장비, 물자, 시설에 대한 일반적인 분류기준과 중복될 수도 있다. 또한 무기체계 이외의 장비, 부품, 시설, 소프트웨어, 일반물자 등의 제반요소를 통합한 것을 전력지원체계로 분류하고 있다.

분류A의 3가지의 무기 분류기준에 따르면, 재래식무기는 대검 등과 같은 도검, 소총 또는 박격포 같은 화기, 수류탄 등과 같은 폭탄, 전투기, 공격헬기, 전함, 전차 등 대부분의 무기를 총칭한다. 화생방무기는 핵무기, 화학무기, 생물학무기를 총칭한다. 핵무기는 핵에너지폭풍, 열복사선, 방사선, 전자기파를 방출하는 무기로 원자폭탄, 수소폭탄, 중성자탄 등을 포함한다. 화학무기는 화학작용제를 운용하여 살상 또는 무능화, 지역 및 물자의 사용 거부 등을 위한 무기를 말한다. 생물학무기는 기능을 손상시키거나 살상을 목적으로 살포하는 병원성 미생물 또는 독소, 그리고 살포수단과 투발수단을 총칭한다. 마지막으로 특수무기는 전자유도무기, 레이더 전자사격통제장비를 수반하는 대공화기 등을 말한다.

〈그림 16〉
장비 6대분야

한편 분류B의 8가지의 무기체계 분류법에 따르면, 먼저 지휘통제통신무기체계는 지휘통제체계, 통신체계, 통신장비 등이다. 감시정찰무기체계는 전자전장비, 레이더장비, 전자광학장비, 수중감시장비, 기상감시장비를 의미한다. 기동무기체계는 전차, 장갑차, 전투차량, 기동 및 대기동지원장비, 지상무인전투체계, 개인전투체계를 말한다. 함정무기체계는 수상함, 잠수함(정), 전투근무지원정, 함정전투체계, 해상전투지원장비를 의미한다. 항공무기체계는 고정익 항공기, 회전익 항공기, 무인 항공기, 항공전투지원장비를 말한다. 화력무기체계는 소화기, 대전차화기, 화포, 화력지원장비, 탄약, 유도무기, 레이저무기 등의 특수무기를 의미한다. 방호무기체계는 방공과 화생방을 말한다. 기타무기체계는 전투필수시설, 국방 M&S[20](모델링 및 시뮬레이션), 중요시설 경계시스템을 의미한다.

---

20 _ 모델링은 전쟁(전투)에 영향을 미칠 수 있는 제반 전투요소들(무기 · 장비, 인력, 전장환경, 자연 · 인공 현상, 절차 · 과정 등)에 대한 모의방법을 개발하는 과정이며, 시뮬레이션은 모델링의 산출물인 모델들의 시간의 흐름상에 구현한 컴퓨터 소프트웨어의 운용으로 다양한 전투문제에 대한 조사수단을 제공한다.

장비는 개인 또는 부대를 장비하고, 운용하는데 필요한 완제품으로, 〈그림 16〉과 같이 통상 화력, 기동, 특수무기, 통신 · 전자, 항공 · 함정, 일반장비 등 6개 분야로 구분한다. 화력분야는 감시장비, 측량/측지기구, 사격기재 등이다. 기동분야는 기동 장비와 이를 유지 및 정비를 위한 수리부속, 차량 장비를 의미한다. 특수무기분야는 특수무기의 유지 및 정비를 위한 수리부속과 수리용 특수장비 등이다. 통신 · 전자분야는 무전기 및 전화기 등 유 · 무선 통신장비, 레이더를 포함한 탐지장비 및 기상관측 장비 등을 의미한다. 항공 · 함정분야는 항공기 기체 및 선박과 이를 유지 및 정비를 위한 수리부속과 장비류 등이다. 일반장비는 발전기와 같은 기계장비, 화생방장비, 측지장비, 폭파기구, 지뢰탐지장비 등을 의미한다. 이러한 장비들은 앞서 언급하였던 8가지의 무기체계와 중복될 수 있다.

물자는 군사활동에 필요한 제반 물품 중 무기와 장비를 제외한 것을 말하며, 통상 탄약, 식량, 피복, 유류, 건축 및 축성재료, 개인장구 및 직물류, 사무용 비품, 개인 일용품, 전산물품, 공구류, 포장재료 등을 의미한다.

무기 · 장비 · 물자의 획득은 소요를 먼저 결정한 후, 시간과 예산의 가용성을 고려하여 획득 방법과 시기를 결정한다. 획득은 연구개발 또는 구매의 방법으로 이루어진다. 소요의 제기는 미래전 수행을 위한 비전과 작전수행개념을 구현하기 위해 군이 구비해야 할 능력을 설정한 뒤, 이에 필요한 무기 · 장비 · 물자의 소요를 도출하는 하향식(TOP-DOWN)으로 이루어진다. 또는 야전의 요구에 의해 무기의 성능개선, 장비 및 물자의 개량 및 추가 보급 등의 상향식(BOTTOM-UP)으로 이루어진다. 소요는 검증과정과 예산의 가용성을 고려하여 결정하고, 중 · 장기계획서에 반영하여 획득한다.

획득 후에는 야전에 배치하여 적합성을 평가하고, 평가 결과 적합성이 인정되면 야전에서 운용하게 된다.

획득 방법 중 연구개발은 무기체계에 대한 과학적 지식이나 기술을 직접 개발하는 하는 방식이다. 국방 관련 기술력을 향상시키고 국가 경제에 긍정적으로 기여할 수 있는 이점이 있으나, 실전 배치까지 장기간의 시간이 소요되고, 개발에 실패할 가능성도 배제할 수 없다는 단점이 있다. 반면에 구매는 획득하고자 하는 무기 · 장비 · 물자를 완제품 형태로 구매하거나 또는 기술을 이전하여 구매하는 방법이다. 단시간에 전력 증강을 도모할 수 있고 시험평가를 통해 대상 물품의 신뢰성을 확인할 수 있다는 측면에서는 유리하나, 구매 대상 국가에게 기술적 의존성을 가질 수밖에 없고 유지보수에 많은 경비가 소요되며 국방 기술력과 경제발전 측면에서 부정적인 점도 있다.

2.4. 교육훈련

교육훈련은 전투력 구성요소들이 그 능력을 제대로 발휘될 수 있도록 보장해주고, 미래에 요구되는 전투력을 창출한다. 이를 통하여 전투력의 상승효과를 발휘하도록 하여, 궁극적으로 전쟁에서 승리하는 개인 및 부대를 육성하는데 그 목적이 있다. 따라서 실전적이고 강도 높은 교육훈련은 전쟁의 승리를 보장하는 가장 직접적이고 실질적인 노력이다.

교육훈련은 교육과 훈련, 연습을 포함하는 포괄적 개념이다. 교육은 지혜와 판단력을 함양하기 위해 개인의 지적 능력을 개발하는 학습활동이다. 훈련은 개인이나 부대가 전 • 평시 부여된 임무를 효과적으로 수행할 수 있도록 군사지식과 전투기술을 행동으로 숙달하는 것이다. 연습(Exercise)은 전시 작전수행절차를 숙달하기 위해 실시하는 활동을 말한다. 예를 들어 매년단위 실시하는 을지-프리덤가디언(UFG ; Ulch Freedom Guardian)연습[21], 키 리졸브(KR ; Key Resolve)연습[22], 태극연습[23] 등을 말한다. 훈련과 연습의 차이점은 훈련은 시행 간 훈련효과를 위해 반복이 가능하나 연습은 작전계획 그대로 시행하기 때문에 반복이 불가능하다는 점이다.

〈그림 17〉 부대훈련 구분

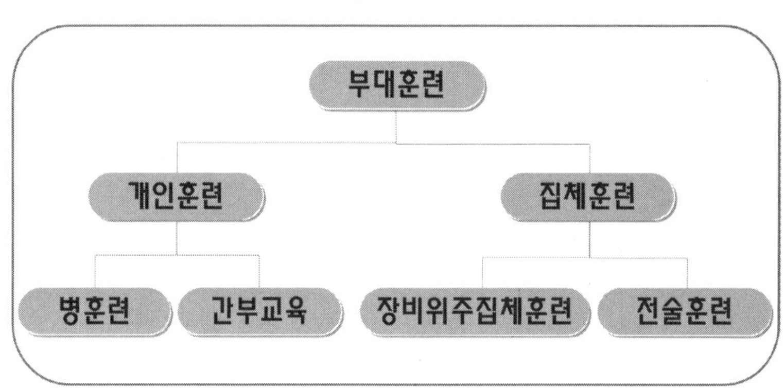

교육훈련은 크게 부대훈련과 학교교육으로 구분된다. 부대훈련은 〈그림 17〉과 같이 다시 개인훈련과 집체훈련으로 나뉜다. 개인훈련은 장교, 부사관, 병 및 군무원이 각자의 직책과 주특기에 관련된 특정임무 또는 과업을

21 _ 한반도 방어를 위한 작전계획의 수행과 관련된 연합/합동 계획 및 절차를 숙달하기 위하여 모의체계를 운용하여 실시하는 정부/군사 분야 종합 지휘소 연습이다.

22 _ 전시 작계 수행을 위해 전략적 전개부대의 수용, 대기, 전방이동 및 통합, 후방지휘 및 통제, 부대방호, 부대추적 및 유지와 연계, 연합/합동 계획 및 절차를 숙달하기 위하여 모의체계를 운용하여 실시하는 종합지휘소 연습이다.

23 _ 전시 합참의 전쟁수행 능력 및 작전지휘 능력 증진을 위해 워게임(태극 JOS모델) 기법을 적용하여 실시하는 지휘소 연습이다.

수행할 수 있는 능력을 구비하기 위해 실시하는 훈련으로 병훈련과 간부교육으로 구분된다. 한편 집체훈련은 부대가 부여된 임무를 효율적으로 수행할 수 있는 능력을 갖추기 위하여 실시하는 것을 말하며, 장비위주 집체훈련과 전투 및 작전의 각종 상황을 적용하여 실시하는 전술훈련으로 구분한다.

〈그림 18〉 학교교육 구분

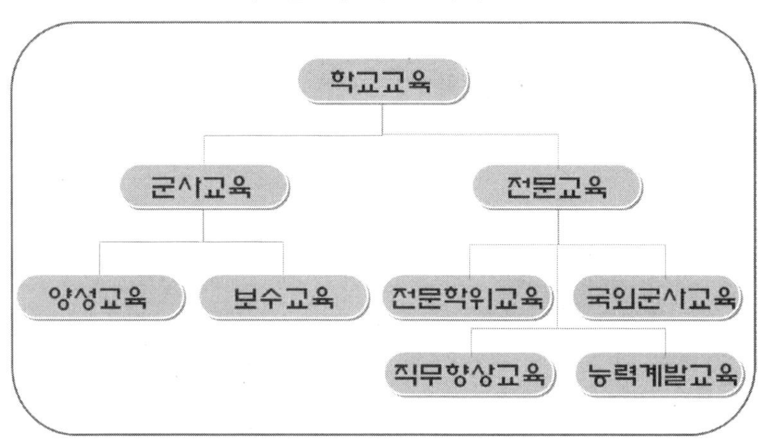

학교교육은 장병 각 개인에게 장차 부대구성원의 일원으로서 임무수행에 필요한 기본지식과 기술을 습득케 하고, 장차 군사전문가로서 잠재능력을 계발하며, 건전한 윤리의식과 민주시민의식을 함양하는데 그 목적이 있다. 학교교육은 〈그림 18〉과 같이 군사교육과 전문교육으로 구분하며, 군사교육은 양성교육과 보수교육으로 구분한다. 양성교육은 민간인을 군인화하는 교육이다. 이는 군에 입대하는 장병을 군대 규율에 익숙하게 하여 군인 기본자세를 확립하고, 투철한 군인정신을 함양하며, 강인한 체력 및 불굴의 투지력을 배양하고, 기초 전기와 전술을 숙지시켜 장차 임무수행에 필요한 지식을 부여하는데 중점을 둔다. 반면 보수교육은 임관(임용) 후 직책수행에 필요한 지식과 기술을 보충하고 차 상위 직무수행능력을 계발하기 위하여 인가된 학교 또는 교육기관에서 실시하는 교육이다. 이는 해당 병과 및 주특기에 대한 기초 및 전문지식을 습득시키고, 정신전력 지도, 지휘통솔 및 부대관리능력을 배양하며, 교육 후 수행직책을 고려한 참모업무와 통합전투력 발휘능력 계발에 중점을 둔다.

전문교육은 전문분야에 근무할 자의 일반 학문지식 또는 군사 · 직무지식을 향상시키거나 능력계발을 위하여 국내 · 외 대학(원), 국외군사교육기관 및 기타 교육 · 연수기관에서 실시하는 교육이다. 이는 전문학위교육, 국외군사교육, 직무향상교육, 능력계발교육으로 구분한다.

합참 및 연합사 수준의 다양한 훈련과 연습, 군단급 이하의 각종 훈련은 FTX, CPMX, CFX, CPX의 방법으로 이루어진다. FTX(Field Training Exercise, 야외기동훈련)는 부대 편제상 인원 및 장비의 전부를 참가시켜 실시하는 훈련이다. CFX(Command Field Exercise, 지휘조 야외기동훈련)는 감소된 병력 및 장비(통상 1/3규모)와 완편된 지휘통제요소, 전투근무지원부대가 건제를 유지하여 실시하는 축소형 야외기동훈련이다. CPMX(Command Post Movement Exercise, 지휘소 이동훈련)은 각급 제대의 지휘소 요원(지휘관 및 참모와 통신요원)이 참가하여 실제 이동하면서 실시하는 훈련이다. CPX(Command Post Exercise, 지휘소 연습)은 지휘소 요원이 참가하여 실제 이동 없이 도상을 이용하여 지휘통제능력을 배양하기 위해 실시하는 연습이다.

이러한 훈련과 연습을 효과적이면서 실전적으로 하기 위해, 훈련 상황을 실전장과 유사하게 조성하는 과학적인 기법이 발달함에 따라 과학화훈련의 중요성이 커지고 있다.

현재 우리 육군에서 과학화훈련은 크게 보아 두 가지로 운용하고 있다. 하나는 사단급 이상 부대의 지휘소 연습시 운용되는 전투지휘훈련체계이고, 또 하나는 대대급 이하 야외기동훈련에 적용하는 과학화훈련체계이다.

대부대 훈련인 UFG, KR/FE 등에 전군이 FTX로 훈련에 동참한다는 것은 불가능한 일이다. 따라서 사단급 이상 지휘관 및 참모만 연습에 참가하여 CPX 형태로 훈련을 실시하고, 이하 제대의 훈련상황은 전장모의체계(War Game 모델을 이용)를 활용하여 조성한다. 또한 육군의 경우, 컴퓨터 모의기법을 이용한 군단과 사단급 CPX인 전투지휘훈련(BCTP ; Battle Command Training Program)[24]을 체계적으로 수행하기 위하여 교육사령부 예하에 전담조직으로 전투지휘훈련단을 운용하고 있다.

대대급 이하 부대의 FTX에도 과학적 훈련기법이 적용되고 있다. FTX가 전시와 같은 훈련이 되기 위해서는 쌍방 간의 피해를 묘사해주어야 한다. 과학화전투훈련은 정보, 통신, 광학, 시뮬레이션 등 첨단기술을 이용하여 실전과 같은 전장상황과 훈련결과(피해 정도)를 실시간 훈련부대에 통보함으로써 실전과 같은 훈련을 유도한다. 실전장과 유사한 훈련환경 조성으로 실전투에 가장 가까운 훈련을 실시하고 있는 피를 흘리지 않고 전투를 체험할 수 있는 훈련이다. 이를 위해서 육군은 교육사령부 예하에 과학화전투훈련단(KCTC ; Korea Combat Training Center)을 편성하여 지원하고 있다. 과학화전투훈련단은 FTX를 위한 충분한 공간을 훈련장으로 보유하고 대대급 훈련을 지속적으로 시행하여 왔으며 연대급 훈련을 위해 체계 개량 사업을 진행 중에 있다. 과학화전투훈련의 핵심은 훈련환경을 실전장과 최대한 유

24 _ 군단 및 사단급 전투지휘훈련은 지휘관 재임기간 중 1회 실시하며, 이를 지원하기 위해 교육사 예하의 전투지휘훈련단이 편성되어 전담하여 지원하고 있다.

사하게 한다는 것이데, 이는 마일즈(MILES ; Multiple Integrated Laser Engagement System)에 의해 이루어진다. 마일즈란 광학 및 디지털 기술을 이용하여 화기의 사격 및 파괴 효과를 실제와 유사하게 묘사해주는 장비이다. 실제화기 사격 시와 똑같은 사격절차, 유효사거리, 소음, 연기 등을 구현한다. 사수가 피해 시에는 발사기가 자동으로 제어되고 피격정보가 자동으로 통제소로 전송되는 시스템으로 되어 있다. 또한 화학탄 및 지뢰지대의 실전적 훈련 묘사를 위해 화학탄 투발 제원과 지뢰지대 매설정보를 입력하면 가상으로 화학오염지대나 지뢰지대가 설치된다. 따라서 방독면을 쓰지 않고 오염지역에 들어가거나 통로를 개척하지 않고 지뢰지대에 진입 시에는 자동으로 피해가 부여된다.

2.5. 인적자원

최근 우리사회가 지식기반사회로 진입을 하면서, 고도화되어가는 사회에 적합한 인력을 충원하기 위해서 인적자원의 개발[25]이 매우 중요하게 대두되고 있다. 인적자원(HR ; Human Resources)의 사전적 의미는 사업을 수행하는데 있어서 중요한 자산으로서의 인간자원을 말한다. 국가 · 사회 발전과 국민 개개인의 삶의 질 향상을 위하여 인간이 갖추어야 할 기술력 · 정보력 또는 도덕성, 품성 등을 뜻하기도 한다.

군에서의 인적자원분야는 전쟁준비와 장차전 양상을 고려 시 기술집약형 군대의 운영과 관리를 위해, 미래 첨단 정보 · 과학군 운용에 적합한 인

25 _ 인적자원개발기본법 제2조 제2항에서 "인적자원개발이라 함은 국가 · 지방자치단체 · 교육기관 · 연구기관 · 기업 등이 인적자원을 양성 · 배분 · 활용하고, 이와 관련되는 사회적 규범과 네트워크를 형성하기 위하여 행하는 제반활동을 말한다."라고 명시하고 있다.

력 · 인사관리제도를 발전시키면서, 사기 및 복지를 증진하고, 예비전력분야도 인적자원을 정예화 할 수 있도록 해야 한다.

〈그림 19〉 국가인적자원의 군 활용 개념도

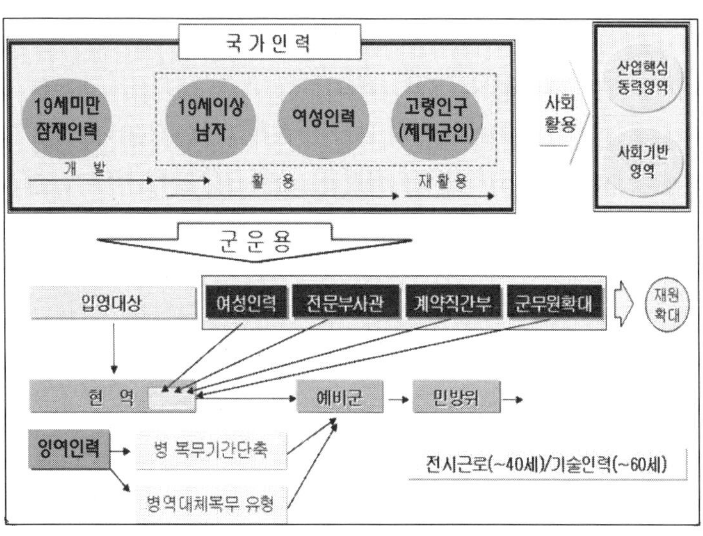

국가인적자원의 군 활용은 〈그림 19〉에서와 같이 가용한 국가인적자원 범위 내의 군 소요를 충원하는 방법으로 이루어진다. 국가사회가 고도화 되어가면서 이러한 국가인적자원의 개발, 배분, 활용의 다양한 요구 중의 하나가 국방인력의 확보 및 활용개념이다.

〈그림 20〉 입영인력 활용 개념도

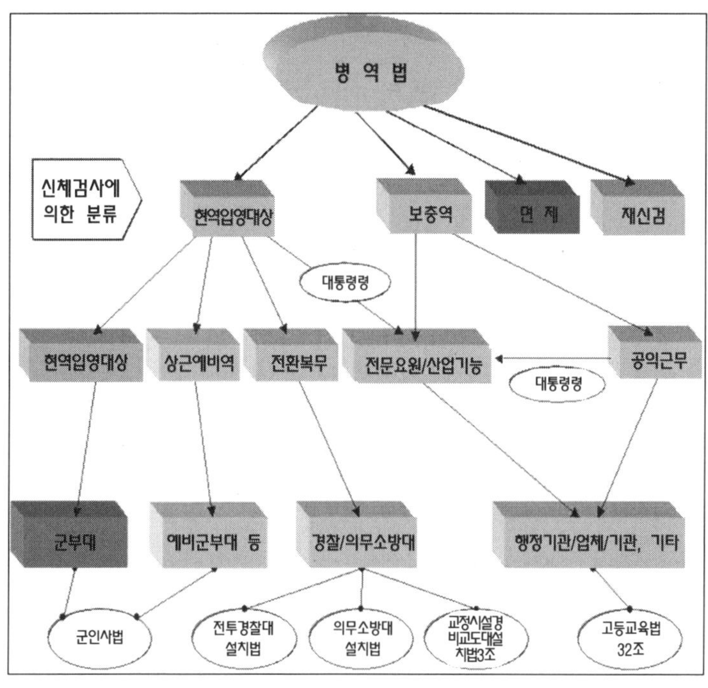

국가인적자원의 군 활용 중 대표적인 것이 병역의무를 위한 입영인력이다. 입영인력의 병역복무형태는 〈그림 20〉에서와 같이 신체검사를 통하여 판정된 신체등급을 기준으로 현역입영, 상근예비역, 전환복무, 전문요원, 산업기능요원, 공익근무 등으로 분류된다. 이들은 군부대, 예비군 부대, 경찰 및 소방대, 행정기관 또는 업체로 가게 되며 실질적으로 군에서 활용되는 인력은 현역입영대상과 상근예비역이 된다. 병역복무형태의 분류기준은 신체검사의 결과이며, 이는 개인의 신체적 능력을 말한다.

군사작전의 성공에 있어 가장 중요한 요소는 인력이다. 인력은 무기 및 장비의 효과를 발휘하게 하는 주체이자 전투력의 근본요소이다. 이러한 인력을 관리 · 운영하는 제반 인사지원 노력이 효율적으로 통합될 때 작전의 승수효과 달성이 가능해진다. 인력관리는 인력을 적시, 적재, 적소, 적량으로 유지하기 위한 최적통제 개념이다. 최소한의 인력으로 부여된 임무의 완수가 가능하도록 인력의 소요, 획득, 분배, 활용, 인력통제 등 제반 업무를 효율적으로 관리하는 일체의 활동을 말한다. 인사관리는 부대의 임무를 성공적으로 수행할 수 있도록 인원의 획득, 교육, 보직, 진급, 분리 등의 제반 활동을 계획, 편성, 지시, 협조, 감독하는 과정이다. 인사관리업무를 수행할 때에는 개인이 조직의 목표에 기여하는 측면과 개인의 욕구를 충족시키는 측면을 항상 조화롭게 관리해야 한다.

인력관리 업무수행 과정을 좀 더 살펴보면, 소요는 군에 부여된 임무를 수행하기 위하여 필요한 군인 및 민간인의 수를 결정하는 것으로 인력업무의 시작이 되는 중요한 기능이다. 획득은 군의 소요 인력을 충족시키기 위해 인력을 육성·공급하는 행위로서, 양적 · 질적 소요를 고려하여 인력운영계획에 명시된 숫자상의 인원을 신분별, 계급별, 병과별로 충원시키는 과정이다. 분배는 획득된 인력자원을 예하부대나 기관에 경제적이고, 균등하게 할당하는 과정이다. 활용은 부대별 분배된 자원을 적재적소에 보직하여 운용하는 것을 말한다. 인력통제는 인력운영의 전 과정이 경제적 · 효율적으로 수행되는지 평가하는 것으로서 평가결과는 차기 소요 및 분배과정 등에 반영한다.

인력운영의 환경은 지속적으로 변화하고 있다. 첫째, 정보우위 달성과 첨단 무기체계 개발 및 운용을 위한 고기능 · 고지식 인력의 확보 · 육성이 중요해지고 있다. 둘째, 한 · 미동맹의 변화, 특히 전시작전권의 전환은 신편 및 개편 조직에 대한 인력운영계획 발전, 영어 어학자원 확보 및 영어교육 강화, 전시인사지원 기획능력의 발전을 필요로 한다. 셋째, 최근 급속히 진행되고 있는 저출산과 고령화에 따른 병력 수급상황이 점점 어려워질 것이라는 점이다. 우리나라 인구는 2000년도에 이미 고령화사회(65세 이상 인구가 7% 이상)에 진입하였다. 특히 병력수급에 직접적 영향을 미치는 20세 남자 인구는 2020년 30.8만 명, 2025년 23.3만 명, 2030년 22.6만 명으로 급격한 감소세가 진행될 것으로 전망되고 있다. 따라서 청년인력의 감소에 따라 다양한 국가 인적자원, 즉 민간인력과 여성인력, 고령인력의 군내 활용 확대가 필연적으로 고려되어야 한다.

따라서 이러한 변화요인을 고려할 때, 우리 군의 인력계획 및 관리는 첨단 정보화 · 과학화 군을 운영할 정예 인적자원 확보를 지향해야 한다. 인력구조는 기술집약형 군 운용에 적합하도록 설계하여, 미래 첨단전력을 운용할 전문인력을 확대하고, 병위주의 병력비율에서 간부의 비율을 확대하는 '질적(質的) 위주의 선진형 구조'로 전환해야 할 것이다. 또한 인적자원 관리는 미래 전장환경에 부합되는 핵심역량 개발 및 활용을 지향해야 할 것이다. 능력개발은 현재의 조직역량 개발 중심에서 조직역량과 개인능력 개발이 균형을 이루도록 함으로써 궁극적으로 군 조직의 전문성과 전투수행능력을 향상시키고, 국가 · 사회의 지식기반 확충에 기여하도록 정책을 추진해야할 것이다. 이와 병행하여 인사관리는 '능력과 전문성 위주'의 인사관리제도로 전환해야 하고, 적재적소 배치 · 활용을 정착시키며, 개인 및 조직 경쟁력 강화를 위해 공개적이고 투명한 인사관리제도를 지속 발전시켜야 할 것이다. 또한 글로벌 국방 인적 네트워크 구축을 통해 군사외교력 강화와 방위산업 발전에 기여할 수 있는 해외 지역전문가를 육성해야 한다. 아울러 연합작전을 주도할 수 있는 인재양성을 위해 선진 군사제도, 교리, 첨단 군사과학 기술을 습득하도록 국외 군사교육 및 군사교류 국가를 지속적으로 확대해야 할 것이다.

2.6. 시 설

시설이란 사전적 의미로 도구, 기계, 장치 따위를 베풀어 설비함. 또는 그런 설비를 일컫는 말이다. 시설은 부대시설, 공공시설, 안전시설, 관광시설, 구호시설, 군사시설 등으로 구분해서 사용하기도 한다.

군사시설이란 진지, 장애물 등 군사목적에 직접 기여하는 시설이다. 이는 국방 · 군사시설의 약어로서 군사작전, 전투준비, 교육훈련, 병영생활시설 및 연구, 시험, 저장, 주거 · 복지, 체육시설 등을 말한다. 좁은 의미로는 진지, 장애물, 훈련장 및 병영시설 등을 말한다. 넓은 의미로는 협의의 의미에 추가하여 국방부 재산에 귀속되는 부동산 일체와 현재까지 군이 사용하고 있는 국 · 공유지 및 사유지와 SOFA[26] 규정에 의거 미군에게 공여된 부동산까지를 포함된다.

군사시설은 용도에 따라 다양하게 분류할 수 있으며, 편의상 사용 목적에 따라 분류하면 전투시설, 전투지원시설과 전투근무지원시설로 구분할 수 있다. 전투시설은 직접 전투에 사용되는 시설로서 지휘통제시설, 통신시설, 군 공항, 군 항만 및 부두, 레이더기지, 진지 및 장애물, 전술도로 등을 말한다. 전투지원시설은 작전활동을 지원하는데 사용되는 시설로서 저장(탄약고, 무기고, 유류고, 창고), 정비, 보급, 생산, 의무시설 등이다. 전투근무지원시설은 전시 작전지속을 위한 시설로서 병참선시설, 연구 · 시험시설, 포로수용시설, 주거 · 복지시설, 행정시설, 체육시설, 종교시설 등을 말한다.

군사시설은 설치 용도에 맞는 역할을 통해 전 · 평시에 군을 위해 기여하여야 한다. 특히 전시에 아군의 전쟁지속능력에 절대적이고 심각한 영향을

---

26 _ SOFA(Status of Forces Agreement, 주둔군 지위협정)란 대한민국과 미국간의 상호 방위조약 제4조에 의한 시설과 구역 및 대한민국에서의 미군의 지위에 관한 협정으로 1967년 2월 9일에 발효된 협정이다.

미치는 군사시설을 중요시설이라 하며, 이러한 중요시설은 적의 위협으로부터 반드시 보호되어 기능발휘가 지속되어야 한다. 유사시 적은 지상 · 해상 · 공중 등 다양한 경로로 침투한 특수작전부대나 장거리 유도무기, 공중공격, 화학탄 등의 대량살상무기를 이용하여 아군의 중요시설을 파괴하고 무력화시켜 전쟁수행의 유리한 여건을 조성하고자 할 것이다.

중요시설은 통상 전쟁수행의 핵심기능 역할을 하는 지휘통제본부, 비행장, C^4I 시설 등을 말하며, 이러한 중요시설은 국가중요시설, 군사중요시설, 도시기반시설로 구분할 수 있다. 국가중요시설은 공공기관, 공항, 항만, 주요산업시설 등과 같이 적에 의하여 점령 또는 파괴되거나 기능이 마비될 경우 국가안보 및 국민생활에 심대한 영향을 미치는 시설을 말한다. 여기에는 발전 · 방송 및 통신시설, 공항, 항만, 댐, 교도소, 산업시설 등이 있으며 국방부장관이 관계 행정기관의 장 및 국가정보원장과 협의하여 국가중요시설을 지정한다. 군사중요시설은 적에게 파괴 또는 피탈시 국방에 중요한 영향을 미치게 되는 군 시설과 장비로서 비행장, 유도탄기지, 지휘통제시설, 유류 및 탄약 저장시설 등이 포함된다. 이는 장관급 지휘관이 지정 및 관리한다. 도시기반시설은 도시로서의 기능을 발휘하기 위하여 도시지역에 건설 및 설치하는 시설물로서 전기, 통신, 가스, 급수, 지하철, 공동구, 지하수로 등을 들 수 있다.

이러한 중요시설은 적의 침투와 공격을 저지 및 격멸하기 위해 경계지대, 주방어지대, 핵심방어지대로 구분하여 3지대 방호개념으로 방호작전을 수행한다. 평시 관리자 책임 하에 자체경계를 실시하며, 방어준비태세 격상 등의 상황발생에 따라 예비군을 동원하는 등 민 · 관 · 군 · 경 통합작전을 실시한다.

경계지대는 시설 울타리 전방 취약지역에서 적이 시설에 접근하기 전에 저지할 수 있는 예상 접근로상의 '목' 지역 및 감제고지를 연하여 설정한다. 통상 적 공용화기 유효사거리를 고려해서 선정함으로써 적의 사격으로부터 중요시설이 직접 피해를 받지 않도록 한다. 주 방어지대는 시설내부 및 핵심시설로 침투하는 적을 저지, 격멸하기 위해 시설 울타리를 연하여 설정한다. 핵심방어지대는 시설의 주 기능에 결정적인 영향을 미치는 핵심시설을 방호하고, 주방어지대의 종심을 보강하기 위하여 핵심시설을 중심으로 설정한다.

군사시설에 대한 변화요인으로 고려할 수 있는 것은 첫째, 미래전은 무기체계의 정밀화와 파괴력의 증가로 군사시설의 방호력 보강에 대한 소요가 더욱 증가될 것이다. 둘째, 국민 생활수준 향상으로 군사시설의 현대화를 통한 장병 '삶의 질' 향상에 대한 요구는 지속적으로 높아질 것이다. 셋째, 군부대의 주둔과 훈련으로 발생하는 민원이 지속으로 늘어날 것이다. 넷째, 군 구조의 개편으로 부대의 시설 및 설비 역시 이전 및 변화 될 것이다.

이러한 군사시설에 대한 변화요인을 고려하고, 직접적으로는 군구조 개편과 연계하여, 시설분야는 병영, 작전 · 군수, 훈련장, 주거 · 복지시설 등이 통합 된 군사타운 건설을 추진하고 있다. 이러한 노력은 향후 훈련장, 주거 · 복지 및 군수 관련 시설을 대형화 · 표준화 · 정형화할 것이며, 궁극적으로 미래전 수행을 지원할 수 있는 시설을 구축하게 될 것이다.

따라서 현재 추진하고 있는 군사시설 발전방향은 첫째, 병영시설은 군소부대를 대대~여단급 단위로 통합 및 권역화한다. 둘째, 훈련장은 소부대 전술훈련장을 사 · 여단 지역단위로 통합한다. 셋째, 군수시설은 기능별, 지역별 단계적 통 · 폐합을 추진한다. 넷째, 주거 및 복지시설은 축선별 주거시설을 단지화하고, 도시지역에 건립하는 것이다.

〈그림 21〉 표준훈련장 구분

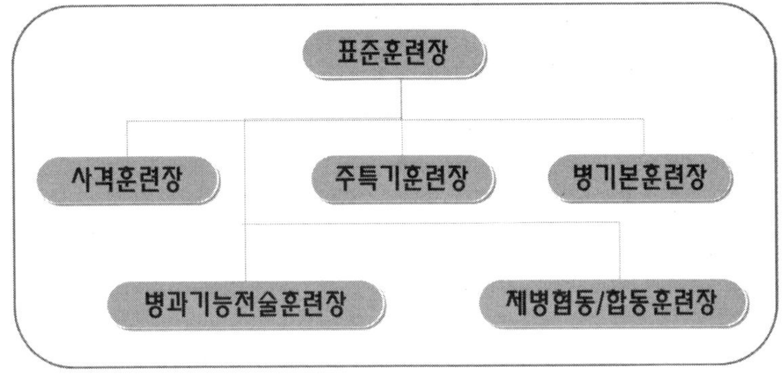

이 중에서 주둔지(병영)시설과 훈련장[27]은 전투준비 차원에서 가장 기본적이면서 중요한 요소이다. 주둔지란 부대가 어떠한 지역에 영구 또는 반영구적으로 머물러 있는 장소를 말한다. 평상시 부대의 병영생활과 기본적인 개인훈련이 이루어지는 장소이기도 하다. 따라서 주둔지는 전투준비와 교육훈련, 병영생활, 그리고 현행작전과 임무수행 여건을 고려하여야 한다.

훈련장은 개인 및 집체훈련을 위해 주로 야외에 설치된 구조물들로서 육군의 경우 〈그림 21〉에서처럼 표준훈련장은 사격훈련장, 주특기훈련장, 병기본훈련장, 병과기능 전술훈련장, 제병협동 및 합동훈련장 등 5가지로 구분한다.

사격훈련장은 각종 화기에 대한 명중률 향상과 자신감 배양을 위하여 실탄사격(축사기 사격포함) 및 사격술 예비훈련을 할 수 있는 구조물과 기계류

27 _ 2008~2022 『육군전략기획서』 부록 Ⅳ. 군사시설 종합발전방향을 참조하였다.

를 갖춘 교육훈련 시설이다. 주특기 훈련장은 병과기능 부대별 주특기 소지자의 기능 및 특성임무 수행능력 배양에 필요한 구조물 및 기계류를 갖춘 교육훈련 시설을 말한다. 병 기본훈련장은 각개병사의 기본 전투기술 연마에 필요한 구조물과 보조물을 갖춘 교육훈련시설이다. 병과기능 전술훈련장은 병과기능 부대별 전문화된 전투수행능력을 배양하기 위해 분대급 이상 단위부대의 전술 및 종합 집체훈련(공격, 방어, 대전차공격, 수색정찰 등)에 필요한 각종 구조물과 보조물을 갖춘 교육훈련 시설이다. 제병협동 및 합동훈련장은 보병(전차, 기계화 보병) 연 · 대대가 근접항공지원(CAS; Close Air Support) · 육군항공 · 포병 · 전차, 공병 · 화학부대 등의 지원 · 배속부대와 제병협동 및 합동으로 실사격 기동훈련이 가능하도록 구조물과 기계류를 갖춘 교육훈련 시설을 말한다.

군사시설을 미래지향적으로 발전시키는 과정에서 반드시 고려해야 할 요소는 민간요소와의 긴밀한 협조활동이다. 군사시설의 재배치 또는 통합의 장애요인을 극복하기 위해 적절한 보상과 대민홍보, 법적 · 제도적 지원, 지역민과 공유할 수 있는 시설이 요구되고, 군용지 활용에 대해서는 정부의 '국토종합계획', 지자체의 '도시발전계획'과 연계한 사업추진의 필요성이 더욱 증가하게 될 것이다.

2.7. 간부계발

간부계발은 군 조직의 핵심인 간부로 하여금 지식계발, 기술계발, 행동계발을 통해 현재 및 미래의 전장에서 적과 싸워 이길 수 있는 유능하고 자신감 있는 능력을 계발해 나가도록 하는 것이다. 따라서 간부계발의 중점은 군사 및 비군사적 위협에 동시 대비할 수 있는 상황판단과 창의적 해결능력을 배양하고, 첨단 군사과학기술 및 무기체계에 대한 전문지식과 운용능력을 구비하는 것이다. 또한 확장된 전투공간에서의 다차원 동시통합 전투수행능력을 구비하여 인간중심의 리더십과 확고한 국가관과 투철한 직업윤리의식, 그리고 강인한 정신력과 체력을 배양하는 것이다.

〈그림 22〉 간부계발 3대 축

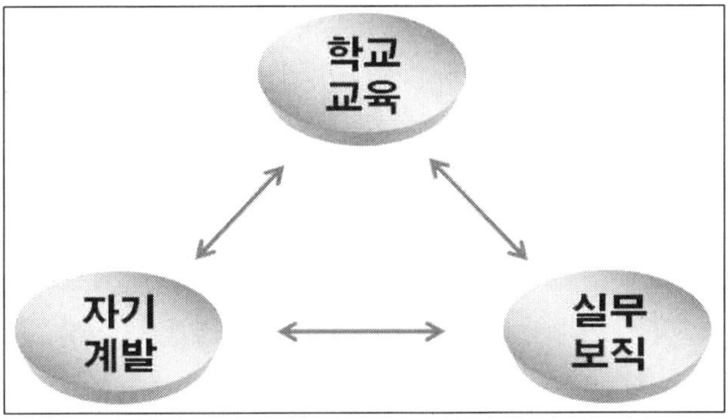

학교
교육

자기
계발

실무
보직

간부계발은 학교교육에서 배운 지식과 부대훈련을 통해 축적된 경험을 바탕으로 직책 수행능력과 미래 군사전문성을 향상시키기 위해 노력하는 것이다. 이를 통해 무한한 발전성과 잠재력을 배양하는 것을 말하며, 학교교육 · 실무경험 · 자기계발을 통해 능력을 향상시킨다. 따라서 간부계발

체계는 〈그림 22〉와 같이 학교교육과 실무보직 및 자기계발의 3대 축이 상호 연계되어 점진적으로, 연속적인 유기적 통합 과정을 통하여 간부에게 요구되는 지식과 기술, 행동을 계발하는 것이다.

자기계발 측면에서 간부는 주인의식을 가지고 스스로 노력해야 한다. 모든 간부는 학교교육과 실무보직에 부가해서 자발적으로 직무수행 능력은 물론 장차 상위 직책수행을 위한 잠재역량을 스스로 계발해 나가도록 해야 한다. 학교교육은 새로운 보직 이전에 선행되는 간부계발의 기초교육으로 대단히 중요하다. 모든 간부는 제도화된 교육과정을 통하여 직무수행 능력 및 잠재능력 계발에 필요한 지식 및 기술과 행동을 습득할 수 있도록 하여야 한다. 실무보직은 근무경험을 통해서 간부를 계발해 나가는 중요한 기회를 제공하는데, 모든 간부는 실무보직 수행과정을 통하여 스스로 능력을 계발해 나감으로써 조직의 목표 달성에 기여할 수 있도록 해야 한다.

〈그림 23〉 계급별 간부계발 요망수준

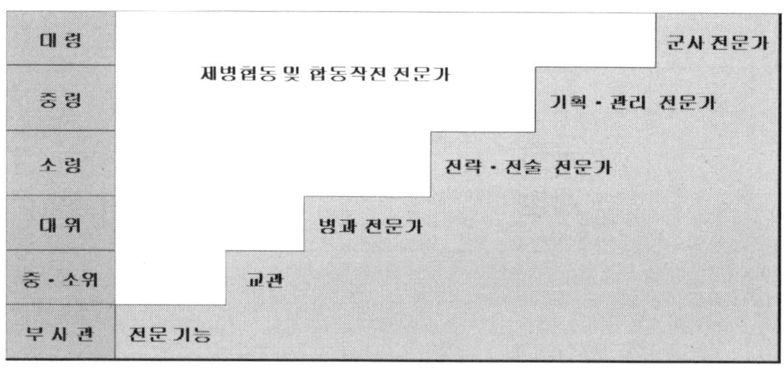

간부계발은 명확한 목표를 설정하고 추진하는 것이 중요하다. 이러한 간부계발 목표는 계급별 간부가 구비해야 할 요망수준을 의미하는 것으로

서 계급이 상위로 올라갈수록 보다 많은 지식과 높은 수준을 요구하게 된다. 위에 제시된 〈그림 23〉은 육군이 제시하고 있는 계급별 목표를 보여주고 있다.

계급별로 구체적으로 알아보면, 부사관은 전문기능별 직무수행능력 구비가 목표이다. 계급별로 볼 때, 하 · 중사는 분 · 소대급 제대 리더십 및 전투지휘 능력 발휘와 병 기본훈련 및 주특기 교육훈련지도 능력을 구비해야 한다. 상 · 원사는 중대급 제대 행정업무 및 작전지속지원 수행 능력 발휘와 참모부 직무수행 능력 구비를 목표로 하고 있다. 중 · 소위는 기본전투기술과 교관능력 구비가 목표이며, 수행하는 직위와 업무범위를 고려 시 소대급 제대 리더십 및 전투지휘 능력 발휘와 교육훈련지도, 대대급 제대 참모업무 수행 능력 구비를 목표로 한다. 대위는 병과전문지식 및 제병협동전투 지휘능력을 구비한 전투전문가가 목표이며, 수행하는 직책과 주요 수행업무 범위를 고려 시 중대급 제대 리더십 및 전투지휘능력 발휘와 교육훈련관리 능력을 구비하고, 병과전문지식 및 참모업무 수행능력 구비가 목표이다. 중 · 소령은 대급 · 대대급 제대의 전투지휘와 부대관리 및 교육훈련관리, 연대 · 사단급 제대의 참모업무 등의 업무를 수행한다. 특히 연합 및 합동작전 등의 대부대 작전의 실무장교로 임무를 수행하게 된다. 따라서 수행 직위와 업무 범위를 고려하여 대대급 제대 리더십 및 전투지휘능력 발휘와 교육훈련 관리, 제병협동 및 합동 · 연합작전 지휘능력과 참모업무 수행능력 구비가 목표이다. 대령은 주로 연대급 제대 지휘관과 군단급 이상제대 참모 등의 직책을 수행한다. 주요 업무범위는 연대급 제대 전투지휘 및 교육훈련, 부대관리와 대부대급 제대의 참모업무를 수행하게 된다. 따라서 대령계급의 목표는 연대급 제대 리더십 및 통합전투 지휘능력 발휘와 통합적 용병술 운용능력 및 국방정책 입안능력을 구비하는 것이다.

간부의 리더십은 평시부터 전장에서의 승리를 이끌어 내는 순간까지 군대조직의 무형 전투력을 극대화시켜 과업의 성공을 보장하는 결정적인 요인이다. 이것은 장교, 나아가 지휘관으로서의 역할을 완벽하게 수행하게 하는 원동력이기도 하다. 그렇다면 어떠한 역할을 통해 바람직한 리더십을 발휘해야 하는 것인가?

첫째, 전투지휘자로서의 역할이다. 장교는 목숨을 담보로 하는 전장상황에서 극도의 불확실성과 혼돈 그리고 극한의 고통을 극복하며 생사를 초월한 의연한 자세로 올바른 결심과 조치를 하고 부대를 효과적으로 지휘함으로써 승리를 이끌어 내야 하는 존재이다. 이를 위해 장교는 항재전장(恒在戰場) 의식을 바탕으로 해당 부대의 전투준비태세 유지에 만전을 기하고, 나아가 전투에서 승리할 수 있는 전문지식과 능력을 갖추어야 한다. 따라서 항상 전투적인 사고를 통해 싸워 이기기 위해 무엇을 해야 하고 어떻게 준비해야 하는지를 고민하며 대비해야 한다. 전장 환경에 대한 완벽한 이해와 적 능력 및 의도에 대한 숙지, 관련 정보에 대한 운용수준 제고는 물론, 아군의 능력과 약점에 대해 이해하여야 한다. 그리고 이를 바탕으로 한 전투수행개념과 절차를 완벽하게 정립하고 발전시키는 노력이 뒷받침되어야 한다. 군의 기본사명과 직결되는 이러한 전투지휘자로서의 역할은 평소 원활한 부대관리와 강한 교육훈련 뿐만 아니라 바람직한 리더십의 발휘를 통한 부대원들의 정신력 극대화를 통해 실질적인 성과와 승리를 이룰 수 있을 것이다.

둘째, 부대관리자로서의 역할이다. 장교는 부대임무를 경제적이고 효율적으로 완수하기 위해 인력 · 물자 · 장비 · 시설 등 각종 자원을 늘 최상의 상태로 유지하고 손실 없이 보존함으로써 전투에서 최고의 능력을 발휘할 수 있도록 준비해야 한다. 이와 같은 관리활동의 소홀로 인하여 부대의 군기, 사기 및 안전수준이 저하되고 인명이 손실되거나 주요 장비가 제대로 기능을 발휘하지 못한다면 그 부대의 전투력은 당연히 저하될 것이다. 또한 주어진 임무 또한 제대로 수행하지 못함으로써 결과적으로 전투에서의 승리를 기대하기 힘들 것이다. 예를 들어, 화재가 발생하여 인명사고가 나거나 장비가 고장 날 경우, 장교들은 부대의 전투력 향상을 위한 실질적인 분야에 집중하기 보다는 이러한 문제를 해결하는데 매달릴 수밖에 없다. 또한 의식주, 생활 편의시설 등이 미흡하여 부하들의 사기에 악영향을 미치는 것도 전투력 저하로 이어질 것이다. 이처럼 평시의 철저한 부대관리는 전시에 완벽한 부대 전투력 발휘의 밑바탕이 되는 것이다.

셋째, 교육훈련 교관으로서의 역할이다. 전투에서 승리하기 위해서 강력한 전투력을 보유해야 하는 것은 기본이다. 이를 위하여 부하들은 육체적, 정신적으로 최고의 수준에 도달해 있어야 하고, 스스로의 직무를 완벽하게 수행할 수 있는 준비 또한 되어 있어야 하며, 무엇보다 사기가 충만해 있어야 한다. 이러한 전투준비태세를 갖추는 유일한 길은 부단한 교육훈련 밖에 없다. 부하들의 능력을 계발함으로써 개개인의 직위와 임무를 빈틈없이 수행할 수 있도록 하고, 이를 바탕으로 부대 전체의 전투수행 팀워크를 최고 수준으로 유지하여야 한다. 전투에서의 승리는 지휘관의 전략과 전술, 효과적인 지휘를 통해 쟁취할 수 있다. 그러나 이것을 가능하게 하는 것은 부대의 강력한 전투력이다. 이러한 전투력은 부단한 교육훈련 없이는 절대 달성할 수 없다. 그러므로 교육훈련이야말로 전투에서의 승리를 이끄는 가장 중요한 요소라 할 수 있다. 장교의 지휘능력을 가늠하는 몇 가지 척도가 있다. '장교가 직접 지시를 하지 않더라도 부하들이 주어진 임무를 잘해내고 있는가? 비상상황이 발생해도 당황하지 않고 적절하게 대처하는가?' 라는 물음들에 대한 확고한 대답이 바로 그 척도이다. 그러므로 장교는 자신의 임무를 성실히 수행하는 것은 물론, 부하들에 대한 교육훈련을 절대 게을리 해서는 안 된다. 교육훈련은 가장 기본적인 장교의 임무 중 하나이기 때문이다.

넷째, 리더(Leader)로서의 역할이다. 전투지휘, 부대관리 그리고 교육훈련은 장교들이 바람직한 리더십을 발휘할 때 더욱더 효과적으로 이루어진다. 부하들과 두터운 신뢰를 구축하고 그들의 마음을 움직여 지휘관이 제시하는 방향에 스스로 동참하도록 만들 때 그 부대의 목표는 성취될 것이다. 이와 더불어 전장에서 최고의 전투력을 발휘하려면 부하들에게 필승의 신념과 군인정신을 함양시켜야 한다. 또한 부하들이 '나는 어느 부대 소속이다.'라는 소속감으로 그 부대에 대한 강한 애착과 자긍심을 가질 수 있도록 지휘관을 중심으로 강하게 단결하도록 만들어야 한다. 아울러 비전과 목표를 제시하고 강한 신념과 의지로 조직을 이끌어 부하들과 부대 전체의 노력을 한 방향으로 일치시키는 것 역시 필수적인 요소이다. 그리고 명확한 대적관을 확립함으로써 우리가 직면하고 있는 적의 실체에 대하여 확실히 인식시켜야 한다. 그렇게 함으로써 불확실한 상황 하에서도 확고한 군인정신으로 주어진 기본사명에 더욱 더 충실할 수 있는 것이다.

Chapter 5

군사력 운용

군사력 운용

1. 용병술

1.1. 전쟁에 승리하기 위한 체계적인 방법(용병술)이 있나요?

2002년 여름, 대한민국을 흥분의 도가니로 몰아넣은 월드컵 경기에서 대한민국은 월드컵 출전 사상 최초로 4강이라는 꿈을 이루었다. 당시 대한민국의 국가대표팀 감독은 네덜란드 출신의 감독, 히딩크였다. 그는 능력보다는 선 · 후배의 서열에 따른 경기출전이라는 한국 축구의 고질적인 병폐를 타파하여, 선수의 능력에 따라 출전기회를 부여하고 기용함으로써 월드컵에서 4강의 신화를 달성할 수 있었다. 이에 따라 언론 매체에서는 한국 대표팀이 승리하는 경기마다 "히딩크 감독의 용병술이 빛났다"라는 찬사를 보냈다. 이와 같이 스포츠 경기에서 감독이 탁월하게 선수를 기용하고 경기를 운용하여 승리하였을 때 언론은 '빛나는 용병술'이라는 용어로 그 감독을 극찬하고 있다. 이처럼 운동경기에서 '용병술'이라는 용어는 '경기에서 승리하기 위해 선수를 부리는 기술'을 비유적으로 이르는 말로 표현된다.

그렇다면 한 국가도 전쟁에서 승리하기 위한 체계적인 기술이 있을까? 그렇다. 국가도 전쟁에서 승리하기 위해 군사력을 조직하고 운용하는 기술을 갖고 있는데, 우리는 이것을 일컬어 '용병술(用兵術, Military Art)[1]'이라고 부른다. 그 의미에 대해 좀 더 살펴보면 '용병술(用兵術)'이라는 것은 '병(군사)을 운용하는(用) 술(術)'이라는 뜻이다. '술(術)'은 군사력을 운용하는데 있어서 과학적 측면과 비과학적 측면을 모두 포함하고 있는데, 영어로는 'Art'라고 한다. 동양의 대표적인 군사고전인 『손자병법』의 영문명(*Sun Tzu, The Art of War*)에서도 알 수 있듯이 고전적 의미에서 '용병술'은 '병법'이라고도 할 수 있다. 또한 '용병술'이라는 용어에 대해 국어사전에서는 "전투에서 군사를 쓰거나 부리는 기술"[2]이라고 정의하고 있다. 이러한 용병술은 전쟁에서 적용하는 수준과 역할에 따라 전략, 작전술, 전술로 구분되어 사용하고 있다.

용병술에 대해 기업의 예를 들어 알아보자. A라는 대기업이 해외에 현지 자동차 공장을 건설하는 사업을 추진한다고 하자. 그렇다면 본사 사장 및 각 부서장들은 사업을 분장해서 체계적으로 추진할 것이다. 우선 본사 사장은 자동차 공장을 해외에 건설할 것인가, 아니면 국내에 건설할 것인가의 유·불리점등을 분석해서 사업시행 여부를 결정할 것이다. 타당성을 검토한 결과, 해외에 자동차 공장을 건설하는 것이 비용면에서 효과가 있다고 판단되면 사업을 추진할 것이다. 이와 같이 전쟁수행에 있어서도 적과 어떻게 하면 싸워서 이길 것인가, 아니면 싸우지 않고 이기는 방법이 무엇인가 등 전쟁 시행 여부를 결심하고 준비하는 분야가 바로 '전략'이다.

---

1 _ 『군사용어사전』 정의 : 국가안보전략을 바탕으로 전쟁을 준비하고 수행하는 지적능력으로 국가안보목표를 달성하기 위한 전략, 작전술 및 전술을 망라한 이론과 실제.

2 _ 최태경, 『동아 새국어사전』(서울 : 두산동아, 2005), p. 1761.

해외 '현지 자동차공장 건설' 사업이 결정되면 담당 부서에서는 자동차 공장 건설 추진 마스터-플랜을 작성하고 필요한 자본과 인력 등을 배치하고 준비할 것이다. 이와 같이 전쟁수행에 있어서도 전략에서 제시한 전쟁 목적을 달성하기 위해 작전계획을 수립하고, 군대를 움직이게 하고 준비하는 분야가 바로 '작전술'이다.

현지법인에서는 본사의 현지 공장 건설 마스터-플랜에 따라 설계, 시설, 토목, 건축 등 자동차 공장 건설을 위한 실질적인 준비와 공장건설을 추진할 것이다. 이와 같이 전쟁수행에 있어서도 작전술에서 제시한 작전적 목표 달성을 위해 군대를 실제 움직여 전투를 수행하는 분야가 바로 '전술'이다.

위와 같이 용병술은 각각 독자적으로 적용되는 것이 아니고, 전략으로부터 전술에 이르기까지 계층적으로 상호 밀접한 관계를 갖고 있다. 따라서 이러한 용병술의 개념을 잘 이해하고 활용한다면 전쟁에서 승리할 수 있을 것이다. 용병술 체계인 군사전략, 작전술, 전술에 대해서는 다음에서 좀더 자세하게 알아보도록 하겠다.

1.2. 용병술은 어떻게 만들어졌나요?

용병술은 어느 날 갑자기 출현한 것이 아니며 무기체계 발전, 기술의 발달, 전쟁양상의 변화 등 인류역사의 발전과 함께 변화, 발전 되어져 왔다. 그렇다면 이러한 용병술은 어떻게 생겨났을까? 역사를 구분하는 기준은 학자에 따라 다양하지만, 고대부터 현대에 이르기까지 유럽지역에서 일어난 전쟁을 통해 구분해 보면, 나폴레옹전쟁(1769~1815)을 기점으로 18세기 이전의 전쟁, 나폴레옹전쟁, 그리고 제1 · 2차 세계대전 및 그 이후로 각각 구분해 볼 수 있다. 따라서 용병술의 발전과정도 곧 전쟁사의 흐름과 깊은 연관이 있기 때문에 위와 같은 연대 구분을 통해서 알아보도록 하자.

인류의 역사는 전쟁의 역사라고 해도 과언이 아니며, 인간이 처음 전쟁을 수행하면서부터 용병술은 등장했다고 볼 수 있다. 즉 고대의 전쟁은 생존을 위한 소규모 부족단위의 싸움이었고, 이는 곧 부족의 존망과 직결되었으므로 싸움 그 자체가 전략적 행위였다. 부족의 왕은 전쟁을 준비하고 계획함과 동시에 전투를 지휘하는 현장사령관이었기 때문에 전략이 곧 전술이었다. 예를 들어 고대 그리스-로마의 왕들은 국가의 생존을 위해 전쟁을 준비함과 동시에 팔랑스, 레기온 등과 같이 전투부대의 사령관이었기 때문에 전략과 전술을 모두 사용할 수 있어야 했다. 따라서 이 시기에는 전략과 전술이 구분되지 않았으며, 전쟁에 승리하기 위한 방법으로서 기술만이 존재하였다.

중세시대로 접어들면서 싸우는 방법도 바뀌었다. 서로 성을 빼앗는 방식의 공성전 위주의 전쟁 수행과 갑옷을 입고 긴 창을 들고 말을 탄 기사가 등장하여 전쟁을 수행하게 된 것이다. 또한 시간이 지나면서 상대보다 더 강한 무기를 만들기 위해 더 강력한 재질의 자재를 개발했고, 이러한 연마과정을 거치면서 무기가 발전하고, 여기에 새롭게 싸우는 방법을 찾아 연구하게 되면서 전쟁수행 방식은 점진적으로 발전 및 조직화 되어 갔다. 15세기에는 돈으로 고용된 용병 중심의 국가 상비군이 주축이 되어 전투를 수행하였다. 이 시기부터 군주는 전쟁을 기획하고 용병은 전장에서 전투를 수행하게 됨으로써 전쟁을 기획하고 준비하는 영역인 전략과 전장에서 싸우는 전술의 영역이 구분되기 시작했다.

19세기 나폴레옹시대(1769~1821)에 들어서면서 프랑스 대혁명으로 민주주의가 발전하고, 산업혁명으로 증기기관의 등장과 대량생산이 가능해짐으로써 전쟁양상도 큰 변화를 겪게 된다. 즉 국가의 주체가 군주에서 시민으로 바뀌는 국민국가가 탄생되어 시민 중심의 대규모 국민군이 등장하게 되었고, 이에 따라 전쟁은 국가 총력전이 되었다. 또한 철도와 같은 이동수단의 발달로 전장이 광범위해졌다. 따라서 전략은 전쟁 시 뿐만 아니라 평시부터 전쟁에 대비하는 개념으로 확장되었다. 또한 대규모 국민군대를 효율적으로 운용하기 위한 사단과 군단이 편제되고, 전장의 광역화로 인하여 일회성 전투가 아니라 여러 전투를 연속적이고 동시적으로 계획하여야 했으므로 작전술 영역이 등장하게 되었다. 이러한 시대변화를 인식하고 변화된 용병술을 잘 적용하여 많은 전쟁을 승리로 이끌었던 장본인이 바로 나폴레옹이다. 이때부터 전략은 정치적인 목적을 달성하고자 전시뿐만 아니라 평시부터 전쟁에 대비하여 노력하는 것이고, 작전술은 전략목표를 달성하기 위해 작전을 계획하고 군대를 이동 및 배비하는 것이며, 전술은 적의 의지를 파괴하는 직접적인 전투행위로 구분하게 된다. 그러나 이 당시에도 작전술이라는 개념과 용어 자체는 없었고, 나폴레옹 자신도 작전술의 영역을 발견하지는 못했기 때문에 작전술의 역할은 미미하였다고 볼 수 있다.

19세기와 20세기 초 작전술 발전의 선구자는 독일(프로이센)의 몰트케였다. 작전술의 역사에서 몰트케가 중요한 인물로 인식되는 것은 몰트케가 전형적인 작전적 수준의 지휘관으로서 전쟁을 수행했기 때문이다. 특히 몰트케는 '작전적'(Operativ 또는 Operational)이라는 말을 처음으로 사용하였으며 작전술의 영역을 인식하고 있었을 뿐 아니라 이를 수행하고자 노력했다. 하지만 몰트케도 나폴레옹과 마찬가지로 그 역시 자신의 작전적 사고를 이론화하지는 못했으며, 그 개념도 적과의 접촉 이전에 군대의 이동 및 배비의 수준에 머물렀다.

제1, 2차 세계대전에 이르러서 군대는 상비군으로 변화되었고 전차, 항공기 등 새로운 무기체계가 등장함에 따라 육 · 해 · 공군이 명확하게 구분되어 합동작전을 수행하도록 군 구조가 발전되었다. 또한 광역화된 전장에서 여러 나라의 군대를 통합하여 연합작전을 수행하는 것이 보편화되었다. 군대의 대규모화와 과학기술의 발전에 따른 무기와 장비, 편성의 변화로 국가와 국가 간 전쟁이 한 지역에서 한 번의 전투로 결정되는 것이 아닌 여러 번의 전투가 연속해서 수행되는 대규모의 전투를 필요로 하게 되었다. 따라서 여러 지역에서 발생되는 다수의 대규모 전투를 조직하고 통제할 수 있는 어떤 영역이 절실했고, 바로 이것이 지금의 작전술을 탄생시키는 결과를 낳았다.

따라서 전쟁을 효율적으로 수행하기 위해 전쟁을 준비하고 계획하는 전략의 영역과 군사작전을 계획하고 수행하는 작전술의 영역, 전투를 수행하는 전술의 영역이 완전히 구분되어, 전략과 작전술, 전술의 3분법적 용병술 체계가 정립되었다. 〈그림 1〉은 용병술의 발전과정을 나타낸 것이다.

〈그림 1〉 용병술의 발전과정

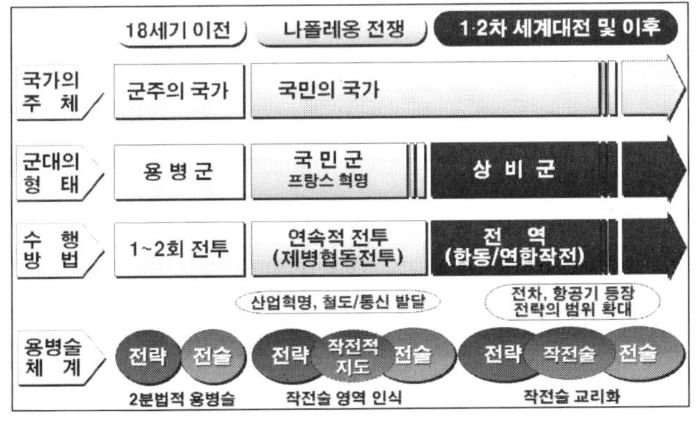

1.3. 용병술 상호간에는 어떠한 관계(용병술 체계[3])가 있나요?

앞서 용병술이란 무엇이고, 어떻게 발전되어져 왔는가에 대해 알아보았는데, 이러한 용병술은 상호 어떠한 관계가 있을까?

군사전략은 전쟁에 대비하는 최상위 용병술로서, 전략제대(통상 국방부, 합참)는 이를 적용해서 전쟁의 목표를 달성하기 위해 전쟁을 기획하고, 이를 기초로 전략지침을 작성해서 작전술제대(통상 연합사, 각 작전사령부)에 하달하는 역할을 한다. 전략제대에서 작성하는 전략지침에는 군사전략목표, 군사전략개념(싸우는 방법), 군사자원(군사력) 등이 포함되며, 이러한 전략지침을 작성할 때에는 군사적인 관점뿐만 아니라 국가의 여러 기능요소인 정치, 경제, 사회 및 문화, 과학기술 등을 고려해서 작성되어야 한다. 이를 통해 전략제대는 예하 작전술제대에 전쟁목표와 싸워서 승리할 수 있는 방법을 제시하고 동시에 군사력을 할당한다. 이와 같이 전략제대는 군사전략을 적용해서 전쟁지도본부(대통령과 국방부장관을 포함한 정부 주요 각료)의 전쟁지도 지침을 구현하고, 예하 작전술제대가 전쟁을 수행할 수 있는 여건을 보장해주는 역할을 수행한다.

작전술제대는 군사전략목표를 달성하기 위해 작전술을 적용해서 전역[4]과 주요작전[5] 계획을 수립하고 시행함으로써, 전략제대에서 제시한 전략지

---

3 _ 『군사용어사전』 정의 : 국가목표를 달성하기 위하여 국가통수기구로부터 전투부대에 이르기까지 군사력을 운용하는 군사전략, 작전술, 전술의 계층적 연관체계.

4 _ 『군사용어사전』 정의 : 전략적 · 작전적 목표를 달성하기 위한 일련의 연관된 주요작전.

5 _ 『군사용어사전』 정의 : 단일 군 또는 2개 군 이상의 전투부대가 부여된 작전지역 안에서 전략적 · 작전적 목표달성을 위해 전역의 한 작전단계 또는 단일의 작전으로 실시되는 일련의 전술활동.

침을 군사작전으로 전환하는 역할을 수행한다. 또한 군사전략목표를 달성하기 위해 전략제대에서 할당한 군사력을 사용하여 제 전투를 시간 · 공간 · 목적 측면에서 조직하고 운용한다. 이와 같이 작전술제대는 작전술을 적용해서 전략제대의 전략지침을 군사작전으로 전환하고, 전술제대의 성과를 전략적 승리로 이어지도록 교량 역할을 수행한다.

전술은 작전술제대에서 제시한 작전적 목표를 달성하기 위해 전투력을 조직하고 운용한다. 전술제대(통상 군단급 이하 부대)는 작전계획을 수립하는 측면보다는 작전술 제대에서 수립된 작전계획에 따라 적과 직접 전투수행에 중점을 둔다. 다만 일부 전술제대에서도 작전계획을 수립하나, 이러한 계획은 작전적 목표와 상급제대 지휘관의 의도 안에서 수립되고 시행되어야 한다. 그럼으로써 궁극적으로 군사전략-작전술-전술이 연계되어 전술적 성과가 작전적 · 전략적 승리로 이어져 전쟁에 승리할 수 있는 것이다. 여기에 바로 용병술체계의 중요성이 있다고 할 수 있다. 〈그림 2〉는 용병술체계를 일목요연하게 표현한 것이다.

〈그림 2〉 용병술 체계

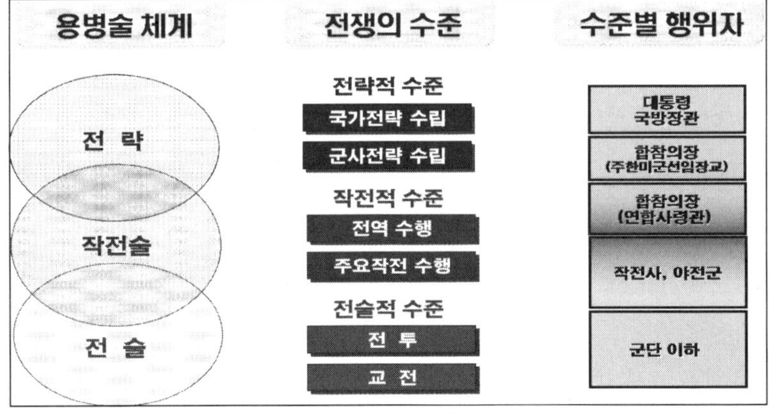

그렇다면 각각의 용병술은 어떠한 차이점이 있을까? 이에 대해 목적, 수단, 시간과 공간, 기능 측면에서 알아보도록 하자.

- 목적적인 측면에서 군사전략은 가능한 모든 방법을 동원하여 전쟁을 억제하거나, 억제에 실패하여 전쟁이 발발되었을 때 전쟁에서 가능한 한 피를 흘리지 않고 승리를 꾀하려는 고차원적인 전쟁기술이며, 작전술은 전쟁 또는 전투에서 주도권 장악 또는 적의 의지를 마비시켜 전투를 최소화함으로써 전략 및 작전술을 유리한 방향으로 이끌어 가는데 목표를 두는 반면, 전술은 적 전투력의 격멸이라는 유혈 수단을 통해 승리를 꾀하는 직접적인 전투기술이라고 할 수 있다.
- 수단적인 측면에서 군사전략은 전쟁의 목적을 달성하는데 가장 직접적인 수단인 군사력을 건설하고 운용하는 것이며, 작전술은 전쟁의 직접적 행동인 전투에 가장 유리한 여건을 조성하기 위하여 접적 이전에는 경계와 기동 그리고 배비를, 접적 이후에는 전투라는 수단을 사용하는 반면 전술은 접적 이후의 행동지침이기 때문에 사격과 기동이라는 단순한 전투 수단에 의해 목표를 달성하는 것이다.
- 시간과 공간적인 측면에서 군사전략은 광범위한 지역에서 장기적인 안목으로 군사력의 조성과 배비를 다루고, 작전술은 전투가 벌어지고 있는 전장에서 군대를 가장 유리하게 운용할 수 있도록 적과 접촉하기 이전부터 전장까지의 기동을 의미하며, 전술은 전장이라는 좁은 지역에서 단기적으로 전투력을 사용하는 전투수행 방법으로서 적과 접촉된 이후의 군사행동 기술이다.
- 기능적인 측면에서 전술이 부분적인 전투수행 기술인데 반하여 작전술은 여러 전투수행을 위한 작전을 계획하고 조합하는 것이며, 군사전략은 전쟁의 전체적인 계획과 실천이다. 따라서 군사전략상의 승리에

의해 작전 및 전술적 실패를 만회 할 수 있는데 반해, 전술적 승리의 누적에 의해 작전 및 전략상의 패배를 만회할 수는 없다. 즉 큰 그릇 속에 작은 그릇은 들어갈 수 있으나, 작은 그릇 속에 큰 그릇이 들어갈 수 없는 이치와 같다고 할 수 있다.

이들 각각의 용병술을 지휘책임 및 제대별로 적용할 경우에는 합참 이상의 전쟁지도 분야가 군사전략이고, 연합사 및 야전군이 책임지는 분야가 작전술 분야이며, 군단이하의 지휘관이 책임을 지는 분야가 전술이라고 할 수 있다.

이상과 같이 용병술체계의 개념적 차이를 구분해 보았는데, 이러한 개념상의 차이에도 불구하고 실제로 이들을 명확하게 구별하는 것은 어려운 실정이다. 군사전략, 작전술, 전술은 모두 전쟁을 효율적으로 수행하기 위한 군사활동 및 기능에 관련된 개념으로 각각의 관심분야 및 적용수준에서 약간의 차이점만 있을 뿐, 상호 연계되어 있다. 따라서 각 요소는 배타적이라기보다는 상호 보완적이며 필요적 요소인 것이다.

1.4. 우리나라는 용병술을 어떻게 적용하고 있나요?

우리나라의 군사작전을 지휘하는 체계는 국방부 ➡ 합참 ➡ 야전군 ➡ 군단 ➡ 사단의 지휘체계로 이루어져 있으며, 각급 제대는 각각의 수준에 맞춰 전략, 작전술, 전술 등의 용병술을 적용하고 있다. 그렇다고 무조건 각 지휘체계별 한 가지의 용병술만 적용하는 것은 아니다. 예를 들어 야전군 같은 경우에는 용병술체계 중 작전술을 적용하는 제대이지만, 한 · 미 연합체계하에서는 연합사로부터 작전목표를 부여받아 임무를 수행하기 때문에 전술을 동시에 적용한다고 할 수 있다. 그러면 현재 우리나라는 각 지휘제대별로 어떠한 용병술이 적용되는지 알아보자.

① **국방부** : 국방부는 국가안보목표(통상 전쟁억제 및 승리)를 달성하기 위하여 대통령을 보좌해서 전쟁을 기획하고 지도하며, 군사력을 건설하고 준비하는 제대이다. 따라서 국방부는 군사적 관점보다는 정치적 관점에 중점을 두고, 전쟁의 목적과 목표를 설정하고 전쟁을 지도한다. 정치적 관점에서 전쟁을 준비하고 지도한다는 의미는 국방부장관은 국군 통수권자인 대통령의 전쟁지도를 보좌하는 핵심 주무장관으로서 군사분야 뿐만 아니라 정치, 경제, 사회 및 문화, 과학기술 등 정부의 제 기능 요소를 효율적으로 조정 · 통제해서 전쟁을 수행해야 하기 때문에 정치적 감각을 갖추어야 한다는 의미이다. 동시에 군사적 관점도 갖추어야 한다는 것은 국방부장관은 대통령의 전쟁지도지침을 받아 합참을 통해 전쟁을 수행하고, 각 군 본부를 통해 군사력을 건설하고 유지하는 역할을 수행함으로써 군령(군사력을 운용하는 기능)과 군정(군사력을 건설, 유지, 관리하는 기능)의 최고 제대로서 역할을 수행한다는 의미이다. 따라서 국방부는 용병술 체계 중 최상위 전략인 국가안보전략을 적용하는 제대라고 할 수 있다.

② **합동참모본부** : 합참은 대통령과 국방부에서 하달한 국가안보목표 달성을 위해 군사전략을 수립하고 시행하는 제대이다. 즉 합참(전략기획본부)은 군사전략목표, 군사전략개념, 군사자원 등의 전략지침을 작전사령부에 하달하고 군사작전을 지도하는 제대이다. 따라서 합참은 용병술체계 중 군사전략을 적용한다. 또한 우리나라는 '대한민국 전구'(KTO)라는 단일 전구로 이루어져 있는 전략적 환경을 갖고 있다. '대한민국 전구'(KTO)를 관장하는 합동작전사령부는 합참이며, 합참

작전본부는 동일제대인 합참 전략기획본부로부터 전략지침을 받아서 한반도 전역 작전계획을 수립하고 시행한다. 이때 적용되는 용병술은 작전술이다. 따라서 합참의장은 전략적 수준과 작전적 수준의 지휘관으로서 두 가지 역할을 수행해야 하기 때문에 정치적인 관점과 군사적인 관점을 동시에 갖추어야 한다.

현재 한 · 미 연합방위체제하에서는 한 · 미 군사위원회(MC)를 통해 연합사에 전략지침이 하달되고, 연합사에서는 한반도 전구작전계획(작전계획 5027)을 수립해서 구성군 및 작전사령부에 군사작전 목표 및 과업 등을 하달하는 체계이다. 이럴 경우 합참은 군사전략을 적용하는 제대이고 연합사가 작전술을 적용하는 제대라고 할 수 있다.

③ **작전사령부** : 각 작전사령부는 군사전략목표 달성을 지원하기 위해 전역 및 주요작전을 계획 · 시행하며, 전술제대에 행정 및 군수를 지원하고, 전술적 성공을 보장하기 위한 전투력을 제공한다. 또한 각 작전사령부는 여러 전투를 조직하고 전술을 지도하며, 전략과 전술 등을 유기적으로 연계시키는 역할을 수행한다. 이런 측면에서 작전사령부는 작전술을 적용한다. 작전술을 적용하는 작전사령관은 광범위한 작전지역과 다양한 민 · 관 · 군 작전요소를 활용하여 주요작전 계획을 수립하고 수행해야 하기 때문에 군사적인 관점과 정치적인 관점을 동시에 갖추어야 한다.

다만 현재 한 · 미 연합방위체제하에서 각 작전사령부는 연합사 및 구성군사령부로부터 군사작전 목표와 과업을 부여받아 작전을 수행하기 때문에 전술을 적용하는 제대라고 보는 견해도 있다.

④ **군단 및 사단** : 군단 및 사단은 작전사령부에서 수립한 작전목표 달성을 지원하기 위하여, 할당된 전투력을 상황에 따라 배치하고 조직하여 전투를 통해 적부대를 격멸하는 제대이다. 전술제대는 여러 병과

또는 여러 요소를 통합하여 전투를 수행하며, 이때 적용하는 용병술은 전술이다. 따라서 전술제대 지휘관인 군단장 및 사단장은 상급제대에서 부여한 군사적인 과업을 달성하기 위해 주어진 전투력을 효율적으로 사용해서 전투를 수행한다는 점에서 군사적인 관점을 견지해야 한다.

위에서 살펴본 바와 같이 우리군은 1개 제대에 1개의 용병술을 적용하는 것이 아니며, 우리나라가 처한 안보환경과 각 제대별 목표와 능력에 맞도록 다양한 용병술을 적용하고 있다.

군사력 운용

2. 군사전략

2.1. 군사전략이란 무엇인가요?

오늘날 국가뿐만 아니라, 사회 각계 · 각층에서도 전략이라는 용어를 다양하게 사용하고 있다. 예를 들면 입시전략, 선거전략, 부동산전략 등 심지어는 구멍가게에서도 판매전략이라는 용어를 사용하고 있다. 전략이란 무엇이기에 사회각계 · 각층에까지 널리 사용되고 있을까?

본래 전략이라는 것은 국가의 운명을 좌우하는 전쟁을 대상으로 싸우는 방법을 연구하는 분야이기 때문에 국가 및 군사적 관점에서 다루는 것이 타당할 것이다. 그러나 사회 각계 · 각층에서 전략이라는 용어를 사용하는 이유는 사람들이 당면하고 있는 문제가 전쟁에 버금갈 정도로 매우 중요하고 심각하다는 것이며, 또한 개개인이 당면한 문제를 효과적으로 해결하기 위해서 치밀한 계획과 지혜가 필요하기 때문일 것이다.

전략(戰略)이라는 용어는 싸울 전(戰), 꾀할 략(略) 자를 써서, 싸움에서 이기기 위한 꾀라는 뜻으로, 고대 동양의 병법서에서 사용되던 군사를 운용하는 원리라는 뜻이 발전된 것이다. 서양에서도 고대부터 전략이라는 용어를 사용하였는데, 전략은 영어로 "Strategy"라고 하여 전장에서 사령관을 뜻하는 "Strategos"와 사령관이 전쟁에서 구사하던 용병술을 뜻하는 "Strategia"에서 유래하게 되었다. 즉 전략(Strategy)은 '전장에서 지휘관의 용병술'이라는 개념이 발전된 것이라고 할 수 있다.[6] 이와 같이 전략은 전장에서 지휘관의 용병술이라는 의미였으며, 무기가 발전하고 전쟁양상이 변화하면서 그 개념도 발전되어 왔다. 오늘날 전략의 일반적인 의미는 어떤 목적(목표)을 달성하기 위해 무엇(수단)을 가지고 어떻게 효과적으로 운용할 것인가(방법)를 강구하는 것이라고 말할 수 있다.

이러한 전략은 국가 및 군사적 관점에서 최상위에는 국가전략[7]이 있으며, 국가전략은 〈그림 3〉에서처럼 총력안보개념에 따라 군사 분야뿐만 아니라 국가의 모든 기능인 정치 · 외교, 정보, 경제, 사회 · 문화, 과학기술분야까지 포함해서 수행하는 전략이다. 따라서 오늘날의 국가전략은 국가안보전략[8] 또는 국가 대전략 등으로 불리지만 그 의미와 내용은 동일하다.

6_ 장용, 『군사전략 이론 및 적용』(서울 : CODI 출판부), pp. 9~10.

7_ 『군사용어사전』 정의 : 국가목표를 구현하기 위하여 국력의 제수단을 발전시키고 운용 · 조정하는 술과 과학.

8_ 『군사용어사전』 정의 : 국내 · 외의 군사 및 비군사적 위협으로부터 국가안보목표를 달성하

〈그림 3〉 국가전략의 구분

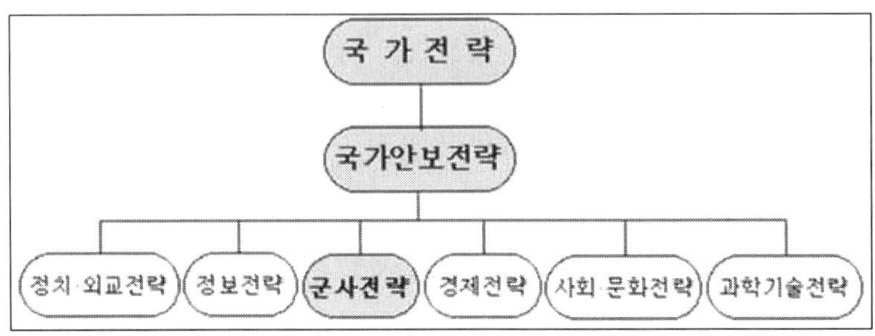

국가전략(국가안보전략)의 역할과 기능에 대해 이해를 돕기 위해 가정을 예로 들어 설명하겠다. 가정은 같은 핏줄로 연결되어 있으며 같은 생각과 목표, 생활방식을 갖고 살아가는 집단이다. 이러한 가정은 가족 구성원, 삶의 터전인 집, 그리고 행복한 삶을 살아 갈 권리(행복 추구권, 생존권 등) 등으로 이루어져 있다고 볼 수 있다. 그런데 화목한 가정을 위해서는 가장으로서 두 가지 핵심적인 역할과 기능이 필요하다. 첫째는 가족 구성원의 생존과 평화이다. 이를 위해 집에 도둑이 들어오지 못하도록 울타리를 설치하고 현관문 열쇠와 방범창 등을 만드는 것 등이 바로 가정의 생존과 평화를 위한 것이다. 둘째는 가정의 번영과 발전이다. 이는 가족 구성원이 각자의 일과 생업에 종사하면서 부를 축적하고, 문화 및 여가 생활 등을 통해 자아를 실현하는 등의 삶을 영위하는 것이다. 이렇게 하기 위해서는 한 가정의 가장으로서 올바른 삶의 지혜와 노력이 필요할 것이다.

국가도 가정과 유사하다. 국가는 국민, 그리고 삶의 터전인 영토, 국가 고유 권한인 주권으로 구성된다. 국가의 역할은 외부의 각종 위협으로부터

기 위하여 정치 · 외교, 정보, 군사, 경제, 사회 · 문화, 과학기술 등 국가안보의 모든 수단을 사용하고 개발하는 방책.

국민의 생명과 재산을 보호하고, 영토와 주권과 같은 국가이익을 증진하고 보호하는 것이다. 따라서 국가가 이러한 역할을 효율적으로 수행하기 위해서는 고도의 전략과 지혜, 즉 국가전략(국가안보전략)이 필요한 것이다. 이와 같이 국가는 국민의 생존과 번영을 위해 평상시에는 국가의 능력을 발전시키고 유사시에는 외부의 침략에 대응하기 위한 일을 하는데, 이것이 바로 국가전략과 국가안보전략을 수립하고 시행하는 이유이다.

그렇다면 군사전략이란 무엇일까? 원래 전략이라는 용어는 앞에서 설명했듯이 고대에는 순수하게 군사 분야에서 사용되었으나, 문명의 발달과 함께 무기가 발전하고 전쟁의 양상이 변화 되면서 오늘날에는 군사 분야 뿐만 아니라, 비군사 분야까지 포괄해서 사용하게 되었다. 따라서 군사전략은 국가전략의 일부로서, 국가안보의 핵심적이고 직접적인 역할을 수행하는 군사 분야에서의 전략을 의미한다.

이러한 군사전략의 의미는 '국가가 전쟁에서 승리하기 위해 군사력을 얼마만큼 건설하고 어떻게 운용할 것인가에 대한 방책'이라고 할 수 있다. 즉 군사전략이 지향하는 대상은 국가와 민족의 운명을 좌우하는 전쟁이며, 이러한 전쟁에 대비해서 군사력을 건설하고 전쟁에 승리하기 위한 방책을 구상하고 적용하는 것이 바로 군사전략인 것이다.

또한 군사전략이 추구하는 목표 및 지향점은 외부의 위협과 침략으로부터 국가를 보호하는 것, 즉 국가의 생존이다. 이러한 목표를 달성하기 위해 군사전략은 두 가지 중요한 기능을 수행한다. 첫째는 평상시에 군사력을 건설, 유지, 관리하는 것이다. 전쟁에 대비해서 무기체계 계발 및 발전, 교리발전, 교육훈련 등 군사력을 새롭게 만들고 유지하는 것인데 이것을 일컬어 양병 기능이라고 한다. 둘째는 유사시 적과 싸워서 승리하는 것이다. 이는 평상시에 건설해 놓은 군사력을 외부의 침략 시 효율적으로 잘 사용해서 국가와 국민을 보호하는 것인데, 이것을 일컬어 용병 기능이라고 한다.

이와 같이 군사전략의 기능은 전쟁에 대비해서 평상시에 적과 싸워 이길 수 있는 군대를 만들고, 유사시에는 군대를 잘 사용해서 승리하는 것이다.

군사전략의 구성요소는 군사전략목표(목표), 군사전략개념(방법), 군사자원(수단)으로 이루어져 있다.

① 군사전략목표(목표)는 우리가 전쟁을 수행하는 목적이며, 달성하고자 하는 최종상태를 말한다. 결국은 평시에 전쟁을 억제하고, 유사시에는 전쟁에서 승리를 통해 보다 나은 평화를 달성하는 것이 군사전략이 추구하는 목표이다.

② 군사전략개념(방법)은 군사전략목표를 달성하기 위해 군사력을 어떻게 운용해서 싸울 것인가 하는 방책이다. 평시에는 적이 감히 공격해 오지 못하도록 막강한 군사력을 건설하고 과시하는 억제 방책, 유사시에는 적으로부터 공격을 받았을 경우 가용한 모든 군사력을 사용하여 적을 격멸하고 승리를 달성하는 군사력 운용 방책이 군사전략개념이라고 할 수 있다.

③ 군사자원(수단)은 군사전략목표를 달성하고 군사전략개념을 구현하기 위한 수단(인력, 물자, 예산, 부대 등)을 말한다. 이러한 수단은 군사력 뿐만 아니라 국가 총력전 개념 하에서 국가의 모든 자원이 포함되며 예를 들면 현존전력, 동원전력, 연합전력 등을 말한다.

결론적으로 군사전략은 국가목표 즉 국가의 생존과 번영을 위해 군사전략목표를 수립하고 이를 실현하기 위한 군사력을 어떻게 건설하고 운용할 것인가에 대한 창조적인 방책이라고 할 수 있다. 따라서 위대한 전략가는 군사전략목표, 군사전략개념, 군사자원 간 상호 균형과 조화가 잘 이루어지도록 창의적인 지략과 혜안을 갖추어야 한다.

▌전략에 대한 다양한 정의

• 『군사용어사전』 : 승리에 대한 가능성과 유리한 결과를 증대시키고, 패배의 위험을 감소시키기 위해 제수단과 잠재역량을 발전 및 운용하는 술과 과학.
• 클라우제비츠 : 전쟁목적을 달성하기 위한 제 전투력의 사용.
• 리델하트 : 정치적 목적을 달성하기 위해 군사적 여러 수단을 분배 및 적용하는 술.

2.2. 군사전략의 종류는 무엇이 있나요?

우리가 사용하고 있는 군사전략의 종류와 유형에 대해 알아보자. 오늘날 많은 사람들이 전략이라는 용어를 사용하고 있는데, "도대체 왜 전략이라는 말이 그렇게 많은 것인지? 그 수많은 전략용어들을 어떻게 구분하고 이해해야 하는지 모르겠다.…"고 사람들은 말한다. 그래서 전략용어들을 자세하게 이해하기가 쉽지 않다. 나름대로의 의미가 다 다르기 때문이다. 그러나 기본적인 의미는 대개 동일하다. 전략의 기본은 전쟁에서 승리하기 위한 창조적 사고이기 때문이다.

그럼 군사전략은 어떻게 만들어지나? 기본적으로 군 지휘관이나 전문가들에 의해 창조되고 개발되는 것이 통상적인 것이지만, 전쟁이나 주요 사건을 통해서 탄생되기도 한다. 선제공격전략(Preemptive Attack Strategy)[9]이 그

9_ 『군사용어사전』 정의 : 가상적국의 공격 징후를 포착했을 때 선제기습이 갖는 치명적인 이익을 획득하기 위하여 예방전쟁 형태로 군사력을 사용하는 전략.

예이다. 2001년 9월 11일, 미국 세계 무역센터에서 테러가 발생하자 미 부시 대통령은 즉각 '테러와의 전쟁'을 선포하고, 아프가니스탄에 위치한 빈 라덴과 그의 테러 조직 알 카에다를 공격하였으며, 2002년 5월 31일, 웨스트포인트 미 육사 졸업식에서 '선제공격전략'을 공표하였다. 그리고 10개월 후인 2003년 3월 이라크 전쟁을 개시하였다.

이와 같이 선제공격전략은 적의 공격이 임박했다고 판단될 때, 적에 의해 기습공격을 당하기 전에 적을 먼저 공격하는 전략을 말한다. 선제공격전략은 공격적인 성격을 갖고 있고 침략의 명분으로 이용이 가능하며 국제적인 비난이 예상되지만, 국민의 생명과 재산을 가지고 도박하는 테러집단에게는 보복위협이 효과가 없으며, 테러집단이나 불량국가에 의한 공격을 허용할 경우 대응 수단이 없고, 가공할 피해를 감당할 수 없다는 면에서 선택하였던 것이다. 이렇게 선제공격전략은 9·11테러를 계기로 미국의 새로운 전략으로 채택되었다.

또한 전쟁에서의 전투 경험을 통해 탄생한 전략으로 리델하트의 간접접근전략이 있다. 역사학도로서 제1차 세계대전에 참가한 리델하트는 전투 첫날 무려 58,000명의 사상자가 발생한 솜므(Somme)전투에 참가하여 부상을 당하고 전역을 하였는데, 그는 이러한 전쟁의 참상을 겪은 후 무모하고 처참한 살육전쟁을 회피하고 피해를 최소화 할 수 있는 효과적인 전쟁수행 방법을 모색하게 되었다. 그는 고대 그리스 전쟁으로부터 현대에 이르는 30개 전쟁 280개 전역을 분석한 결과, 단 6개의 전역을 제외하고 모두 간접접근에 의해 승리가 달성된 것을 확인하고 『간접접근전략』(*Indirect Approach Strategy*)[10]을 발표하였다. 그의 간접접근전략은 2차 세계대전 시 독일군에

10 _ 최소 저항선과 최소 예상선을 따라 간접접근하게 되면, 적을 심리적 · 물리적으로 교란시켜 유리한 전략적 상황을 만들 수 있고, 유리한 상황이 만들어지면 최소전투에 의해서 승리가 가능하다는 전략.

의해 적용되어 전격전의 신화를 창조하였으며, 1967년과 1973년 중동전에서도 이스라엘에 의해 다시 한 번 꽃을 피웠다.

이렇게 전략은 국가정책이나 주요 분쟁, 사건을 통해 변화되고 개발이 되는데, 전략의 주요 변화 요인으로는 과학기술의 발달을 통한 무기체계의 변화, 적 위협의 변화, 한 국가의 국가적 성격이나 군사사상, 전략적 위치, 국가능력, 주요 전쟁이나 분쟁 등이 있다. 이처럼 다양한 변화 요인들에 의해 수많은 전략들이 국가와 시대에 따라 개발 적용되고 있다. 전략에 대한 기본 이해를 바탕으로 군사전략의 종류에 대해 알아보자.

먼저 방위전략에 대해 알아보자. 전쟁을 수행하는 전략을 통상 방위전략이라고 하는데, 전략태세나 방위선의 선정, 전쟁기간, 작전방식 등에 따라 다양한 명칭들이 부여된다.

전략태세에 따른 방위전략에는 수세, 수세후 공세, 공세전략 등이 있으며, 수세전략이란 방어준비와 지형의 특성 등을 활용하여 적의 공격을 저지하고 격퇴하는 전략이다. 이 전략은 주도권을 장악할 수 없고, 적의 방책에 따라서 수동적으로 대응해야 하는 불리점이 있다. 스위스나 제2차 세계대전 시 마지노선을 바탕으로 한 프랑스의 전략도 일종의 수세전략이었다. 수세 후 공세전략은 상대방이 공격해 온다면 일단 전략적 수세를 취하다가 즉시 공세로 전환하여 공격하는 전략을 말하며, 1973년 제4차 중동전 시 이스라엘이 채택한 전략이다. 당시 이스라엘은 시나이반도의 특성을 이용하여 이집트의 공세를 저지한 후 반격하여 승리하였다.

공세전략은 위기가 발생할 경우 공격을 실시하여 주도권을 장악하겠다는 전략으로서 제2차 세계대전 시 독일이 취했던 전략이다. 이러한 공세전략에는 선제공격전략과 예방전쟁전략이 있다. 예방전쟁전략은 전쟁의 발발이 당장 급박한 상황에 이르지는 않았지만, 조만간 일전이 불가피하다고 판단되는 긴장 속에서 적에게 유리한 상황이 되는 것을 예방하기 위하여 적보다 앞서 개전하는 전략이다. 적의 능력을 사전에 제압하기 위한 예방적 공격이며, 1973년 이집트가 이스라엘을 공격한 것이 일종의 예방전쟁전략의 예라고 할 수 있다.

방위선에 따른 전략은 결전을 어디에서 하느냐에 따라 전진방위, 국경선방위, 역내방위전략 등으로 구분한다. 전진방위전략은 적을 영토내로의 진입을 허용하지 않고 영토 밖에서 결전을 하겠다는 것으로서 미국을 포함한 강대국들이 주로 채택하고 있다. 한편 국경선방위전략은 대부분의 약소국가들이 명시적으로 채택하고 있는 전략으로서 적이 침공해 오면 국경선에서 적을 방어하고 격퇴하겠다는 전략이다. 역내방위전략은 광활한 영토를 가진 국가들이 채택하는 전략으로서 적을 국토 내부로 끌어 들여서 격멸하는 전략으로서 제2차 세계대전 시 독일이 소련을 침공하였을 때에 소련이 채택한 전략이었다.

전쟁기간에 따라 구분한다면 속전속결전략, 지구전전략으로 구분할 수 있다. 속전속결전략은 전쟁을 오래할 경우 피해가 가중된다는 것을 고려하여 단기간에 전쟁을 종결하겠다는 전략으로서 단기결전 전략이다. 즉 전투력 집중과 신속한 기동을 통해 적의 핵심 역량을 무력화시켜 조기에 전쟁을 종결시키려는 전략이다. 반면에 지구전전략은 통상 게릴라전을 통해 수행되는데 군사력이 제한될 경우에 다양한 여건을 활용하여 전쟁목적을 달성하려는 전략이다. 가장 대표적인 것이 마오쩌둥(毛澤東)의 지구전전략이다.

다음은 억제전략[11]에 대해 알아보자.

정치적 목적을 달성하기 위한 수단으로서 전쟁의 개념은 제2차 세계대전 이후 핵무기가 개발되면서 전략개념이 근본적으로 변화하기 시작하였다. 과거 재래식 전쟁에서는 전쟁에서의 승리를 통해 전략목표를 달성하려고 하였으나, 핵무기가 등장한 이후에는 전쟁은 곧 국가 간의 공멸을 초래하는 위험스러운 것이 되어 버렸다. 따라서 주요 국가들을 중심으로 전쟁 그 자체를 막으려는 노력을 하게 되었고, 그러한 노력들이 평시 전쟁 억제전략으로 발전하게 되었다. 억제는 평시 전쟁발발 자체를 막으려는 노력과 전쟁 중에도 더 격렬한 전쟁으로의 확대를 막으려는 억제로 구분이 되나, 억제전략은 주로 전쟁을 방지하려는 전략을 의미한다.

억제전략은 적에게 공포심을 주어 전쟁도발을 못하게 함으로써 평화를 달성하는 전략인 것이다. 이러한 억제전략의 유형으로는 제재적 억제와 거부적 억제로 대별할 수 있다. 제제적 억제는 일명 '보복적 억제'라고도 하는데, 보복위협에 대한 공포심을 유발하여 침략을 포기토록 하는 것이다. 만약 북한이 침략을 해 온다면 한 · 미 연합전력으로 북한에게 견딜 수 없을 정도의 엄청난 보복을 할 것이라는 것을 인식시킴으로서 북한의 침략의지를 분쇄하는 것이 제재적 억제전략의 개념이다.

거부적 억제는 일종의 소극적인 억제 방법이다. 강대국이 공격해 온다고 할 때, 약소국들은 충분한 보복능력이 없기 때문에 제재적 억제 전략을 선택하기가 어렵다. 따라서 적이 침략한다면 얻는 이익보다 침략에 드는 비용과 위험이 훨씬 크다는 것을 보여 줌으로써 침략을 포기하게 하는 것이 거부적 억제전략이며, 일명 '고슴도치 전략'이라고 한다. 예컨대, 독일, 오스트리아, 이탈리아 등 강대국에 둘러싸인 스위스 같은 작은 나라가 구사

---

11 _ 『군사용어사전』 정의 : 적이 침략에 의해서 얻을 수 있는 이익 이상의 견디기 힘든 손해를 받게 될 것이라는 것을 그 나라에 인식시켜서 침략을 미연에 방지하거나 전쟁이 발발할 경우 확전을 억제하기 위해 사용되는 국가전략.

하고 있는 생존전략을 들 수 있다. 스위스가 주변 강대국들과 총력전에서 승리할 수 있는 가능성은 희박하지만, 적이 공격하여 얻는 이점보다 잃게 될 손실이 더 클 것이라는 인식을 명백히 심어줌으로써, 스위스에 대한 공격을 포기케 할 수 있었다.

마지막으로 억제 및 방위전략 외 타 기준에 의해 분류된 전략에 대해 알아보자.

군사적 수단 이외에 정치 심리적인 수단을 주로 사용하는 전략으로서 간접전략(Indirect Strategy)이 있다. 1963년 프랑스의 앙드레 보프르(Andre Beaufre) 장군이 그의 저서『전략론』에서 처음 사용하였는데, 국가적 차원에서 정치, 경제, 사회, 심리 등을 주 수단으로 하고 군사적인 수단은 보조적인 수단으로 사용하는 전략이다. 이러한 간접접근 전략은 주로 제5열에 의한 적국의 전복이나 게릴라 활동, 정치 · 심리적인 방식을 사용하여 전략목적을 달성한다. 반대로 군사력이 주도적 역할을 수행하고 비군사적 수단이 보조적인 경우에 이를 직접전략이라고 한다.

대응방법에 따라 대칭전략과 비대칭전략이 있다. 대칭전략은 적과 동일한 수단과 방법으로 대응하는 전략이며, 비대칭전략(Asymmetry Strategy)은 적이 보유한 것과 다른 방식과 수단으로 적의 강점을 회피하고 약점을 타격하여 전략목표를 달성하고자 하는 전략이다. 적의 전략적 취약성을 파악하여 그 취약성에 나의 강점을 지향시킴으로써 적이 효과적으로 대응하지 못하게 한다는 것이다. 과거 전쟁을 보면, 적이 전혀 예상하지 못하거나 대응할 수 없는 무기나 방법을 사용하여 승리한 예는 많다. 그러한 방법들이 오늘날 군사혁신이 제기되면서 비대칭 이론으로 중요시되기 시작한 것이다. 상대국가와 동일한 방법, 동일한 무기체계로는 결정적 성과 달성이 제한된다. 따라서 국가의 전략적 취약성을 극복하고 제한된 자원과 능력의 효율적 사용을 위해 비대칭적인 무기체계 개발이 요구되고 있으며, 아울러 군사전략 면에서도 비대칭성이 요구되고 있는 것이다.

1973년 제4차 중동전에서 이집트군은 이스라엘군의 기갑 및 기계화부대에 대응하기 위해 사막지역에서 사용이 용이한 휴대용 대전차 미사일을 대량으로 확보함으로써, 이스라엘군의 기갑 및 기계화부대가 공격해 올 때 집중 공격하여 큰 성과를 달성하였다. 또한 이스라엘군의 공군력에 대비하기 위해 소련으로부터 단거리 대공미사일(SAM)을 지역별로 배치함으로써 짧은 시간 안에 이스라엘군의 공군력을 무력화시킬 수 있었다. 이와 같이 적과 다른 새로운 무기체계와 방식으로 대응하는 전략을 비대칭전략이라고 한다.

이외에 대상기간에 따라 장기군사전략과 단기군사전략이 있으며, 전쟁방식에 따라 섬멸전략과 소모전략으로 구분할 수 있고, 전쟁이 수행되는 전장 환경에 따라 해양전략, 지상전략 그리고 항공전략으로도 구분할 수 있다. 또한 사용하는 무기에 따라 핵전략과 재래식 전쟁전략으로 구분할 수 있다. 전략은 국가정책이나 주요 전쟁, 분쟁 등을 통해 변화되며 특히 주요 무기체계의 변화, 적 위협, 국가의 성격, 군사사상, 국가능력, 전략적인 위치 등에 따라 다양한 형태로 나타나며, 과학기술의 발달과 경제능력에 따라 지속적으로 변화 발전한다. 가장 바람직한 군사전략이란 그 국가의 여러 여건과 능력에 부합되는 전략일 것이다.

2.3. 우리나라의 군사전략은 무엇인가요?

세계의 모든 나라는 자국의 안보를 위해 규모의 차이는 다소 있지만 군대를 보유하고 있고, 군대를 보유하고 있는 국가라면 당연히 전쟁에 대비해서 군사전략을 수립해서 추진하게 되며 이와 마찬가지로 우리나라도 군사전략을 수립해서 추진하고 있다. 군사 선진국인 미국과 일본의 군사전략에 대해 먼저 알아보자.

미국의 대표적인 전략은 윈-윈전략(Win-Win Strategy)이었다. 이 전략은 탈냉전 이후 안보환경변화에 따른 미국의 새로운 전략으로서 '두 지역에서 동시에 발생한 전쟁을 승리로 이끈다는 전략'이며, 1991년 당시 미 국방장관이던 체니(Dick Cheney)와 파월(Colin Powell) 합참의장이 주도한 군사보고서에서 처음 제기되었다. 소련과의 핵전쟁 상황을 주로 염두에 두었던 기본 전략에서 탈피해 탈냉전에 따른 지역분쟁에 대비한다는 취지 아래 마련된 전략이었다. 예를 들어 한반도와 중동에서 동시에 전쟁이 일어난다 하더라도 미국은 두 전쟁에서 동시에 승리할 수 있는 최소한의 병력과 전투기, 항공모함, 전차, 그리고 필수 전투장비 등을 갖추고 있어야 한다는 개념이었다. 이 윈-윈(Win-Win) 전략은 한반도와 중동을 주 대상으로 하고 있어 한반도 전쟁 억제에 큰 도움이 되었다. 그러나 빌 클린턴 행정부 취임 직후 이 Win-Win 전략은 2개의 전쟁을 동시에 수행하는 데 따른 천문학적인 예산 소요 때문에 'Win-Hold-Win'전략으로 교체를 검토한 적이 있었다. 즉 세계의 두 지역에서 동시에 전쟁이 발발했을 때 한 곳의 전쟁에서 우선 승리하는 동안 나머지 한 곳에서는 보다 적은 병력을 파견해 적의 발을 묶은 뒤 나중에 이를 물리친다는 전략이었다. 그러나 이 전략은 보수세력으로부터 너무 소극적이라는 비판을 받아 Win-Win전략이 그대로 유지되었다. 그 후

이 전략은 9·11테러를 겪으면서 미국의 안보 1순위를 '본토방위'로 수정하면서 2001년 이후에는 '한 개의 전쟁에서 결정적으로 승리하고 다른 지역에서 현상을 유지한다'는 윈-플러스전략(Win-plus, 1.4.2.1전략[12])으로 대체되어 현재까지 적용하고 있다.

전후 일본이 채택한 전략은 전수방위(專守防衛) 전략이다. '오로지 방어만 한다'는 뜻의 전수방위는 '비군사대국화', '비핵 3원칙' 등과 함께 태평양전쟁에서 패배한 책임을 지고 일본이 추구한 방위정책의 기본원칙이었다. 이를 근거로 일본은 정상적인 군대를 보유할 수 없었으며, 국경을 넘어 타국을 공격할 수 있는 장비를 공식적으로 보유하지 않았다. 그러나 오늘날 일본은 전략환경 변화에 따라 보통국가화를 추구하면서 새로운 전략을 추구하고 있다.

이와 같이 군사전략은 적 위협, 무기체계, 국가적 성격이나 군사사상, 국가 능력, 전략적 위치, 전쟁 경험 등을 통해 수립되어 진다. 따라서 각 국가는 고유의 군사전략을 보유하고 있으며, 자국의 안보를 위해 군사전략을 공개 하는 경우도 있고, 비공개로 유지하는 경우도 있다.

우리나라도 다른 나라들과 마찬가지로 군사전략을 수립해서 추진하고 있으며, 이를 비공개로 유지하고 있다. 그러나 대내외에 공개해도 큰 문제가 되지 않는 국방목표와 국방정책 등은 국방백서 등을 통해 공개하기도 한다.

---

12 _ 1-4-2-1 전략이란 "1"은 미국본토 방어를, "4"는 유럽과 동북아시아, 동아시아, 중동-서남아시아 등 4개 핵심지역(Critical regions)에서의 침략 및 위협 억제(Deterring aggression and coercion)를 의미한다. "2"는 이들 4개의 지역 가운데 2개 지역에서 발생할 수 있는 침략을 동시에 물리칠 수 있는 군사력을 유지하는 것이고, 마지막 "1"은 두 개 분쟁(conflicts) 가운데 한 곳에서 결정적인 승리를 거둔다는 의미다.

현재 우리나라의 군사전략은 합동참모본부 전략기획본부 군사전략과에서 발간하는 합동군사전략서(JMS)에 명확히 제시되어 있다. 합동군사전략서(JMS)는 비밀로 분류되어 있어 본 책자에 세부내용을 수록할 수는 없으나, 일반적인 내용과 국방백서에 나와 있는 내용을 살펴보면, 군사전략서에는 군사전략목표, 군사전략개념, 군사자원 등이 포함되며 특히 우리의 군사전략을 시기별, 대상별로 구분해서 군사전략목표와 개념을 제시하고 있다.

군사전략은 시기별로 평시, 국지전시, 전면전시로 구분하고 대상별로는 북한과 미래 잠재적 위협으로 구분해서 제시하고 있다. 먼저 시기별로 구분했을 때 평시에는 외부의 위협과 도발을 억제할 수 있는 군사전략이 수립되어 있고, 국지전이나 전면전시에는 도발해온 적을 응징하고 격멸해서 승리하는 군사전략이 수립되어 있다. 즉 북한을 대상으로 우리의 군사전략은 '평시 및 국지전시에는 북한의 도발을 억제 및 확전을 방지하고, 전면전시에는 북괴군을 조기에 격멸하여 한반도 통일여건을 조성하는 수세 후 공세 전략'이라고 간략히 말할 수 있다.

대상별로는 북한과 미래 잠재적 위협으로 구분해서 제시하고 있는데, 미래 잠재적 위협에 대해서는 '평시에는 다양한 군사교류협력을 통해 전쟁을 예방하고, 전면전시에는 전쟁에 승리해서 국가를 보위하는 적극적인 방위 전략'이라고 이해하면 될 것이다.

이러한 군사전략서(JMS)는 합참의 전략기획본부 군사전략과에서 작성하며, 전략기획본부 능력기획과에서는 군사전략서(JMS)를 기초로 합동능력기획서(JSCP)를 작성하여 예하 작전사령부에 전략지침을 하달한다. 이러한 전략지침에는 군사전략 목표, 개념, 자원 등이 포함된다. 또한 전력기획과에서는 합동군사전략목표기획서(JSOP)를 작성하며 여기에는 중기 군사력 건설방향, 중기 전력소요 및 전력화 우선순위를 제시한 군사력 건설소요가 포함된다.

군사력 운용

3. 작전술

3.1. 작전술이란 무엇인가요?

기업이 이익창출이라는 목표를 달성하기 위해서는 어떻게 해야 할까? 돈만 있으면 될까? 아니면, 우수한 기술자만 있으면 기업이 제대로 돌아갈 수 있을까? 그렇지는 않을 것이다. 대기업은 최고경영자로부터 중간관리자, 영업팀, 재무팀, 기획팀, 인사팀과 같은 조직과 회사원, 공장근로자까지 다양하게 구성되어 있다. 이러한 구성원 및 조직들이 하나의 목표를 향해 상호 유기적으로 결합되고 조직되었을 때 기업은 많은 이익을 낼 수 있고, 더욱 번창할 수 있을 것이다.

국가의 존망을 좌우하는 전쟁을 준비하고 시행함에 있어서도 마찬가지이다. 전쟁에서 승리라는 국가 안보목표를 달성하기 위해서는 국가안보와 관련된 수많은 조직과 기관들 즉, 대통령으로부터 국방부, 합참, 군사령부, 군단, 사단, 중 · 소대에 이르기까지 각각의 임무와 역할이 유기적으로 결합되고 조직되었을 때 가능할 것이다. 이러한 조직 및 기관들이 전쟁에 대비해서 효율적으로 운용되도록 하는 것이 바로 군사전략, 작전술, 전술과 같은 용병술이다. 그렇다면 작전술이란 무엇일까?

작전술(作戰術)은 한자로 지을 작(作), 싸울 전(戰), 재주 술(術)로 쓴다. 그 의미를 풀어보면 싸움을 만드는 재주, 즉 싸움 자체를 만드는 방법이라 할 수 있다. 싸움을 만든다는 것은 내가 갖고 있는 자원(전투력)을 시간, 공간, 목적 측면에서 조직하고 배열한다는 의미로, 적과 싸워 이기기 위하여 작전계획을 수립하고 시행하는 것을 말한다.

작전술은 용병술의 하나로 전략과 전술을 서로 연결시켜 주는 역할을 한다. 즉, 전략제대에서는 국가안보를 위해 전쟁의 목표와 개념, 수단 등 큰 그림을 그려서 예하 작전사에 하달한다. 예하 작전사에서는 상급제대에서 하달한 전략지침(큰 그림)을 기초로 실제 작전을 어떻게 수행할 것인가를 구상한다. 이러한 구상을 기초로 전역 및 주요작전 계획을 수립하고 시행하는데 이때 적용하는 용병술이 작전술이다.

작전술을 적용해서 수립한 작전계획은 군단급 이하의 전술제대에 목표를 부여해 주고, 동시에 전술제대에서 무엇을 해야 할지를 구체화해줌으로써 최종적으로 전쟁에서 승리하도록 하는 역할을 한다. 즉 작전술은 전략제대에서 제시된 전쟁의 목표(승리)를 달성하기 위하여 군사작전을 계획하며, 전술제대가 전투에서 승리할 수 있도록 전투력을 할당할 뿐만 아니라 식량 · 탄약 · 유류 · 병력 · 장비 등 행정 및 군수를 지원하는 등 전투에서 승리할 수 있도록 여건을 만들어 주는 역할을 수행한다.

작전술이 다루는 분야는 주로 전역(戰役, Campaign)과 주요작전(Major Operations)인데, 전역과 주요작전에 대해 알아보자.

전역을 제대로 이해하기 위해서 드라마를 예로 들어보자. 드라마를 보면 통상 20부작, 24부작 등 여러 편이 모여 하나의 드라마가 완성된다. 1편의 드라마가 만들어지기 위해서는 배우와 스태프들이 어느 한 장소에서 하나의 장면을 촬영한다. 이 하나의 장면을 전쟁과 비유하면 전투가 된다. 드라마는 단순한 하나의 장면과 장면을 연결시켜 놓은 것이 아니라, 스토리를 가지고 수많은 장면의 연결인데, 그 스토리가 바로 작전계획이 된다.

스토리에 따라 배우와 스태프들은 다양한 장소에서 여러 장면을 촬영하여 1부의 드라마를 완성한다. 일정한 스토리를 바탕으로 장면, 장면이 결합된 이 1부의 드라마가 전쟁에서는 바로 주요작전이 된다. 이렇게 해서 만들어진 드라마의 한 부, 한 부가 모여서 20부작, 24부작의 전체 드라마를 완성시킨다. 이렇게 완성된 드라마를 우리는 전역이라고 비유할 수 있다.

그렇다면 작전술에서 다루는 전역이란 무엇인가? 전역을 영어로 "Campaign"이라고 하는데, 원래의 뜻은 선거운동을 말하는 것으로 정치적 목적을 달성하기 위한 선거운동, 유세, 사회운동을 의미하는 것으로 해야 할 일, 운동이라는 의미가 포함되어 있다. 이러한 전역은 상대하는 적과 전략목표 그리고 지리적인 영역을 기준으로 구분할 수 있는데 일련의 주요작전들의 집합이라고 할 수 있으며, 제2차 세계대전 시 프랑스 전역과 소련 전역 등을 예로 들 수 있다.

주요작전은 육 · 해 · 공군 및 해병대가 가진 전투력뿐 아니라 연합자산을 통합적으로 운용하여 전역의 일정한 지역에서 수행되는 군사작전을 일컬어 부르는 말이다. 주요작전의 승패가 결국 전역의 승패를 결정짓게 되고, 나아가 전쟁 승패에 영향을 미치게 된다. 6 · 25전쟁시 낙동강전선에서 38도선을 회복하기 위해 실시했던 미8군의 반격작전과 미10군단의 인천상륙작전은 전역의 한 단계에서 실시된 주요작전이라고 할 수 있다.

▌작전술 용어의 사용

- 작전술이라는 용어를 처음 사용한 사람은 구(舊) 소련의 스베친이며, 1965년에 공식적으로 소련 교리로 채택하여 적용하게 되었고, 이후 전쟁수행에 있어 선도적인 역할을 하였다.
- 미국은 월남전 결과를 분석하면서 1982년에 작전술이라는 용어를 사용하였고, 미군 교리를 바탕으로 교리를 체계화하고 있는 우리군은 1989년부터 작전술이라는 용어를 교리에 적용하여 오늘에 이르렀다.

3.2. 작전술의 필요성과 역할은 무엇인가요?

용병술 체계에서 알아보았듯이 옛날에는 전략과 전술만이 있었고, 작전술이라는 용병술이 존재하지 않았다. 그러나 무기체계가 발전하고, 전쟁이 광역화 되면서 전투현장에서 적용되는 전술과 전쟁을 기획하고 지도하는 전략을 연결해주는 무엇인가가 필요했다. 이러한 필요성으로 등장한 용병술이 작전술이며, 오늘날에는 군사전략, 작전술, 전술이라는 용병술체계가 정착되어 적용되고 있다. 그렇다면 마지막으로 등장한 용병술인 작전술이 왜 필요하게 되었으며 그 역할은 무엇인지 알아보자.

어느 건설회사가 있다. 회사의 사장이 "누구나 편안하게 살 수 있는 멋진 집을 지어라."라는 지시를 했다. 그리고 지시를 받은 각 부서에서는 멋진 집을 짓는다는 공동의 목적을 가지고 설계팀은 멋진 집 설계도를 작성하고, 자재팀은 최고의 자재를 준비하고, 시공팀은 계획대로 집을 멋지고 튼튼하게 지으려고 각자의 위치에서 최선을 다할 것이다.

이 예를 좀 다른 각도에서 생각해 보자. 설계팀은 현대적인 멋을 살려 2층 양옥집을 설계하였고, 자재팀은 한옥집을 만들 생각으로 100년 된 금강송을 준비하였으며, 시공팀은 아파트를 짓는 기술자를 준비하였다면 결과는 어떻게 되었을까? 그 결과, 각각의 팀들은 각자의 위치에서 최선의 노력을 다했지만, 서로 아무런 연관 없는 쓸모없는 노력들을 한 것이다.

그렇다면 이 회사에 가장 필요한 것은 무엇인가? 바로 통합과 조정이다. 사장의 지시를 각 팀들이 수행하기 전에 중간에서 누군가가 그들을 통합 및 조정하고, 올바른 방향으로 나아갈 수 있도록 지도하는 역할을 할 수 있다면 사장이 기대한 이상의 훌륭하고 멋진 집이 탄생할 수 있을 것이다.

전쟁도 마찬가지이다. 국가의 전쟁지도부는 적의 도발에 대비해서 전쟁준비 및 수행 지침을 작성해서 예하부대에 하달한다. 그리고 각 부대는 이러한 지침에 따라 전투에서 승리하기 위해 최선을 다할 것이다. 그러나 각각의 부대들의 승리가 전쟁의 승리로 반드시 연결되는 것은 아니기 때문에 전쟁지도부의 지침을 이행할 수 있도록 제 전투를 조직하고, 전술제대의 성과를 확대하여 전략적 성과로 이어주는 즉, 전술과 전략을 연결해 줄 그 무엇이 필요하다. 바로 그것이 작전술이다.

전쟁사를 용병술 적용 측면에서 분석해 보았을 때, 작전술에 대한 인식이 부족해서 패배한 사례를 종종 찾아볼 수 있다. 그 대표적인 예가 월남전에서의 미국이다. 월남전에서 미국은 "공산주의 팽창저지와 자유민주주의 월남 건설"이라는 군사전략목표를 설정했다. 자유민주주의 월남 건설이라는 군사전략목표는 미군 현장지휘관들에게 군사적으로 어떠한 역할을 해야 하는지 방향 설정을 애매하게 만들었다. 그렇다보니 미군 지휘관들은 게릴라 활동을 했던 베트콩에 집중하였으며, 그 결과 대다수 전투에서는 승리하였으나 이러한 성과를 전쟁의 승리로 연결하지 못하여 결국 전쟁에서 패배했던 것이다. 다시 말해서 미 본토 전쟁지도본부의 군사전략목표를 현지 실정에 맞도록 군사작전으로 전환해주는 역할이 부족했고, 또한 현지 전투에서 전술적 승리를 전략적 승리로 연결해 주는 역할, 즉 작전술의 부재가 월남에서 미군의 패배를 갖고 왔다고 볼 수 있다.

그렇다면 용병술의 일부인 작전술은 과연 어떤 역할을 담당하고 있을까?

첫째, 작전술은 전략지침을 군사작전으로 전환하는 역할을 수행한다. 전쟁지도본부에서 작성되어 하달되는 전략지침은 다소 개념적이고 추상적인 내용으로 작성된다. 따라서 작전술 제대의 지휘관은 전략지침에서 제시된 군사전략목표를 달성하기 위해 작전목표를 설정하고, 작전목표를 달성할 수 있는 전역 또는 주요작전에 대한 작전계획을 수립, 시행함으로써 군사전략을 실제 행동 가능한 군사작전으로 전환하는 역할을 수행한다.

둘째, 여러 전투를 연속적 · 동시적으로 조직하는 역할을 수행한다. 전쟁은 다양한 장소에서 오랜 기간 동안 수많은 전투들로 이루어진다. 따라서 수많은 전투들이 일정한 목적과 방향에 따라 실시되도록 조직하며, 또한 각각의 전투에서 승리가 전략적 승리로 이어질 수 있도록 통합하고 조정을 실시한다. 따라서 작전술 제대 지휘관은 이러한 전투들을 시간, 공간, 목적 측면에서 연속적이고 동시적으로 조직하고 예하 전술제대를 지도해야 하는 역할을 수행한다.

셋째, 전술제대의 전투를 위한 유리한 여건을 조성한다. 작전술은 전투에서 이기는 행위 그 자체를 말하는 것이 아니라, 전투에서 이기기 위한 유리한 상황을 조성하는 것이다. 작전술 제대에서는 전술제대들이 어디에서, 누구와, 무엇을 위해 전투를 수행해야 하는지를 명확히 제시하고, 가장 유리한 상황에서 전투를 실시할 수 있도록 부대, 자원 등을 지원해 주는 역할을 수행한다.

넷째, 전술적 성과를 작전적, 전략적 승리로 확대한다. 개별적인 전투에서의 승리가 전쟁에서의 승리를 보장하는 것은 아니지만, 개별적인 전투결과는 그것이 승리이든 패배이든 전역 전체에 영향을 미친다. 따라서 전투를 통한 전술적 성과는 반드시 작전적 성과에 기여할 수 있도록 확대하고 더 나아가 전략적 승리로 귀결시킬 수 있어야 한다. 반대로 일시적인 전술적 성과는 다른 전술적 활동, 또는 후속하는 전술적 활동에 의해 그 의미가 달라질 수 있으며, 심지어는 전술적 성공을 효과적으로 확대하지 못할 경우 전략적으로 불리하게 영향을 미치는 경우도 있다.

3.3. 우리나라는 작전술을 어떻게 적용하고 있나요?

우리나라에서 작전술을 어떻게 적용하고 있는가를 교리적인 측면과 실제 적용 측면에서 알아보자.

먼저 교리적인 측면에서 작전술은 1984년 육군본부에서 발간한 『전략 · 전술 용어집』에서 처음으로 우리 군에 소개되었고, 1989년에 발간된 『작전요무령(육군본부)』에서는 공식적인 교리로서 처음으로 사용하였으며 이때부터 용병술 체계를 군사전략-작전술-전술로 구분하여, 정의와 상호 연관관계를 설명하였다. 이후 군사기본교리, 지상군기본교리, 전술교범 등에 기술되었고 2000년 8월 『작전술』이라는 교육참고가 발간됨으로써 현재 군에서는 교리적으로 어느 정도 정착되어 활용되고 있다.

실제 우리나라가 어떻게 작전술을 적용하고 있는지 알아보자. 우리나라의 작전술 적용은 전시 작전통제권 전환 전 · 후로 구분해서 설명할 수 있다. 전시작전권이 전환되기 이전, 즉 현재의 한 · 미 연합지휘체계에서는 한 · 미 합참의장을 포함한 주요직위자로 구성된 군사위원회(MC)에서 전략지침을 작성해서 한 · 미 연합사령부에 하달하면, 한 · 미 연합사령관이 작전술을 적용하여 한반도에서의 전역계획을 수립해서 전쟁을 수행하게 된다. 여기서 말하는 한반도 전구의 전역계획이 바로 작전계획 5027이며, 이때 적용되는 용병술이 작전술이다. 따라서 작전술을 적용하는 제대는 한 · 미 연합사령부라고 할 수 있다.

전시 작전통제권이 전환된 이후에는 합참 전략기획본부에서 전략지침을 작성해서 합참 작전본부로 하달하면, 합참 작전본부에서 한반도에서의 전역계획을 수립해서 전쟁을 수행하게 된다. 이때 작전술을 적용하는 제대는 합참이 해당된다. 이때 합참은 군사전략과 작전술을 동시에 적용하는 제대가 되는데, 그 이유는 대한민국 전구(KTO)를 책임지는 작전사령부가 별도로 구성되어 있지 않고, 합참이 전략제대이면서 한반도 전구 작전사령부로서의 역할을 동시에 수행해야 하기 때문이다.

이와 같이 작전술의 역할 중 전략지침을 군사작전으로 전환한다는 측면에서만 본다면 작전술을 적용하는 제대는 합참 및 연합사가 될 것이다. 그러나 각 작전사도 작전술을 적용하는 제대라고 볼 수 있는데, 이는 작전술의 역할 중 여러 전투를 조직하고, 전술제대의 유리한 여건을 조성하고 전술과 전략을 연결한다는 측면에서 보면 충분히 이해할 수 있을 것이다.

군사력 운용

4. 전술

4.1. 전술이란 무엇인가요?

군대뿐만이 아니고, 우리가 각종 스포츠나 사회활동을 하면서 쉽게 접하는 용어 중의 하나가 전술이 아닌가 싶다. 우리가 일반적으로 알고 있는 전술은 상대방과 싸워 이기기 위한 기술이며, 전략에 비해 상황에 따라 수시로 변화하는 기술정도일 것이다. 그렇다면 전술이란 무슨 의미이고 어떻게 발전되어 왔는지 알아보자.

전술, "Tactics"[13]란 용어는 배열하다, 정돈하다라는 의미의 그리스어 "TAKTIKOS"에서 유래 되었으며, 많은 전술이론가들이 군사적으로 다양하게 정의하고 있으나, 가장 일반적인 의미는 전투에 승리하기 위해 군대를 배치하고 이동시켜, 전투력을 최대한 발휘토록 하기 위한 기술이라고 풀이할 수 있다.

이러한 전술의 발전은 근본적으로 인간의 본성에 기인한 것이라고 할 수 있다. 인간은 자기가 공격당하면 생존을 위해 방어를 하고, 생존을 위해 사냥을 하거나 자기를 위협하는 대상에 대해 공격하는 본능을 가지고 있다는 것이다. 이러한 인간들이 모여서 집단을 이루고, 집단은 공격해 오는 상대방을 효과적으로 방어하거나 또는 방어하는 적을 공격하기 위해 당시대에 구할 수 있는 다양한 수단(무기, 자원, 도구 등)을 가지고, 어떻게 하면 집단을

---

13 _ 『군사용어사전』 정의 : 군단 이하 전술제대가 전투와 교전에서 승리하기 위하여 전투력을 운용하고 조직하는 술과 과학.

효과적으로 운용하여 상대방을 이길 수 있는가를 고민하면서 발전된 것이 전술의 출발이라 할 수 있겠다.

처음에 인간본성에 기인해서 집단에 적용된 전술이 시대가 흐르고 무기체계가 발달하면서 전술 개념도 발전하였다. 고대나 중세시대에는 한 번의 전투로 전쟁의 승패가 갈렸으나, 근대와 현대에 와서는 군대의 규모가 총력전 개념에 의해 대규모화 되면서 전술 개념이 확장되게 되었다. 즉 한 번의 전투가 아닌 여러 번의 전투 또는 전투를 위한 유리한 위치로의 대규모 병력을 기동시킴으로써 전투에 유리한 여건을 조성해 주는 등의 전술이 필요하게 되었으며, 이러한 영역을 작전술이라 부르게 되었으며, 오늘날에 전략, 작전술, 전술의 개념으로 분리 발전하게 되었다.

현대적 의미에서 전술은 전쟁에서 이기기 위한 여러 가지 기술 및 방책, 전법이라고 할 수 있다. 즉 전술이라는 것은 우리가 알고 있는 바와 같이 제대상으로 군단급 이하의 제대에서 이루어지는 전투에서 승리를 하기 위해 여러 가지 수단과 방법을 동원하여 하는 활동이라고 할 수 있다. 이러한 전술은 용병술 체계상에서 제일 하위에 있으나, 그 중요성은 전투에서의 승리가 작전술 및 군사전략의 성공으로 이어지며, 나아가 전쟁의 승리까지 이어지기 때문이다.

이러한 전술이 고대로부터 현대까지 어떻게 발전되어 왔는지 알아보자. 고대 전쟁은 로마의 레기온, 팔랑스와 같이 전투원이 제대를 편성하여 일정한 지역에서 전투를 수행하였는데, 이러한 편성은 다양한 전술을 구사하기 위한 것이라기보다는 지휘통일과 병력통제의 용이성을 보장하고, 전투력을 집중하기 위해서였다. 따라서 이 시기의 전술은 전투에 이기기 위해 다양한 방법을 구사하는 수준이 아니라, 단순이 적보다 우위의 전투력을 유지하기 위한 전투력 집중 위주의 기술에 불과하였다.

나폴레옹시대에는 광역화된 전장에서 대규모화된 시민군을 효율적으로 통제하기 위해 사단과 군단을 처음으로 조직하였고, 이는 서로 다른 전장에서 독립된 작전수행이 가능한 제대였다. 또한 산업혁명에 따른 이동수단의 발달은 나폴레옹으로 하여금 여러 전장에서 전술과 전술들을 결합하여 연속적이고 동시적인 전투를 수행 가능토록 하였으며, 나아가 수개의 전술제대를 결합하여 전역의 중요한 역할을 담당하는 야전군이 조직되었다.

제1차 세계대전에서 프랑스 육군은 집단군을 편성하여 전술제대를 결합하였고, 독일군은 대규모 전투 시 야전군 단위의 군사작전을 보편적으로 수행하였으며, 이때 전술의 핵심인 군단들을 운용하여 전투를 수행하였다. 이때의 전술제대의 역할은 전쟁이 장기화되면서 단순히 공격 아니면 방어만을 위한 작전이었다.

제2차 세계대전에서 비행기의 등장으로 육 · 해 · 공군의 임무와 군 편성 등이 명확하게 구분되었고, 다양한 유형의 전술제대가 편성되어 현대적 개념의 합동 및 연합작전을 가능하게 하였다. 이때의 전술개념은 단순히 전투에서 전투력을 적에게 집중시키는 개념을 탈피하여, 전략 및 작전목표를 달성하기 위하여 육 · 해 · 공군의 다양한 전술제대를 편성하였으며, 역할에 따라 여러 유형의 전술적 과업을 수행하는 것이었다.

결론적으로 전술은 고대에 단 1회의 전투가 전쟁의 승패를 결정하는 시대에서, 군대의 규모가 커지고 전쟁에서 수행하는 역할이 복잡하게 발전함에 따라 전략과 작전술 개념이 발전하게 되었고, 전술은 그 하위 개념으로 위치하고 있으나 그 중요성은 더욱 강조되고 있다.

4.2. 전술도 진화를 하나요?

앞 절에서 전술은 인간의 본성에 기인하여 생겨났으며, 인류역사의 발전과 함께 발전되어 왔다고 하였다. 특히 전투의 주요 수단인 무기체계의 발전, 그리고 이러한 무기체계가 운용되는 지형의 극복 및 활용을 위한 창의적인 사고가 전술 발전의 지배적인 요소라고 할 수 있다.

무기라는 것은 적을 살상, 파괴 또는 무력화하거나 이를 지원하기 위해 생산되어 전투원에 의해 운용되는 일체의 유형물로서 전투의 하드웨어적인 요소이다. 이러한 무기는 동시대의 전투에 있어서 전술에 획기적인 영향을 미쳤다. 전쟁을 시대적으로 구분할 때 대략 전쟁사적 관점에서 고대전쟁, 중세전쟁, 근대전쟁, 현대전쟁으로 구분하고 무기의 발달사로 구분할 때는 육체의 완력을 이용하던 근력시대, 화약의 힘을 이용하던 화약시대, 산업혁명으로 나타난 기계에너지를 이용하던 기술시대, 그리고 신소재와 컴퓨터 등 전자에너지를 이용하는 하이테크시대로 구분할 수가 있다.

근력시대의 무기체계는 칼과 창 등 가장 초보적인 무기가 근간을 이루었다. 이것은 결국 병력의 수에 전투의 승패가 결정되는 방식이 되었고, 병력들이 상호 방호력을 제공받으면서 효과적으로 공격하고 방어할 수 있는 밀집대형을 형성하는 방식으로 발전되었다. 즉 각개 병사들로는 이러한 밀집대형을 공격하기가 제한되므로, 전술은 밀집대형간의 전투로 발전하게 되고, 단 한 번의 전투로 승패를 결정하는 경우가 많았다. 등자(말을 탈 때 안정감을 주도록 발을 딛는 도구) 발명 이후에는 기병이 말 위에서 활동이 자유로워지면서 기병운용이 용이해졌고, 탁월한 기동력으로 밀집대형의 측 · 후방을 공격할 수 있게 되었다.

화약시대의 무기는 화승총과 화포가 발달하여 무기파괴력의 증대와 원거리 전투가 가능하게 되었다. 화포의 발달은 방어수단으로서 성곽의 유용성을 감소시키게 되고, 포병 병과를 탄생시키게 되었으며 이후 보병, 포병, 기병의 장점을 활용하는 제병협동전술이 발전하는 계기가 되었다. 이에 따라 나폴레옹시대에는 사단이라는 제병협동부대를 편성하여 운용하는 단계로 발전하였다. 또한 화약의 발달은 무기의 파괴력 증대, 사거리 연장 등 통합성 측면에서 전술 발전에 미친 영향은 지대하다고 할 수 있다.

기술시대의 무기는 기관총, 전차, 잠수함, 항공기, 핵무기 등의 무기를 들 수 있다. 이시대의 특징은 산업혁명으로 무기가 획기적으로 발전하였으며 동력선과 잠수함, 전차와 기관총의 등장은 지상과 해상전에서 전투반응시간을 단축하였으며, 항공기의 출현은 공중이라는 새로운 전투공간을 포함하는 계기가 되었다. 1차 세계대전시에는 기관총과 항공기가 화포의 능력과 결합해서, 공자의 기동보다는 방자의 화력이 더 우세하게 되어 결국은 참호전의 양상으로 전개되었다. 2차 세계대전시 영국이 최초로 개발한 전차에 독일이 보병과 포병을 자주화시켜 전차를 지원할 수 있는 기갑부대를 편성하여, 전격전이라는 새로운 전술을 구사하여 유럽대륙을 석권할 수 있게 되었으며, 1차 세계대전의 화력과 항공력을 이용한 참호전이 전차라는 무기의 특성과 연계한 화력운용으로 기동전[14]이 탄생하게 되었다

하이테크시대는 지 · 해상전의 발전에 비해서 공중전과 우주전의 발전이 두드러진 특징이다. 특히 인공위성과 네트워크 기반체계를 이용한 각종 정보수집 수단들이 연동이 되고, 근 실시간대 정보처리, 생산, 전파가 가능해졌으며 고도의 과학기술은 화력의 정밀성을 극대화 하였다. 이라크 전쟁의 예를 들면 '후세인 정권제거'라는 전략목표달성을 위해 최첨단무기체계를 이용한 신속결정작전과 효과중심작전이라는 새로운 형태의 전법이 적용

14 _ 신속한 종심으로의 기동으로 적의 중심부를 강타하고 혼란과 마비를 일으켜 승리를 달성한다는 것.

가능해졌고, 정밀유도무기 사용비율이 획기적으로 증대하는 등 최첨단 무기를 활용한 전쟁이었다.

앞에서 살펴본 무기체계가 전술발전에 획기적인 영향을 주었다면, 지형은 공자든 방자든 누가 더 지형을 잘 활용하느냐에 따라 승패가 갈렸다는 특징을 알 수 있다.

무기체계 발달과 연계하여 구분해 보면 근력시대에는 넓은 공간을 필요로 하는 밀집대형의 특성상 넓은 평원에서 전투가 이루어졌다. 그러나 기병이 등장하면서 산악 및 수목지형에서도 전투가 가능하게 되었으며, 기병의 기동성과 충격력을 무력화하기 위해 성곽이라는 인공적 지형의 이점을 활용하게 되었다.

화약시대에는 화승총과 화포의 개발로 결국 성곽 공격이 용이해져 전투는 다시 야지에서 이루어지게 되었으며, 이러한 야지전투는 기동력과 연계하여 대우회기동으로 적 병참선 및 퇴로차단 등 종심상의 전투와 근접전투가 동시에 이루어지는 2차원의 평면 공간에서 이루어졌다.

기술시대에는 화력의 파괴력이 증대됨에 따라 생존성을 보장받기 위해 방어에 유리한 지형을 이용하여 참호를 구축하게 되었고, 또한 전차의 기동력과 화력이 널리 이용되었으며, 항공력을 포함한 3차원의 입체적인 공간에서 전투가 이루어지는 양상으로 변화되었다.

하이테크시대의 정밀유도무기는 지형의 마찰요소를 극복할 수 있게 하였고, 인공위성을 활용한 우주전 등 4차원의 입체전투가 진행되고 있는 양상이다.

앞서 살펴본 시대별로 무기의 발달은 전체적으로 지형이라는 마찰요소를 극복하기 위함임을 알 수 있다. 처음에 칼을 사용하다가 좀 더 안전하게 적의 칼이 닿지 않는 곳에서 공격할 수 있는 무기를 고민하여 창, 활, 방패 등이 발전하고, 이보다 더 멀리 있는 적을 효과적으로 파괴하기 위해 대포가 개발되고, 대포를 좀 더 빨리 기동시키면서도 대포를 운용하는 병사에게 방호력을 제공하기 위해 전차가 발전하였고, 항공기 역시 더 멀리 있는 적에게 아군의 화력을 더 정확하게 투사하기 위해 개발되었다는 것이다

이와 같이 무기가 지형의 불리함을 극복하거나 장거리 투사, 기동성을 증대시키기 위해 발전하였듯이 어느 지형에서 전투하는 것이 당시의 무기체계를 효과적으로 이용하여 승리하기에 유리하냐에 따라 평원에서의 전술, 성곽전술, 산악전술, 기병전술 등이 발전하였다. 즉 무기체계는 시대가 구분될 정도로 전술에 많은 영향을 미친 반면, 지형은 통상적으로 같은 시대의 전술개념상에서 어느 지형에서 전투를 실시하는 것이 효과적인가의 문제로 무기가 전술에 미친 영향과는 조금 차이가 있음을 알 수가 있다.

4.3. 방어전술은 무엇인가요?

방어는 인간이 기본적으로 갖고 있는 생존의 본능에 바탕을 둔다고 볼 수 있다. 인간은 누구나 자기 신체에 위협을 느끼면 이를 지키고자 하는 본능이 있으며, 이러한 인간의 본능이 집단을 이루는 군락생활을 하면서 자기 가족과 마을을 보호하는 차원으로 승화했다고 해도 과언이 아닐 것이다.

이러한 개인적인 방어의 개념이 집단을 이루면서 집단이 효과적으로 방어를 할 수 있도록 당시 시대에 사용할 수 있는 각종 무기 및 도구 등의 수단을 이용하여, 공격하는 상대방이 가지고 있는 다양한 약점(무기체계, 의지, 사기, 효과적인 전투수행이 불가능하게 하는 요인)에 집중적으로 타격함으로써 성공

적인 방어를 할 수 있는 전술로 발전시킨 것이다.

원시시대에는 동물이나 다른 부족 집단의 위협으로부터 주거지 확보와 식량 보호 등 생존을 위해 돌, 나무 등을 이용하여 무기를 제작 하는 등 방어에 필요한 무기가 발달하였고 이러한 무기는 자기방어의 목적도 있었지만 식량획득을 위한 사냥과 또 사냥시 동물의 위협에 대항하는 등의 목적을 가지고 보다 발달했음은 어렵지 않게 추론해 볼 수가 있다.

고대 이집트나 중국과 같이 광활하고 비옥한 영토를 가진 지역에서는 농사를 짓는 사람들이 많이 모여 살았고, 농업은 협동으로 일을 하는 것이 관행이었다. 즉 농사를 짓던 농민들을 동원하여 농사일을 하던 방법으로 진형을 짜서 전투를 하였던 것이다. 당시는 많은 사람들을 동원하여 대병력의 진형을 보여주는 것만으로도 적의 공격 의지를 꺾을 수 있는 방법이었고, 이렇게 잘 짜여진 대형에 칼이나 창 등을 휴대시켜, 상대방에게 효과적으로 대항하는 방법으로써 방어전술이 발전하였다.

이러한 밀집형 방어전술은 공자가 밀집대형을 깨기 위해 기병대와 마차를 이용한 돌격전술로 대승을 거둔 이후 변화를 보였다. 기원전부터 축성과 성곽에 의한 방어와 이를 극복하기 위한 공성술이 있어 왔으나, 본격적으로 도시 전체를 성곽으로 축성하여 요새화 하고 이러한 요새를 기초로 종심방어 전술을 발전시킨 것은 기병이 전성기를 이룬 때부터라 할 수 있으며, 중세기에 걸쳐 약 천여 년 동안 도시성곽에 의한 요새방어와 종심방어 전술이 계속 되었다.

방어와 공격전술은 창과 방패와 같은 존재로서 한쪽이 무기체계와 연계하여 전술이 발전하면, 다른 쪽도 이에 대응하기 위해 동시에 발전을 하는 것이 역사의 반증이다. 이렇게 성곽에 의한 방어전술은 중세 화약의 발명과 각종 공성화기가 발전하면서 효율성이 저하되기 시작하였으며, 화약을 이용한 포병화기의 발달로 성곽에서 벗어나 원거리에서부터 공격하는 적을 타격하는 원거리 방어전투가 발전하게 되었다.

산업혁명 이후 혁신적으로 무기가 발전하면서 적의 소총과 각종 화력으로부터 나의 피해를 줄이면서 공격을 저지할 수 있도록 진지를 구축하고, 적의 공격에 대비하되 진지가 한 번 뚫리면 방어하는데 제한이 된다는 점을 인식하여 처음 구축된 진지와 일정한 간격을 두고 또다시 진지를 구축하는 등, 진지의 종심을 유지하여 공자의 종심 깊은 공격을 저지할 수 있도록 방어전술이 진화를 하였다.

현대에 와서는 전투 공간이 육상, 해상, 공중, 우주 및 사이버 영역까지 확대가 되고, 무기체계 또한 과거에는 상상할 수 없을 정도의 파괴력을 지니고 있고, 과학기술의 발전에 따른 전장감시체계가 발달하게 되었다. 이에 따라 상대방보다 먼저 보고 빨리 판단하여 적이 전투를 수행하지 못하도록 치명적인 타격을 가함으로서 효과적인 방어를 할 수 있는 시대가 됨으로써 방어전술도 과거와는 다르게 공격에 비해 소극적이지 않은 적극적인 전술을 구사하는 방향으로 발전해가고 있다.

이상에서 살펴본 바와 같이 방어전술은 고대로부터 인간이 생존을 위해 자기 자신을 보호하는 개념이 집단을 구성하면서 집단을 방어하는데 효율적으로 운용하기 위해 무기의 효율적 운용, 대형의 형성, 상대방의 기동성과 화력의 증가에 따른 효율적인 대응 방안으로 발전해 왔음을 알 수 있다.

이렇듯 고대로부터 현대에 이르기까지 발전해온 방어전술의 공통점을 발견할 수 있는데, 방어하는 자는 공격하는 자보다 싸울 수 있는 힘(전투력)

이 부족한 상태에서 시작하기 때문에 이를 극복하기 위해 하천, 산악, 요새 등의 지형을 이용하거나 우기, 동계, 주간, 야간 등의 시간을 잘 활용하여 적의 공격을 막아냈다는 것이다. 그리고 앞서도 이야기 했듯이 방자는 적이 공격해 오는 동안 이미 형성된 약점이 있거나, 약점이 없으면 인위적으로 약점을 만들어서 거기에 집중적으로 타격함으써 승리를 할 수 있었고 공자의 무기체계나 기병, 전차, 비행기 등이 발전함에 따라 적의 공격을 축차적으로 흡수하여 약화시킨 다음 결정적인 타격으로 승리할 수 있도록 방어진지의 종심을 깊게 유지하였다. 또한 혹시 한군데에 구멍이 생기더라도 이를 신속히 회복 가능하도록 일정부분 예비대를 보유하여 융통성 있게 대응하였다는 것을 알 수 있다.

이와 같은 공통점은 고대로부터 현대에 이르기까지 방어를 잘하기 위해 항시 적용이 되었던 원리로 귀결이 된다. 이는 적이 공격해 올 때 항시 방어전술을 구상하고 적용하여 적의 공격에 효과적으로 승리할 수 있게 해주는 것이다. 이렇듯 방어전술을 구사하는데 항시 적용해야 할 것을 방어작전의 준칙, 원칙이라 하며 이러한 원칙에는 적의 기도와 약점을 먼저 찾아서 적의 약점에 나의 전투력을 집중하는 것, 공자에 비해 방어에 유리한 지형을 선택하고 방어시간을 충분히 확보해서 완벽히 방어 준비를 한다는 것, 방어의 종심을 잘 활용 하는 것, 적절한 규모의 예비대를 보유하여 즉응성과 융통성 있게 대응할 수 있도록 하는 것 등이 포함된다.

4.4. 공격전술은 무엇인가요?

앞에서 방어전술이 인간의 방어 본능으로부터 출발하였음을 알아보았는데, 공격전술은 반대로 인간의 생존을 위한 공격 본능에서 발전하였음을 유추해볼 수 있다. 인간의 공격본능은 자신의 생존을 위해 사냥을 하거나, 군락을 이루는 인간 집단이 양식 확보나, 자기를 위협하는 상대방으로부터 위협을 당했을 때 위협의 근원을 제거하기 위해 상대방을 공격하여 굴복시켜 자기의 말을 잘 듣게 하려는데 기인한다. 이렇게 공격을 하기 위해서는 상대방 보다 힘이 세다는 것을 과시할 필요가 있을 것이고, 이러한 과시를 통해 적의 항복이나 굴복을 받아내든가, 아니면 상대방을 살해하는 등의 직접적인 힘의 사용을 통해 자기의 의지를 관철하고 위협을 제거했던 것이다.

방어전술이 상대방에게 자기의지를 강요하는데 있어서 적극적이기보다는 공격해 오는 적에게 피해를 입힘으로써 공자 스스로가 방어하는 자를 이길 수 없다고 인식을 해서 공격을 포기토록 하는데 반해, 공격전술은 방어전술보다 적극적으로 자기의 의지를 방자에게 강요하기 위해 힘이 세야 하고 방자가 공격하는 상대방을 이길 수 없다고 인식을 하게하여 방자 스스로 굴복을 하게 하는 등 보다 능동적이고 적극적으로 자기의 의지를 관철시키고자 한다는 측면에서 차이가 있다 하겠다.

고대에는 전투를 위해 밀집대형을 형성하였다는 것을 방어전술에서 알아보았는데, 이러한 밀집대형간 전투에서 공격전술의 발달은 항시 적이 예상할 수 없게끔 적의 약한 곳에 공자의 병력과 힘, 즉 전투력을 집중하여 전투를 승리하도록 하였는데 그 대표적인 전투가 고대 그리스의 마라톤 전투이다. 이전 시대까지는 일정한 대형 없이 양개의 밀집대형이 정면으로 부딪혀 서로 살육을 하면서 전진해 나가는 쪽이 승리를 하였으나, 마라톤 전투에서는 보병의 밀집대형을 3개 집단으로 구분하여 적이 집중적으로 공격하는 중앙에서는 뒤로 물러나면서 견제를 하고, 적의 약점인 양측면에 대해서는 포위공격을 하여 적이 효과적으로 대응을 하지 못하게끔 하여 대승을 하였다.

이후 전투에서는 어떻게 하면 적의 약점에 아군의 전투력을 집중하여 이길까를 고민하면서 상대보다 우월한 무기를 보유하기 위해 칼, 창, 활 등을 활용하였고, 물리적인 충격력을 배가시키기 위해 사람의 힘만이 아닌 동물(코끼리 등)의 힘까지 빌려 공격하는 전술의 발전이 이루어졌다. 공격전술이 획기적으로 발전한 전환점은 4세기 로마제국의 땅을 본격적으로 공략한 서고트족과 로마간의 전투가 벌어진 아드리아노플전투에서 보병위주의 로마군이 서고트족의 기마병에게 대패하면서, 기병대가 주력부대가 되고 보병은 보조부대로 물러서는 기병의 시대가 도래 한 때부터이다.

이후 기병전술을 발전시켜 세계를 제패한 군대가 중세기 몽골의 칭기즈칸이며, 칭기즈칸은 적과 비교할 수 없을 정도로 빠른 기동성과 유인전 그리고 심리전을 이용하여 적을 겁먹게 함으로써 상대방의 전의를 상실하게 하여 승리를 할 수 있었다. 이러한 기병전술의 발전은 방자에 있어서도 도시를 중심으로 성곽 축성과 그것을 중심으로 한 종심방어전술이 발전하는 계기가 되었다. 이후 화약이 발명됨에 따라 포병 및 각종 화기가 발전하여 축성 위주의 방어효과가 사라지고, 기병의 공격도 화포와 총에 의해 위력이 줄면서 다시 화기로 무장한 보병전술이 부활하였다. 이렇듯 중세에는 기병전술과 보병전술이 교대로 발전하거나 복합적으로 사용되면서 전투의 승패를 결정지었으며, 고대와 같이 무기체계를 활용한 공격전술의 획기적인 변화가 없는 전술의 암흑시대가 중세기간 내내 이어졌다.

산업혁명 이후에는 기계공업이 발달하고 증기기관이 발달되자 무기와 화약의 발달 뿐 만 아니라 기동력이 획기적으로 증대되었다. 또한 기관총의 발달로 제1차 세계대전은 화력과 소모전의 양상을 보였으나, 중반이후 지루하게 교착된 전선을 돌파하고자 독일의 후티어가 포병과 보병전술을 결합한 새로운 돌파개념의 전술을 발전시켰다. 이러한 후티어전술의 핵심은 부대가 공격하기 전 짧은 시간동안 강력한 포병으로 기습사격을 하고,

이어서 보병부대의 전방에 연속적인 포병의 탄막사격을 실시하여 돌격부대를 적의 취약점에 집중 운용하여 강습돌파하고, 포병지원거리 이후에서는 자체의 강력한 화력과 항공부대의 지원을 받으면서 적의 저항을 꺾고 계속 전진하는 전술이었다.

이후 적의 화력으로부터 보호를 받으면서 기동이 가능한 전차가 1차 세계대전 말기에 사용된 후 2차 세계대전 시에는 전차 및 기갑부대의 기동력을 획기적으로 향상시켰고, 기동하는 부대를 급강하폭격기의 지원을 받아 적지 종심으로 신속히 기동하여 적을 심리적으로 공황상태에 빠뜨려 승리를 추구하는 전격전이 태동하게 되었다. 전격전은 이후 이스라엘과 아랍국가 간에 벌어졌던 3, 4차 중동전을 통해 기동전의 전형으로 발전하게 되었으며, 현재에 이르기까지 대부분의 국가에서 추구하는 공격전술이 되었다.

이상과 같이 고대에서부터 현대에 이르기까지 공격전술이 발전해 오는 과정을 알아보았는데, 공격전술도 방어전술과 마찬가지로 승리하기 위해서 공통적으로 적용된 원리, 원칙을 찾아 볼 수가 있다. 우선 공자는 방자보다 상대적으로 힘, 즉 전투력이 세야 승리할 수 있다는 것, 적의 약점에 대해 공자가 상대편이 대응할 수 없을 정도로 신속하고 강력하게 공격해야 한다는 것, 공자는 다소의 위험을 감수하더라도 이기고자 하는 강력한 의지를 갖고 대담성 있게 공격을 하여 적이 굴복할 때까지 공격을 해야 한다는 등의 특징을 알 수가 있다.

Chapter 6

전투수행

1. 전술의 본질
2. 전투수행방법
3. 전투수행절차

1. 전술의 본질

1.1. 전술이 과학과 예술이라구요?

전술이란 통상 군단 이하의 전술제대[1]가 전투에서 승리하기 위하여 전투력을 조직하고 운용하는 과학과 술이며 전투란 이러한 전술제대가 목표를 달성하기 위하여 실시하는 협조된 활동이다. 이는 주어진 시간과 공간 내에서 상호 대립하는 전투력이 직접 충돌하는 군사행동으로서 피 · 아 전투력, 시간, 공간 3가지 요소의 상호 역학적 작용에 의해 이루어진다.

전투는 교전[2]을 포함하는 의미로서, 하나의 전투는 수 개의 전투 및 교전으로 이루어진다. 따라서 하나의 전투를 구성하고 있는 수 개의 전투와 교전은 임무 달성에 직 · 간접적으로 기여할 수 있도록 상호 연계성을 유지하

1 _ 전술제대란 전술적 임무를 수행하기 위한 부대로서 일반적으로 군단급 이하의 모든 부대들을 의미한다.

2 _ 교전(交戰, Engagement)이란 전술적 목표를 달성해 나가는 과정에서 발생하는 조우전 성격의 소규모 충돌행위이다.

여야 한다.

전투력을 조직하고 운용한다는 것은 전투에서 승리하기 위하여 가용 전투력으로 전술집단[3]을 편성하고 제병협동작전[4]이 가능하도록 전투, 전투지원, 전투근무지원부대를 구성하여 운용하는 것을 말한다. 또한 전투력을 효율적으로 조직 및 운용하기 위해서는 적의 전투력과 가용 시간 및 공간적인 여건을 고려해야 한다. 즉 적 전투력의 편성, 교리, 기도 등에 대응 가능하고, 시간 및 공간의 유리점을 최대한 활용하면서 불리점을 최소화할 수 있는 방향으로 아 전투력을 조직하고 운용해야 하는 것이다. 따라서 전술에서 전투력을 조직하는 것은 적을 고려해야 하며 이러한 측면에서 전술은 자유의지에 따라 행동하는 적과의 전투에서 승리하기 위해 과학과 술이 복합되어야 한다.

과학(Science), 즉 전술의 과학적인 영역은 전투전사 등을 대상으로 관찰과 연구, 실험을 통해 입증된 전술의 객관적인 원리 · 원칙, 방법, 기술 및 절차, 또는 각종 제원 등을 말하며, 이는 논리적이고 체계적인 경험 지식을 말한다.

술(Art), 즉 전술의 술적인 영역은 직관과 통찰력에 의한 운용 능력이며, 고도의 전투감각이 지배하는 영역으로 이는 창의력과 직결된다. 창의력은 과학적인 능력에 부가하여 교육, 훈련, 연습, 실전경험 등을 통해 얻을 수 있는 발전된 능력이다. 중요한 것은 술적 측면에서의 능력은 과학적 측면에서의 능력이 기반이 되어야 제대로 발휘될 수 있다는 사실이다.

마찰과 불확실성이라는 전투의 대표적인 특성으로 인해 전투상황은 항상 동일하게 반복되지 않기 때문에 전술의 과학적 측면만으로는 다양한 전

---

3 _ 전술집단(戰術集團)이란 부여된 임무를 효과적으로 수행하기 위하여 부대를 전술적 임무에 따라 구분한 집단이다.

4 _ 제병협동작전(諸兵協同作戰)이란 2개 혹은 그 이상의 병과로 구성된 부대에 의해 수행되는 협동작전을 의미한다.

투상황에 대처하기 어렵다. 또한 동일한 상황에 대한 보편적인 판단은 피·아 공히 비슷하기 때문에 적 입장에서도 아군의 행동에 대한 예측이 가능하다는 자체적인 한계가 있다. 따라서 전술제대 지휘관은 과학적인 판단과 창의력을 동시에 발휘함으로써 전투를 주도해 나갈 수 있어야 한다.

6·25전쟁 시 인천상륙작전에 대한 미 극동군사령부 대부분의 참모들과 상급부대는 작전시기, 기상, 지형적 여건이 불리하여 인천 대신에 군산으로의 상륙을 제의하였다. 그러나 맥아더 장군은 많은 상륙작전 경험을 통해 적의 병참선 차단, 수도 서울 탈환에 따른 정치적·심리적인 효과, 반격작전간 아군의 희생 감소 등을 고려하였고, 특히 북한군도 아군과 마찬가지로 인천상륙이 제한될 것으로 판단할 것이므로 이를 역으로 이용함으로써 기습을 달성할 수 있다는 판단 하에 인천상륙작전을 감행하여 일거에 전세를 역전시켰다. 이는 과학적인 판단과 술적인 감각을 잘 조화시킨 예라 할 수 있다.

결론적으로 전술이란 전투력을 시간과 공간에 효율적으로 조화시켜 전투에서 승리를 달성하는 것이며 이를 위해 전술제대는 전투의 3요소(전투력, 시간, 공간)의 상호관계를 이해하고 전투력을 주어진 시간과 공간에 부합되도록 운용함으로써 전투력의 승수효과를 창출할 수 있어야 한다.

1.2. 전투를 성립시키는 요소가 있나요?

전투는 상호 대립하는 쌍방의 전투력이 일정한 시간과 공간 내에서 충돌하여 발생한다. 따라서 전투력, 시간, 공간은 전투를 성립시키는 기본적인 요소라 할 수 있는데 이를 전투의 3요소라고 한다.

전투의 3요소는 서로 독립적이지 않고 밀접한 상호관계를 갖고 있다. 가용한 전투력을 주어진 시간과 공간을 최대한 이용해서 운용하는 것이 결국 전투에서 승리하는 핵심이다.

따라서 전술의 본질을 이해하기 위해서는 전투를 구성하고 있는 3요소의 개념과 상호관계를 이해해야 한다.

■ 전투력

전투력이란 전투 시 발휘할 수 있는 힘의 요소들을 말하며 유형적 요소와 무형적 요소가 결합되어 있다. 유형적 요소는 병력이나 무기, 장비 등의 물리적인 힘을 말하며, 무형적 요소는 전투원의 정신력과 전술, 전기 등을 말한다. 무형적 요소는 유형적 요소를 활성화시키고 효율성을 높여 주는 근원이다.

전투력의 고유한 특징으로는 한계성과 상대성이 있다. 한계성은 전투력 자체가 무한하지 않으며 또한 전장의 마찰이라는 특성으로 인하여 일정한 시간이 경과하면 소모될 수밖에 없다는 것이다. 따라서 전투력을 운용함에 있어서 그 한계점을 명확히 인식하여 전투를 지속할 수 있는 대책을 강구해야 한다. 또한 전투는 대립하는 쌍방 간의 충돌행위이므로 전투력은 상대성을 전제로 운용하여야 한다. 우승열패(優勝劣敗)[5]는 불변의 이치이지만 모든 전투에서 적보다 압도적인 전투력을 보유할 수는 없다. 따라서 전투력은 시간과 공간상의 결정적인 지점에서 상대적인 우위를 달성할 수 있도록 운용하여야 한다.

전투력은 전투의 3요소 중의 하나이지만 상대성이 전제되므로 실제로는 피 · 아 전투력을 모두 의미한다. 따라서 전투의 3요소의 상호관계를 고려할 때에는 아 전투력과 시간 및 공간과의 관계뿐만 아니라 적 전투력과의

5_ 우승열패(優勝劣敗)란 전투력이 우세하면 승리하고, 열세하면 패배한다는 의미이다.

관계를 반드시 포함하여야 한다.

■ 시 간

시간은 특정 시각 또는 시각의 연속개념으로서의 시간과 자연현상으로서의 시간(주 · 야, 계절, 기상, 기후 등)을 모두 망라한다.

특정 시각 또는 시각의 연속개념으로서의 시간은 우리가 보편적으로 인식하고 있는 시간의 개념으로 적시성과 직결된다.

적시에 결정적인 장소에 위치하고 있는 대대가 시기를 상실한 채로 결정적인 장소에 위치하게 된 연대보다 더욱 효과적이다. 또한 한 시간에 20km를 이동할 수 있는 차량화 보병부대는 한 시간에 4km를 이동할 수 있는 순수 보병부대 보다 5배 빠른 작전속도를 유지하므로 보다 많은 임무를 수행할 수 있으며 결정적인 시간과 장소에서 적시적절하게 운용될 수 있다. 이와 같이 전투에 있어서 적시성은 가용 전투력의 효과를 증폭시킬 수 있다.

전투수행 간 지휘관과 참모의 상황판단-결심-대응에 소요되는 시간이 적 보다 빠르다면 작전템포의 우위를 달성할 수 있다. 작전템포를 상실한 적은 하나의 상황에 대한 결심과 대응이 끝나기도 전에 또 다른 상황에 직면하게 되고 이러한 상황이 계속 누적된다면 아군은 주도권을 완전히 확보한 상태에서 자신의 의지대로 적을 움직일 수 있다.

전기(戰機)[6]를 포착하여 이를 놓치지 않고 활용하는 능력도 적시성과 관련된다. 전투를 수행하는 과정에 있어서 필연적이든 우연적이든 전기가 나타날 수 있다. 필연적인 기회는 인위적으로 유리한 상황을 조성함으로써 나타나는 호기이며, 우연적인 기회는 적의 과오로 인해 발생하는 호기이다.

필연적이든 우연적이든 전기가 발생하였을 때 적시적으로 대응하지 못

6_ 전기(戰機)란 승리할 좋은 기회. 전투에서 적에게 결정적 타격을 가하여 전승을 달성할 수 있는 호기를 의미한다.

한다면 전기는 그냥 지나가 버릴 것이다. 예를 들면 적의 공격으로 아 전선의 중앙이 돌파되는 상황에서 적의 과오를 식별하였을 때, 중앙돌파라는 위기에 치우쳐 적을 유인하여 포위하거나 역습할 수 있는 호기를 놓친다면 적에게 결정적 타격을 가할 적시성을 놓친 것이다.

자연현상으로서의 시간은 기상, 주 · 야, 계절, 기후 등을 말하며 이는 피 · 아 전투력 운용에 많은 영향을 미친다. 아무리 우세한 전투력을 보유했더라도 자연현상과 군사작전의 상관관계를 이해하지 못하면 전투력을 효율적으로 발휘할 수 없다.

기상은 대기 중에 일어나는 모든 물리적 현상인 기온, 적설, 결빙, 강우, 바람, 안개, 구름, 광명, 습도 등으로 전장 환경을 조성하는 주요인이다. 기상은 관측, 기동, 사격의 효과, 병력의 건강과 활동, 장비의 운용 및 성능 발휘, 식수 및 식량의 관리 등에 중대한 영향을 미친다. 특히 동계와 하계에는 춘계와 추계에 비해 기상이 작전을 제한하는 현상이 두드러지기 때문에 작전소요가 증대된다는 특징이 있다.

주 · 야는 시간의 진행에 따른 명(明)과 암(暗)의 교대현상으로, 전술적 의미에서 주 · 야간은 해상박명종(EENT)과 해상박명초(BMNT)[7]를 기준으로 구분한다. 야간은 시도조건, 전투원의 심리상태, 방향유지, 지휘통제, 기만과 기습의 효과 등에 많은 영향을 미친다.

이와 같이 자연현상은 전투력의 운용과 효과에 지대한 영향을 미치기 때문에 자연현상이 피 · 아에게 제공하는 유리점과 불리점이 무엇인지를 명확하게 인식하고 사전에 충분한 대책을 강구하는 것이 무엇보다 중요하다.

---

7 _ 해상박명초(BMNT : Beginning Morning Nautical Twilight)란 일출 전 태양이 수평선 아래 12° 위치에 있을 때의 시간을 말하며 해상박명종(EENT : End of Evening Nautical Twilight)란 일몰 후 태양이 수평선 아래 12° 위치에 있을 때의 시간을 말한다.

■ 공 간

공간은 시간과 함께 전투력이 운용되는 범위와 환경을 조성하는 기본요소이다. 공간은 개개의 지형과 지물뿐만 아니라 지형과 지물이 구성하고 있는 전투공간을 말한다.

지형이란 고저나 기복 등 지표면의 상태를 말하며, 지물이란 지표면에 존재하는 모든 물체를 총칭하는 것으로 하천, 삼림 등의 자연지물과 도로, 교량, 건물, 낙석 등과 같은 인공지물을 포함한다.

어느 한 부대의 유한 전투력에는 한계가 있기 때문에 이를 효과적으로 운용할 수 있는 공간 또한 한정된다. 이를 고려하여 특정부대에는 전투를 수행하기 위한 작전지역이 주어지며 이러한 공간을 전투공간이라 한다. 최근 전투양상에서 전투공간은 지형과 지물뿐만 아니라 우주, 사이버 공간까지 확장되고 있다.

전투공간의 예를 들면 개활지역, 산악지역, 해안지역, 하천지역, 도시지역 등이 있으며 서로 다른 지형과 지물을 갖고 있다. 따라서 전투공간마다 다른 전투력 운용이 요구되는데 이는 공간을 구성하고 있는 지형과 지물의 전술적 가치가 다르기 때문이다.

지형과 지물의 전술적 가치는 일반적으로 관측과 사계, 은폐 및 엄폐, 장애물, 중요 지형지물, 접근로 등 지형평가 5개 요소를 기준으로 판단한다. 이러한 전술적 가치는 공자와 방자의 입장에서 서로 다르게 평가되며, 동일한 지형과 지물일지라도 이를 어떻게 활용하느냐에 따라서 그 가치는 달라질 수 있다.

그러므로 지휘관 및 참모는 지형평가 5개 요소에 입각하여 지형과 지물이 전투에 미치는 유 · 불리점을 분석할 수 있는 지형안(地形眼)을 구비하고 전투력 운용시 이를 효과적으로 활용할 수 있어야 한다.

■ 전투 3요소의 상호관계

우승열패는 전투력의 우열과 관련된 개념으로 전투에서의 필연적인 이치이다. 우승열패는 2가지의 의미가 있음을 이해해야 한다. 상시 절대적인 전투력 우세를 달성하는 것과 결정적인 시간과 장소에서의 상대적인 전투력 우세를 달성하는 것이다.

절대적인 전투력 우세 달성이 가장 이상적이나 국민적 합의와 경제력 등이 뒷받침되지 않는다면 지속적으로 전투력을 유지하기가 제한된다. 따라서 열세한 전투력일지라도 적의 취약점을 분석해 결정적인 시간과 장소에서 적보다 우세한 전투력 우세를 달성하는 것이 중요한 것이다.

한니발, 알렉산더, 나폴레옹이 군사적 천재로 칭송받는 이유는 적보다 열세한 전투력을 보유했음에도 불구하고 결정적인 시간과 장소에서 전투력을 집중함으로써 상대적 우위의 달성을 통해 승리를 쟁취했다는 것이다.

따라서 현실적인 전투에서는 가용 전투력을 운용함에 있어 결정적인 시간과 장소에서 상대적인 전투력의 우세를 달성했느냐에 따라 전투의 승패가 결정된다.

전술제대의 모든 지휘관 및 참모가 전투력을 효율적으로 조직하고 운용하기 위해서는 전투의 3요소를 잘 이해하고, 전투력을 시간 및 공간상의 이점과 조화롭게 결합시킴으로써 전투력의 승수효과를 창출할 수 있어야 한다. 아래 〈그림 1〉은 전투력, 시간, 공간의 활용 정도에 따라 전투력 발휘 능력이 상이해질 수 있다는 사실을 설명하고 있다.

〈그림 1〉의 좌측 그림과 같이 A와 B의 전투력 수준이 동일하고, 시간 및 공간을 활용하는 정도도 비슷한 수준이라면 전투력의 발휘도 상호 대등하기 때문에 전투 진행 간 어떠한 전기가 발생하지 않는다면 상호 팽팽한 전투양상이 유지될 것이다.

〈그림 1〉 전투 3요소의 조화

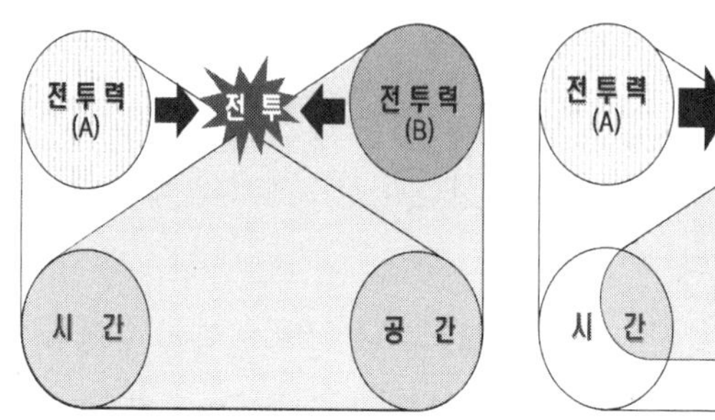

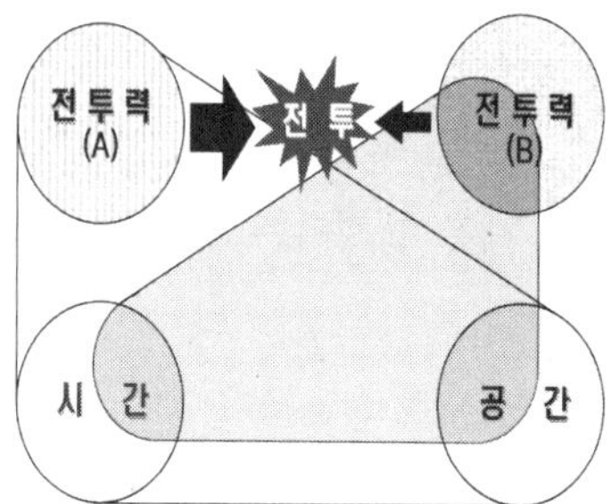

〈그림 1〉의 우측 그림과 같이 A와 B의 전투력 수준이 동일하지만 A가 B보다 주어진 시간 및 공간을 활용하는 정도가 크다면 A가 B보다 더 효과적으로 전투력을 발휘함으로써 주도권을 확보하게 되고 전세는 A에게 기울게 될 것이다.

1.3. 전투에 적용되는 원리가 있나요?

■ 전술적 고려요소(METT+TC)

전투를 수행하기 앞서 상황판단을 하기 위해서는 전술적 고려요소(METT+TC)를 활용한다. 전술적 고려요소는 임무(Mission), 적(Enemy), 지형 및 기상(Terrain and Weather), 가용부대(Troops and support available), 가용시간(Time available), 민간요소(Civilian)로 구성되어 있으며 이는 임무와 적을 고려하여 전투의 3요소를 판단하고 전투에 영향을 줄 수 있는 민간요소 또한 고려해야 한다는 의미가 내포되어 있다,

- 임무(Mission) : 수행해야 할 임무가 결정되지 않은 전투력은 의미가 없다. 작전목적을 달성하기 위해 어떠한 임무를 수행하여야 할 것인가가

명확하게 결정되었을 때 합목적적인 방향으로 전투력을 지향할 수 있기 때문에 비로소 가치를 갖게 되는 것이다.

- 적(Enemy) : 전투는 피 · 아 쌍방 전투력의 충돌이다. 이는 적 전투력의 능력과 기도를 파악하지 못하면 전투의 승리를 보장할 수 없음을 의미한다.
- 지형 및 기상(Terrain and Weather) : 전투공간의 지형적인 요소와 자연현상으로서의 시간 측면에서 기상을 제대로 분석해야 아 전투력을 주어진 시 · 공간에 효과적으로 결합할 수 있다.
- 가용부대(Troops and support available) : 판단된 적 전투력의 능력과 기도에 아 전투력이 효과적으로 대응할 수 있는 능력이 있는지를 파악하고 이에 대한 대책을 강구해야 한다.
- 가용시간(Time available) : 시각의 연속개념으로서 시간 측면에서 적시적인 전투력 운용은 주도권의 확보 및 유지에 필수적이므로 가용시간을 잘 활용하여 작전반응속도를 단축해야 한다.
- 민간요소(Civilian) : 도시화가 확장되면서 전투 공간 내의 민간요소는 전투력 운용에 대한 마찰 또는 촉진요인으로 작용할 수 있으므로 그 중요성이 더욱 증가되고 있다.

■ 전투력 조직

전투력은 전술제대 지휘관이 이를 어떻게 조직하느냐에 따라 그 효율성이 크게 달라진다. 지휘관은 자신의 의도를 구현하는데 적합하도록 전술집단을 구성하고 전투편성[8]을 해야 하며, 전투력의 구성요소들이 상호 유기적으로 조화를 이루어 통합된 전투력을 발휘할 수 있도록 해야 한다.

---

8 _ 전투편성(戰鬪編成, Combat Organization)이란 임무를 효과적으로 수행하기 위하여 예 · 배속 및 지원부대에 전술적인 임무를 부여하고 지휘관계를 설정하는 것을 말한다.

이를 위해 지휘관은 시간 및 공간에 의해 발생하는 마찰을 최소화하는 동시에 시간 및 공간이 제공하는 이점을 극대화할 수 있도록 전투력을 조직해야 한다.

지휘통제의 범위를 고려해서 수행해야 할 과업과 과업을 수행해야 할 공간을 기준으로 전투력을 여러 개의 전술집단으로 편성한다면 공간 활용, 작전반응속도, 작전지속 측면에서 보다 융통성 있는 작전이 가능하다.

또한 전술집단별로 과업을 수행하는데 적합하도록 전투편성을 해야 하는데 이러한 전투편성은 전술집단이 전투를 수행하는데 필요한 핵심적인 기능들이 반영되어야 한다.

여기서 핵심적인 기능은 전투를 지휘 및 통제하는 기능, 적을 찾는 기능, 전투에 유리한 공간으로 전투력을 기동시키는 기능, 식별된 적을 타격하는 기능, 전투에서 생존하는 기능, 전술적 목표를 달성할 때까지 작전을 지속시키는 기능 등을 의미한다. 이를 전투수행기능이라 하며 지휘통제, 정보, 기동, 화력, 방호, 작전지속지원의 6대 기능으로 구성된다.

전술집단이 전투수행기능을 효과적으로 발휘하려면 제병협동부대로 편성되어 제 병과의 능력들이 통합됨으로써 전투력 발휘의 승수효과를 달성할 수 있어야 하기 때문에 전술은 제병협동전투를 기본으로 한다.

■ 전투력 운용

전투력을 조직하는 것도 중요하지만 조직한 전투력을 어떻게 운용하는지도 또한 중요하다. 전투력은 적의 행동과 시간, 공간을 고려하여 집중 운용(集), 분산 운용(散), 동적인 운용(動), 정적인 운용(靜)을 상황에 부합되도록 해야 하며 이러한 집(集), 산(散), 동(動), 정(靜)이 전투력 운용의 대표적인 방법이다.

전투력 운용의 4가지 특성은 제각각 강점과 약점이 존재한다. 집중하면

강해지나, 대량 피해 가능성이 증대된다. 분산하면 생존성이 향상되고 기동성도 증대되지만 약해진다. 움직이면 타격력은 증대되나 노출되기 쉽다. 그러나 정지한 것보다는 정확한 타격이 어렵다. 정지하면 진지를 구축한 경우에는 생존성이 증대되나 그렇지 않은 경우에는 적의 타격에 취약하며, 움직이는 것보다 타격력도 약하다. 따라서 전투력을 운용할 경우에는 상황에 부합되도록 4가지 특성을 조화하는 것이 중요하다.

전술제대 지휘관 및 참모는 잘 조직된 전투력이라 할지라도 피 · 아가 처한 시간과 공간상의 조건하에서 전투력 운용의 4가지 특성(집산동정(集散動靜))을 어떻게 조화롭게 적용하느냐에 따라 그 강도와 효과 등이 다르게 나타난다는 것을 이해하여야 한다.

하지만 전투력 운용의 방법이 모두 동일한 효과를 갖는 것은 아니다. 전투력은 집중되고 기동성 있게 운용될 때 보다 더 큰 효과를 나타내는데 이는 물리학의 공식을 이용해 설명할 수 있다. FT(충격량=충격력×시간)=MV(운동량=질량×속도)이란 물리학 공식이 있는데 이를 전투력 운용에 대입하면 FT(전투력)=M(병력)×V(기동속도)가 된다. 이 공식에 의하면 전투력은 병력의 크기와 기동속도에 비례한다. 이것은 적은 병력이라도 기동속도를 크게 하면 큰 전투력을 창출할 수 있음을 의미한다. 따라서 집중과 기동은 분산과 정지에 비해 효과적인 전투력 발휘의 방법이 될 수 있는 것이다(集 · 動 〉 散 · 靜). 따라서 우수한 전투력을 보유하고 있다고 하더라도 이를 분산시키거나 혹은 정지 상태에 두면 그 힘은 충분히 발휘될 수 없다. 집중시키고 기동시킬 때 전투력은 최대한의 효과를 발휘할 수 있게 된다.

전투를 위한 작전형태[9]나 기동형태[10]의 구분은 전투력 운용의 4가지 특성

---

9 _ 작전형태(作戰形態)란 공격작전은 전투수행 양상에 따라 접적전진, 급속공격, 협조된 공격, 전과확대, 추격으로 구분한다. 방어작전은 주 전투력의 운용방법에 따라 지역방어와 기동방어, 지연방어로 구분한다.

10 _ 기동형태(機動形態)란 적보다 유리한 위치로 부대를 이동시켜 목표로 접근하는 형태를 말한다. 공격기동의 형태는 포위, 우회기동, 돌파, 정면공격, 침투기동이 있다.

과 전투의 3요소를 어느 정도 조화롭게 적용하였느냐의 문제이다. 즉 4가지 특성과 전투의 3요소를 조화시키되 그 비중을 달리하여 적용하거나 4가지 특성을 고려하여 부대의 규모나 장소의 범위를 다르게 적용함으로써 시간과 공간에 부합되는 형태를 취하는 것이다.

따라서 전투는 시간과 공간이라는 여건 속에 피 · 아 전투력의 역학적인 작용으로 승패가 결정된다고 볼 수 있으며 승리하기 위해서는 조직된 전투력을 적, 시간, 공간을 고려하여 적절히 운용하는 것이 중요하다.

■ 공격 · 방어의 상관관계

전투를 승리로 종결시키고 적에게 나의 의지를 관철시키기 위해서는 공격이 필수적이다. 그러나 의지만으로는 전투에서 승리할 수 없기 때문에 무조건 공격을 선택할 수는 없다.

따라서 전투력의 우열 정도, 시간과 공간적인 조건 등을 명확하게 분석한 상태에서 공격 혹은 방어를 선택해야 한다. 예를 들면 최초부터 어느 일방은 공격, 그리고 다른 일방은 방어를 선택할 수도 있으며, 최초 쌍방이 모두 공격을 선택했다 하더라도 어느 일방으로 전세가 기울어짐에 따라 공격과 방어의 유형으로 전환될 수도 있다.

그러나 공격과 방어가 항상 상대적인 것은 아니며 상호 보완적인 관계에서 진행되는 것이 일반적이며 특히 대부대일수록 공격 또는 방어 일변도의 작전은 이루어지지 않는다. 즉 전체작전을 대관(大觀)한다면 어느 일방은 공세, 다른 일방은 수세의 성격을 띠고 있지만 실제적으로는 쌍방 공히 공격과 방어가 동시에 진행되고 있다.

예를 들어 어느 한 부대가 공격작전을 수행하고 있더라도 적의 역습에 대응하는 경우, 적의 위협에 대비해 아군 주력부대의 측방을 방호하는 경우, 아군이 공중강습작전 성공 후 본대와의 연결을 위해 목표를 확보하고 있는 경우 등에는 부분적으로 방어작전을 병행해야 한다.

또한 방어작전을 수행하고 있더라도 적을 의도적으로 유인하여 타격하는 경우, 상실된 방어지역을 회복하거나 돌파구 내에 투입된 적을 격멸하기 위해 역습을 하는 경우, 후방지역에 대규모의 적 특수전부대를 격멸하는 경우 등에는 부분적으로 공격작전이 병행되어야 한다.

공격과 방어는 각각의 장단점을 갖고 있기 때문에 공격과 방어 시에는 상대방의 유리점과 자신의 불리점을 최소화하고 상대방의 불리점과 자신의 유리점을 최대한 활용하는 방향으로 작전을 수행하며, 이를 통해 달성한 성과를 확대함으로써 전투를 승리로 종결하고자 하는 속성이 있다.

〈그림 2〉는 공격과 방어의 일반적인 과정을 나타낸 것이다. 전투 초기부터 일정 시간까지는 방자의 전투력 소모가 통상 공자보다 더 크게 나타난다. 공자는 통상 방자 보다 우세한 전투력과 행동의 자유를 보유하고 있어 자신이 원하는 시간과 장소에 선제타격을 가하거나 전투력을 집중할 수 있고, 기습과 기만효과를 달성하기 용이하다는 유리점이 있다.

〈그림 2〉 공자와 방자의 속성

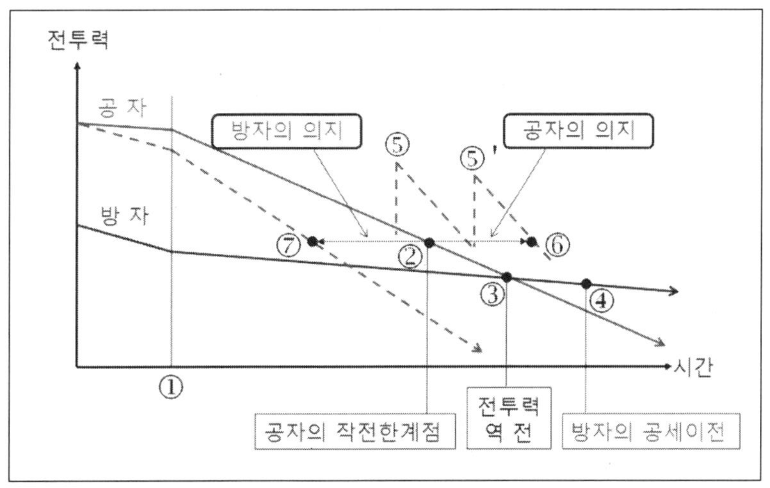

반면에 방자는 공자에 비해 행동의 자유가 제한되므로 공자의 선제행동에 대해 피동적인 대응을 하게 될 가능성이 많고, 공자의 전투력 집중과 기습에 취약하며, 공자가 공격하지 않거나 견제하는 지역에 유휴전투력이 발생할 수 있다는 불리점이 있다. 따라서 전투초기에는 공자에 비해 방자의 전투력 소모가 더 클 확률이 높다.(①)

그러나 일정한 시간이 경과되면 공자의 전투력 소모가 방자보다 크기 때문에 전투력이 역전되어 방자가 공세로 전환할 수 있는 여건이 조성된다.

공자는 노출된 상태로 기동하여 생존성이 취약하고 기동 간에도 지형, 전투하중, 방자의 저항 등에 의한 마찰로 인하여 전투력이 급격히 소모된다. 반면에 방자는 방어에 유리한 지형을 선택하고 천연적인 장애물을 활용하는 지형의 이점과, 선택한 지형에서 가용한 시간을 이용하여 충분한 방어준비를 하고 진지의 강도를 증가시킬 수 있다는 시간의 이점, 그리고 지형과 시간의 이점을 활용하기 때문에 생존성이 보장된 상태에서 보다 용이하게 전투력을 발휘할 수 있다는 유리점이 있다.

이에 따라 공자는 노출 하 기동과 방자와의 지속적인 마찰로 인해 작전한계점에 도달하게 된다.(②)

작전 한계점은 부대가 더 이상 작전을 지속하기 어려운 시기 및 상태로서 추가적인 전투력 보강이 이루어지지 않고 공격을 계속할 경우 방자와 전투력이 역전된다.(③)

전투력이 역전된 이후 공자는 공격하던 관성으로 인해 어느 정도 공격을 계속할 수는 있지만 결국 방자가 공세로 전환하게 될 것이다.(④)

따라서 공자는 작전 한계점에 도달하기 이전에 추가적인 전투력을 증원하거나 병력, 장비, 물자 등을 보충시키고, 새로운 전기를 마련하기 위해 지속적인 노력을 경주할 것이다.(⑤, ⑤′)

공자는 이러한 노력들을 통해서 임무를 달성할 때까지 작전 한계점을 연

장시키고 공격 기세를 계속적으로 유지하려 할 것이다.(⑥)

반면에 방자는 공자에 비해 생존성이 보장된 상태에서 지형과 시간의 이점을 이용하여 공자의 전투력 소모를 강요하여 조기에 공자를 작전 한계점에 도달시키고 공세로 이전하려 할 것이다.(⑦)

앞에서 기술된 일반적인 공격과 방어의 양상은 결국 공격과 방어가 갖고 있는 유리한 점을 최대한 이용하고 불리한 점을 극복하려는 의지에서 비롯된다. 즉 작전 한계점에 도달하지 않고 임무를 달성하려는 공자의 의지와 노력, 그리고 조기에 공자를 작전 한계점에 도달시켜 공세로 이전하려는 방자의 의지와 노력이 전투의 전 진행과정에서 상호 대립하는 것이다.

■ 주도권[11] 장악 및 행사

전투 간 공자와 방자가 상호 상대방에게 의지를 강요할 수 있는 원동력은 주도권을 장악하고 이를 행사하는 것이다. 공자와 방자 중 어느 일방이 전반적으로 전투를 지배하고 있다면 전장의 주도권을 장악한 것이다. 결국 주도권이란 적을 수동적인 위치로 유도하여 행동의 자유를 확보함으로써 자신의 의지대로 전투를 이끌어 가는 능력이나 상태를 의미한다.

주도권을 장악하면 적의 행동을 구속한 상태에서 내가 싸우고자 하는 시간과 장소, 그리고 전투수단과 방법을 자유롭게 선택하여 구사할 수 있다. 따라서 전투에서 승리를 달성할 수 있는 핵심요건은 주도권을 장악하고 행사하는 것이다.

통상 전투 초기에는 우세한 전투력과 강인한 전투의지를 보유한 측이 주도권을 장악하기 용이하다. 이러한 측면에서 우세한 전투력을 보유하고 공세적인 의지를 견지한 상태에서 방자에 비해 자유롭게 행동할 수 있는 공자

11_ 주도권(主導權, Initiative)이란 전장에서 아군에게 유리한 상황을 조성하여 아군이 원하는 방향으로 제반 작전을 이끌어 나가는 능력을 말한다.

가 주도권을 장악하기가 용이하다고 볼 수 있다.

그러나 공자는 주도권을 장악하기가 용이할 뿐이지 장악하고 있는 것은 아닌데 공자가 항상 주도권을 장악하고 있다는 오판은 전투에서 큰 문제를 일으킬 수 있다. 공자가 행동의 자유를 확보하고 있다고 해서 방자에 대한 정확한 정보와 이를 기초로 한 주도면밀한 계획이 부족한 상태에서 공격을 감행한다면 주도권은 초기부터 방자의 몫이 될 수 있다.

특히 방자의 입장에서 공자가 주도권을 확보하고 있다는 사고(思考)는 대단히 위험하다. 그러한 사고로 인해 방자는 창의적 · 공세적 · 적극적인 사고와 행동을 하지 못하고 공자의 행동에 대해서만 대응하는 수동적인 사고와 행동으로 이어질 수 있다. 이는 스스로 주도권을 포기하는 것과 같다.

주도권은 확보하는 것도 중요하지만 이를 지속적으로 유지하고 행사하는 것이 중요하다. 왜냐하면 주도권은 전투의 진행과정에서 어느 일방에 머무르지 않고 이를 확보하고자 하는 노력에 따라 얼마든지 상대방에게 넘어갈 수 있기 때문이다. 즉 전투 전반에 걸쳐 누가 더 많은 기간 동안 주도권을 행사하였는가, 그리고 결정적인 국면에서 누가 주도권을 행사하였는가에 따라 전투의 승패가 귀결된다.

전투에서 이루어지는 모든 활동들의 성공과 실패는 결국 주도권 장악과 결부된다. 이를 위해 정보의 우위 달성, 선제행동, 작전속도의 증가, 창의력 발휘 등이 필요하다.

적에 대해 명확하게 파악하지 못한 상태에서 개개의 전투를 수행한다면 확신이 없기 때문에 자신감이 결여되고 위축된 행동을 할 수밖에 없다. 만일 그렇게 되었다면 이미 수동적인 입장으로 들어섰음을 의미한다. 따라서 정보의 우위는 주도권 장악의 전제조건이라 할 수 있다.

명확한 정보에 기초한 선제행동은 적의 균형을 상실시키는데 효과적이다. 특히 최초 선제타격의 성공은 상대방의 기선을 제압함으로써 앞으로 전개될 전투에 많은 영향을 미칠 수 있다. 예를 들어 공자가 공격대형으로 전개하기도 전에 방자의 화력에 의해 많은 피해를 입는다면 작전에 혼선과 차질을 일으키게 되고 계획한대로 작전을 진행할 것인지를 판단하기 위해 깊은 고민에 빠져들게 될 것이다. 이는 주도권과 거리가 멀어지고 있음을 의미한다.

작전의 속도는 전투부대들의 물리적인 속도와 적 보다 빠른 전투지휘를 모두 의미한다. 전투에 있어서 작전속도가 증가하면 적시성 있게 전투력을 운용할 수 있고 전투가 지속될수록 나의 행동에 대한 적의 반응 사이의 시간 격차가 점점 더 벌어지므로 작전을 주도적으로 이끌어 나갈 수 있다.

기동의 속도가 빠르다면 적보다 먼저 유리한 장소에 위치하여 전투를 수행할 수 있고, 하나의 행동에서 다른 행동으로 신속히 전환하거나 하나의 행동에 소요되는 시간을 단축시킴으로써 보다 능동적이고 융통성이 있는 작전이 가능하다. 적의 예상보다 빠른 기동은 적으로 하여금 대응할 시간을 박탈할 수 있기 때문에 혼란에 빠뜨릴 수 있다. 또한 화력의 집중과 전환속도가 빠르다면 아군의 기동을 촉진하고 적 위협에 적절하게 대응할 수 있다.

상황판단-결심-대응의 주기를 적보다 빠르게 적용할 수 있으면 전반적인 작전의 속도를 적보다 빠르게 진행할 수 있으므로 적에게 조치해야 할 상황을 지속적으로 누적시킬 수 있다. 적은 하나의 상황을 조치하기도 전에 다른 상황이 누적되는 현상이 반복되어 결국 수동적인 입장에서 전투를 수행하게 된다.

전투지휘 속도를 높이는 방법의 예로 임무형 지휘를 들 수 있다. 이를 통해 예하부대는 시간을 절약하고 상급지휘관의 의도에 부합되도록 전투를 수행한다면 보다 빠른 작전 진행을 통해 주도권을 확보할 수 있다.

전투는 동일한 양상으로 반복되지 않기 때문에 획일적인 방법으로 전투를 수행할 수 없다. 더욱이 누구나 예상할 수 있는 수준의 평범한 작전을 수행한다면 전투에서 승리할 수 없다. 따라서 적의 예상을 벗어나는 전투력 운용을 위해 창의력을 발휘하여야 한다.

주도권 장악은 공격과 방어로 구분되는 것이 아니라 공격과 방어 속에서도 전투력 운용을 어떻게 하느냐에 달려있다. 공자도 주도권을 장악하기 위해 부단한 노력이 필요하며 이는 방자도 마찬가지로 일방적인 수세적 방어보다 적의 약점과 과오를 노린 공세행동을 통해 주도권을 장악한다면 조기 공세로 전환할 수 있는 기회를 잡을 수 있다. 전투는 시간과 공간의 조건 아래 피 · 아 전투력의 역학적인 상황이라는 점에서 정보우위, 적보다 빠른 작전속도, 예상치 못한 창의적인 전투력 운용을 통해 전장의 주도권을 장악해야 한다.

1.4. 전투는 어떤 특성이 있나요?

전투는 시간과 공간이라는 전장환경 속에서 피 · 아 전투력의 의지가 충돌하는 약육강식의 현장이다. 전투에서는 쌍방의 의지를 관철하기 위해 물리적인 힘을 사용하여 지속적으로 인간의 생명을 위협하고 의지를 시험하게 되므로 죽음, 공포, 두려움 등이 필연적으로 내재되어 있다.

전투의 특성은 인간적 요소, 위험, 마찰, 불확실성, 역동성이라는 5가지로 요약된다. 전투를 직접 수행하는 전술제대의 지휘관 및 참모는 전투현장에서 직면하게 될 전투의 특성을 잘 이해하고 있어야 이를 슬기롭게 극복하고 전장을 지배할 수 있다.

■ 인간적 요소

앞에서 기술한 위험, 마찰, 불확실성, 역동성 등 전투의 특성은 인간적 요소로부터 출발한다. 왜냐하면 전투의 특성을 인지하는 유일한 존재인 동시에, 무형 전투력을 창출하고 전투를 수행하는 주체는 결국 인간이기 때문이다. 따라서 인간이 보유하고 있는 의지와 본성, 정신적 · 육체적인 능력, 감정, 판단력 등은 전투를 지배하는 요소라 할 수 있다.

오늘날 과학기술의 발전으로 첨단무기체계가 전투에서 운용되지만 이들이 인간적 요소와 결합되지 않으면 무용지물에 불과하다. 또한 전장상황을 인식하고 판단하며 이에 적절히 대응하는 것도 결국 인간이다. 따라서 부단한 교육과 훈련, 연습 등을 통해 인간적 요소의 능력을 향상시켜야 한다.

인간적 요소에는 부정적인 측면과 긍정적인 측면이 공존한다. 부정적 측면은 위험에 따르는 공포, 불안감, 공황, 갈등, 육체적인 고통 등으로 인해 전투력 발휘를 저해할 수 있는 것이고, 반면 긍정적 측면은 용기, 책임감, 사기와 군기, 전투승리에 대한 확신과 자신감, 전우애, 충성심, 강인한 정신력과 체력, 상황에 대한 적응력 등이 전투력으로 승화되어 어려운 여건을 극복하고 전승을 달성할 수 있다는 것이다.

따라서 지휘관은 부정적인 측면을 최소화하고 긍정적인 측면을 극대화하기 위해 생사고락과 솔선수범의 기풍을 견지하고, 엄정한 신상필벌을 시행해야 한다. 또한 명령과 지시를 간명하게 하고 불필요한 통제를 배제하는 습성과 악조건 하에서도 결코 흔들리지 않는 초연한 자세와 강인한 의지력을 구비해야 한다.

전투에서 무력은 필요한 대상에게 필요한 효과를 거둘 만큼 사용하는 것이 중요하며 불필요한 대상 또는 과도한 무력을 사용하는 것은 노력의 낭비인 동시에 절제되지 않은 무력사용에 대한 비난을 감수해야 할 것이다. 예를 들면 포로 및 민간인 학살, 군사작전에 영향이 없는 민간시설 파괴 등은 비도덕적인 행위로 내부의 분열뿐만 아니라 외부의 비난으로 전투에서 승리하여도 그 효과가 전략적 · 작전적 승리로 연결될 수 없을 것이다.

현대에는 전투현장의 실상이 대내·외적으로 적나라하게 전달되므로 무절제한 전투력의 행사는 국내·외적인 지지를 상실케 함으로써 아무리 많은 전투를 승리로 이끌었더라도 전략적·작전적 승리로 연결시킬 수 없다.

■ 위험

피·아간의 전투행위는 주로 적 부대 격멸을 추구하기 때문에 그 자체에 파괴라는 속성을 지니고 있다. 이로 인해 전장에서는 크고 작은 위험이 항상 존재한다.

전투원 개개인이 체감하는 위험도 있지만 이는 인간적 요소에 해당하며 여기서는 작전을 수행하는 부대 차원에서 인식하는 수준의 위험으로 의미를 한정한다.

위험은 경우에 따라 감수할 만한 위험도 있으며, 감수할 수 없을 만큼 중대한 위험도 있다. 따라서 전투수행 시에는 임무완수에 따른 가치와 위험감수에 따른 피해를 고려해야 하며 만약 임무완수의 가치가 위험의 피해보다 크다면 위험에 대한 대책을 강구하고 이를 감수하는 대담성이 필요하다. 이러한 위험감수는 만용이 아니라 계산된 모험으로 전투현장에서 위험을 무조건 피하려한다면 임무를 완수할 수 없기 때문에 최소한의 위험은 감수하고 대담하게 전투를 수행하는 것이 중요하다.

■ 마찰

전투는 자유의지에 따라 행동하는 적, 지형 및 기상, 전투원들의 정신적·육체적 능력 등에 많은 영향을 받게 되므로 최초의 계획과 의지와는 무관하게 항상 마찰이 존재한다. 이러한 마찰은 아군이 수행하고 있는 전투를 방해하고, 때로는 불가능하게 만들기 때문에 전투는 수많은 마찰의 연속이라 할 수 있다.

마찰을 최소화하기 위해서는 주도면밀한 전장정보분석, 정찰 및 예행연습, 제대 및 참모 간 협조, 사기 및 군기 유지, 작전지속지원 능력 구비 등의 대책을 강구하여야 한다. 이러한 대책은 계획수립 시부터 작전준비까지 최대한 강구하고 작전실시간에도 예상되거나 식별된 마찰요소를 제거하기 위한 노력을 계속 경주해야 한다.

■ 불확실성

오늘날과 같은 전장감시체계의 발달에도 불구하고 대부분의 전투행동들은 불확실성의 안개 속에서 이루어지고 있으므로 전장에서는 항상 예기치 못한 사태가 도처에서 발생한다.

상대하는 적은 아군의 오판을 유도하기 위하여 가능한 모든 시도를 할 뿐만 아니라 예하부대로부터 접수되는 보고는 부정확하거나 불완전하고, 지연되거나 단절될 수 있으며, 심지어는 조작될 수도 있다. 또한 지형과 기상조건은 예상과 다를 수도 있으며 언제라도 변화할 수 있다. 이러한 것들이 전장의 불확실성을 증대시키는 요인이다.

불확실성과 우연성은 밀접한 인과관계를 맺고 있다. 불확실성을 해소하지 못하면 반드시 우연과 직면하게 된다. 우연은 피 · 아 공히 통제할 수 없고 합리적으로 예견할 수 없는 사건들을 말한다. 즉, 아무리 치밀하게 수립한 작전계획이라도 사소한 요소나 환경으로 인하여 최초 자신의 의도와는 전혀 다른 방향으로 상황이 전개될 수 있고, 일사불란한 지휘체계 속에서도 예상치 못한 혼란이 일어날 수 있으며, 완벽한 승리를 지향하는 상황 속에서도 갑자기 패배의 요인이 출현할 수도 있는 것이다.

전장의 불확실성을 극복하기 위해서는 현 상황에 기초한 타당성 있는 예측, 우발계획 준비, 적시 적절한 임기응변 등이 요구된다. 또한 지휘관은 불완전하거나 부족한 정보 속에서도 우유부단하지 않고 전술적인 감각과 직관력을 발휘하여 과감한 결심을 할 수 있어야 한다. 그리고 항상 예비대를 준비하여 우연에 대비할 수 있는 융통성을 구비하여야 한다.

■ 역동성

전투는 끊임없이 변화하는 전장상황에 적응하면서 대적하는 상대방과의 물리적인 충돌이 연속적으로 이어지는 과정이다. 즉 피 · 아 전투력이 시간 및 공간요소와 인과관계를 이루면서 한 치의 양보도 없이 활발하게 대립하는 역동적인 과정인 것이다.

전투의 역동성은 유동적인 전장상황과 대립하는 상대방과의 상호관계 속에서 다양한 조직과 기능으로 이루어진 전투력을 보다 적극적이고 효율적으로 운용하는 과정에서 나타난다.

이러한 역동적인 과정에서 소극적이고 피동적인 사고와 행동은 임무를 달성하기가 제한됨은 물론 생존마저도 어렵게 한다. 그러므로 주어진 상황에 적응하기 위한 필사적인 노력과 적과의 생존경쟁에서 싸워 이기기 위한 자발적이고 적극적인 행동만이 전투에서 승리하는 유일한 방법이다.

또한 지휘관은 예하부대에게 변화되는 상황에 관하여 적시적절하게 정보를 제공해 줌으로써 필승의 신념으로 전투에 임할 수 있도록 하고, 임무형 지휘를 통해 유동적이고 혼란한 상황 속에서 자발적으로 작전을 주도해 나갈 수 있도록 여건을 조성해 주어야 한다.

2. 전투수행방법

2.1. 전투수행방법이 무엇인가요?

인간의 역사는 전쟁의 역사라고 한다. 물론 과거에는 지금과 같은 수준의 전쟁을 한 것은 아니지만 생존을 위한 개인과 조직의 무력충돌은 그 당시의 전쟁이라 할 수 있기 때문이다.

전쟁이 역사의 한 구성 요소가 되기 시작한 시점은 대략 신석기시대[12]로 볼 수 있다. 전쟁사에 의하면 신석기시대가 시작될 무렵 조직화된 군대를 사용하는 기술에 관한 증거를 찾을 수 있다. 또한 이때 강력한 공격 무기인 창, 활, 돌팔매, 손도끼, 단도 등을 제작하고 보관하는 병기창을 갖추고 있었다는 사실을 알 수 있다

이 당시 인간들은 의식주 해결을 위한 생활 터전을 찾아서 커다란 하천을 따라 이동하였으며 유역에 형성된 평야 지대에 정착하여 살았다. 이러한 생활조건과 축적된 부는 다른 국가(부족)들이 탐내기에 충분한 것이었다.

우리가 잘 알고 있는 4대 문명의 발상지인 티크리스 강과 유프라테스 강의 메소포타미아 문명, 나일 강의 이집트 문명, 인더스 강 유역의 인도 문명, 중국 황하 유역의 황하 문명이 여기에 해당된다.

우리나라의 경우 한강이 삼국시대의 주요 격전장이었다. 한강을 차지하고 있을 때 가장 강력한 국가를 건설하였으며 최종적으로 한강을 차지했던 신라가 삼국통일의 주역이 되었음을 증명하고 있다.

---

12 _ 신석기시대는 약 1만년 전에 시작해서 B.C. 3000년 무렵까지로, 간석기와 골각기를 사용하였으며, 토기와 직물을 만들기 시작하였고, 생산단계가 수렵에서 농경과 목축으로 이행하였다.

생존을 위한 전투를 위해 최초에는 지금과 비교할 수 없을 정도의 원시적인 무기, 즉 맨손, 몽둥이나 돌, 또는 동물의 뼈로써 상대방을 위협, 살상했을 것이다. 그러나 점점 진화를 거쳐 청동제 무기, 철제 무기, 화약의 발명과 더불어 사거리가 증가한 총과 포의 등장, 현대의 원자무기 까지 파괴력과 살상력이 뛰어난 무기가 전장을 지배하게 되면서 전투를 수행하는 방법도 시대 상황 하 무기의 발달과 함께 발전해 왔다.

전투를 수행하는 방법 면에서도 공동체를 대표하는 사람 중에 가장 힘이 센 사람끼리 1:1로 원시적인 전투를 수행하기도 했으며, 점차 조직화되면서 드넓은 개활지에서 대형을 이루고 두 집단이 충돌하는 전투를 수행하였다. 한편 성(城)을 쌓는 기술이 발달함에 따라 한 쪽은 개활지에서 공격대형을 갖추고, 한 쪽은 성에서 방어하고 있는 상대를 대상으로 공격하고 방어하는 전투를 수행하였다. 즉 전투에 유리한 지역에 성을 쌓고 방어하거나 또는 성을 빼앗기 위해 공격하는 전투를 수행하였다.

1:1 전투를 할 때에도 무기(흉기)를 들지 않고 전투를 수행하다가 어느 순간부터 살상력을 지닌 무기를 이용해 상대방을 위협했을 것이다. 또한 공동체(부족)간 전투 시에 최초에는 소수의 인원으로만 전투를 하다가 점차적으로 무리를 지어 집단으로 전투를 수행하는 양상으로 변화하였다. 이렇게 전투 집단의 규모가 커지면서 집단을 효율적이며 조직적으로 통제할 필요가 생겼고, 이러한 노력들이 결과적으로 전투대형을 만들어 낸 것이다. 고대시대에는 인간의 힘에 의한 전투였으므로 많은 인간을 동원하여 밀집대형을 이루어 싸웠다. 그러다 보니 밀집대형은 기동력이 현저히 떨어지고 원거리 화기의 발달 및 포병의 등장으로 많은 피해를 입을 수밖에 없었다.

따라서 병력이 조밀하게 모여 있는 밀집대형의 단점을 극복하기 위해 피해를 최소화하기 위한 방편으로 병력이 흩어져서 전투를 수행하는 산개대형이 발전되었다. 그러나 전체적으로는 산개된 상태에 있다가 전투력을 집중할 필요성이 있는 곳에서는 밀집해서 전투하는 등 여러 가지 전투대형이 개발되고 발전되었다.

또한 사거리와 파괴력이 증가된 화포의 발달로 노출된 개활지에서의 전투는 많은 피해가 발생함에 따라 땅을 파고 진지를 구축하거나 튼튼하게 방벽을 쌓고 전투를 하는 등 전투수행의 방법도 지속적으로 진화하였다. 이처럼 전투수행 모습의 진화는 적을 격멸하기 위해, 한편으로는 생존을 위해 불가피한 것이었다.

이러한 전투는 결국 상대적인 것으로 상대해야 할 적보다 항상 압도적인 전투력을 보유하고 있다면 적의 위협에 효과적으로 대응할 수 있는 측면이 있지만 전투력의 우위만 가지고 전투의 승리를 보장할 수 있는 것은 아니다.

전투력이 열세한 가운데 전승을 할 수 있었던 충무공 이순신과 같은 전술가의 창의적인 전투력 운용은 불리한 전세를 극복하고 궁극적인 승리 달성을 가능하게 하는 원천이라 할 수 있다. 열세한 전투력을 보유하고 있었음에도 승리할 수 있었던 것은 상대방의 강 · 약점을 파악해 상대방의 강점은 발휘되지 못하게 하고 약점을 파고들어 전투력을 집중해 승리를 쟁취하는 방법을 선택했기 때문이다. 전투력을 집중할 때는 약점에 상대방보다 우세한 전투력을 투입하여 승리하곤 하였다.

상기와 같이 개괄적으로 살펴본 바에 의하면 전투를 수행하는 일정한 방법이 있는 것은 아니지만 그 당시 시대적 상황 하에 창의적인 전투력 운용을 실시한 전투부대는 승리를 쟁취하였다는 것이다.

이와 관련해 전투를 어떻게 수행하였는지 동 · 서양의 주요 전투수행방법과 현재 적용 중인 한국군의 주요 전투수행방법에 대해 알아보고자 한다.

2.2. 대표적인 전투수행방법은 무엇이 있나요?

■ 사선대형(斜線隊形)

고대 그리스와 로마시대의 전투는 중장보병들이 밀집대형의 방진[13](팔랑스)을 유지한 가운데 넓고 개활한 지형에서 충돌하는 형태의 전쟁을 했다. 이러한 밀집대형은 전체를 한 덩어리로 기동시킬 수 있는 공간, 즉 시계가 좋은 평탄한 지형이 요구되었다. 당시에는 적의 공격을 막아내기에 충분한 성을 쌓는 기술이 확보되지 못했기 때문에 성에서 나와 전투를 수행했다. 이 시대의 방진은 방패와 창, 갑옷으로 중무장한 전사가 대형 속에 각자 자신의 고정된 위치를 이탈하지 못하게 되어 있었고, 한 전사가 쓰러지면 뒤에서 후속하는 전사가 그 위치를 자동적으로 채워야 했다.

팔랑스는 전투력 발휘를 최대로 하기 위해서 연령을 고려하여 대형을 편성하였다. 최전방부터 청년을 배치하고 종심으로 갈수록 연장자로 편성하여 전방의 전투력을 강하게 하였다. 일반적으로는 직사각형 모양의 대형으로서 종심보다는 정면이 넓게 형성되었으나 여건에 따라서 각 나라마다 상이하였다. 밀집 조직체인 원시 팔랑스에서는 각개 전사들이 좌우의 동료 전우와 어깨를 맞대어 의지하고, 후속하면서 전진하는 전오의 전우들로부터 즉각적인 지원을 받을 수 있다는 안정된 느낌을 갖고 있었다. 그렇기 때문에 노출된 측면과 배(후)면에 대해 불안해하지 않았던 것이다. 그러나 팔랑스 대형 외곽의 측면과 배면은 전투 간 항상 노출된 상태에서 위협을 받을 수밖에 없는 단점을 갖고 있었다.

이러한 팔랑스는 전진할 때 언제나 약간씩 우측편으로 치우치는 경향이 있다. 그 원인은 전사들이 왼손에 방패를 들고 오른손에 창을 들고 있었으

---

13 _ 고대시대의 그리스, 로마, 마케도니아, 이집트, 페르시아 등 대부분 나라의 전투대형으로 약간씩 상이함. 대표적인 것이 그리스의 밀집대형 방진으로 팔랑스로 불림

므로 각 전사들은 본능적으로 보호되지 않은 오른쪽 몸통을 오른쪽 사람에게 기대어 방호하려는데 있다.

이 시대 전투에서의 승패는 어느 편이 더 많은 병력을 동원하느냐와 전투가 끝날 때까지 어느 편이 더 대형을 유지하느냐에 달려있었다. 또한 공격시기가 중요했는데, 이 당시 최고 장사정 무기는 활(궁수)로서 사거리는 150보(130미터)에 불과하였다. 성능이 우수한 투석기의 사정거리도 40보(35미터)에 불과하였다. 이를 고려해 적 궁수의 사정권인 100보(90미터) 내지 150보(130미터) 되는 구간은 최대한 신속하게 속보로 돌진해야 했다. 팔랑스는 적 궁수의 사정권 밖에서 정지 상태로 대기하다가 적 궁수가 사정권에 이르면 피해를 입지 않기 위해 신속히 전진하는 것이 상책이었다. 그럼에도 불구하고 팔랑스의 취약점, 즉 피 · 아 양쪽의 대형이 교전하게 되면 자동적으로 아군의 우익이 적의 좌익을 덮쳐 포위하는 현상을 통해 피 · 아 공히 좌익이 무너지게 되었다. 이때 무너지지 않은 쪽이 승리하였다.

이러한 팔랑스의 취약점과 전장실상을 정확히 인식한 에파미논다스(Epaminondas : 그리스 테베의 야전사령관 겸 정치가. B.C. 418 ~ B.C. 362)는 사선전투대형(Oblique Order)을 창안하였다.

사선(斜線)의 사전적 의미는 "① 비스듬하게 비껴 그은 줄, ② 한 평면 또는 직선에 수직이 아닌 선"을 의미한다. 즉 쌍방이 서로 정면을 바로보고 전투대형을 유지하되, 사선전투대형은 비스듬하게 대형을 유지한 가운데 적의 한쪽 측면을 우세한 전투력을 이용해 먼저 공격하는 것이다. 즉 아군의 약한 측익(조공[14])은 정면의 적을 다른 측익으로 전환하지 못하도록 고착견제[15]하고, 아군의 우세한 다른 측익(주공[16])이 적의 한쪽 측익을 공격하는 것

---

14 _ 『군사용어사전』 정의 : 조공(助攻) ; 공격작전 시 주공의 성공을 돕기 위하여 공격을 실시하는 전술집단(부대)을 말하며, 상황 및 여건에 따라 주공으로 전환될 수 있음.

15 _ 『군사용어사전』 정의 : 고착(固着) ; 적이 어느 한 지역에서 부대의 전부 혹은 일부를 다른 지역에 운용할 목적으로 전환하는 것을 방지하는 전술적 행동. 견제(牽制) ; 적 부대의 전부

이다. 이는 현대의 공격전술과도 같은 개념으로 아군의 조공(약한 전투력)이 한쪽의 적을 고착견제하는 사이에 아군의 주공(강한 전투력)이 신속히 다른 쪽의 적을 격멸한 후 아군의 주공과 조공이 합세하여 나머지 적을 포위하여 격멸하는 전술이다.

〈그림 3〉과 같이 B.C. 371년 테베(Thebes) 군(6,000명)과 스파르타 군(11,000명)이 루크트라(Leuctra)에 진을 쳤다. 테베군의 에파미논다스는 기존의 관념을 과감히 깨뜨리고 좌익에 병력을 집중 운용하여 기존의 병력수보다 4배나 많은 수를 할당했다. 스파르타군은 일반적인 팔랑스 대형을 취하여 우수하고 강한 정예병사는 우익, 소수의 기병과 경보병은 좌익에서 엄호토록 하였다.

테베군은 강화된 좌익을 전방으로 추진시키고 우익의 열세한 부대는 서서히 전진시키면서 스파르타군의 공격을 고착 · 견제하는 역할을 수행케 했다. 이로써 완전한 사선대형을 형성했다. 테베의 기병은 신속히 스파르타의 기병에게 돌진하여 이를 격파함으로써 우익의 열세한 부대에 대한 위협을 제거 했다. 강화된 좌익은 상대적으로 압도적인 전투력 우세를 십분 이용하여 스파르타군의 우익을 돌파 · 궤멸시키고 방향을 전환, 측 · 후방 공격을 시도했다. 테베군의 견제부대인 중앙부와 우익은 좌익이 결정적인 전투에 이르자 견제에서 임무를 전환하여 공격을 개시했다. 테베군이 스파르타군의 전 · 후 · 측방에서 협공작전을 맹렬히 실시하니 스파르타군은 대패하여 철수했다.

혹은 일부가 우리의 주공 또는 결정적 작전부대 방향으로 전환되지 못하도록 하기 위해 상황에 따라 아군의 조공지역으로의 전환은 허용할 수 있다는 개념을 포함함.

16 _ 『군사용어사전』 정의 : 주공(主攻) ; 1. 결정적인 작전(목표)에 대부분의 공격역량을 집중 지향하는 전술집단. 2. 부대 임무수행에 최대로 기여하는 목표(통상 결정적인 목표)의 확보에 지향되는 공격.

〈그림 3〉 루크트라 전투시 테베군의 사선대형 전개과정

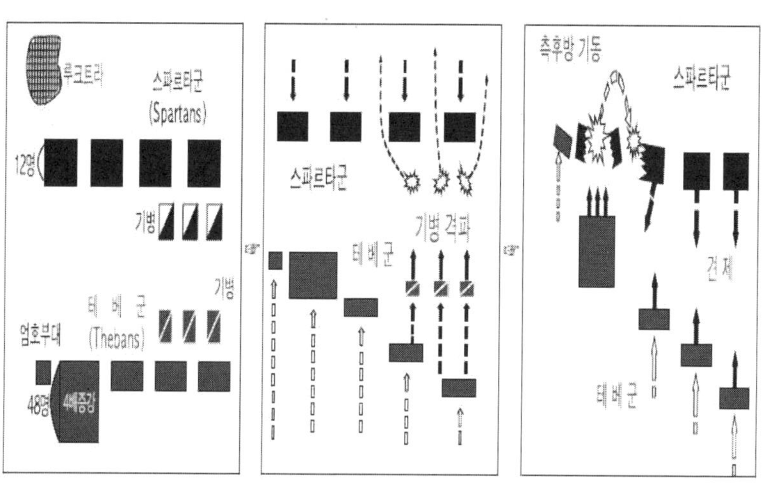

이 당시 일반적인 팔랑스는 좌 · 우에 병력을 균등하게 편성하는 선형의 방진이었고, 기습, 포위공격 및 전투 중 대형의 변화 등은 생각지도 못했다. 그래서 스파르타군은 관례에 따라 선형의 방진으로 전개하여, 정예병사는 우익에 배치하고 소수의 기병과 경보병으로 양측방을 엄호하게 하는 전투대형으로 정렬하였다. 그들은 수적으로 열세한 테베군이 그들과 비슷한 대형으로, 그러나 그들보다 더 짧은 대형으로 정렬할 것이라고 예상했으며, 몇 겹으로 된 스파르타의 전열에 의하여 쉽게 붕괴될 것이라고 기대하였다. 그러나 에파미논다스는 이와는 다른 생각을 가지고 새로운 전술을 적용하였다. 전사에 나타난 최초의 사선대형으로 기록되고 있는 루크트라 전투는 기존의 고정관념을 타파하면서, 당대를 지배하였던 전술의 파괴를 가져왔고 전투력의 집중과 조공부대의 역할을 인식케 하였다는 점에서 의의가 있다.

전투의 승패가 수적 우세에 있는 것이 아니라 지휘관의 전술관에 의해 좌

우될 수 있다는 것을 실증적으로 입증하였던 것이다. 즉, 적은 병력으로 병력의 절약과 집중이라는 전쟁의 원칙을 전술적으로 훌륭하게 적용하여 완전한 승리를 획득하였다. 이는 후에 알렉산더 대왕 그리고 프리드리히 대왕 등과 같은 군사적 천재에게 까지 영향을 주었으며 지휘관의 전술적 능력의 중요성을 일깨워주는 계기가 되었다.

■ 망치와 모루 전술(Hammer and anvil tactics)

망치와 모루 전술은 B.C. 326년 인도 히다스페스강 일대에서 알렉산더 대왕이 지휘하는 마케도니아군과 포러스 왕이 지휘하는 인도군과의 히다스페스(Hydaspes)전투에서 알렉산더 대왕이 사용한 전술이다.

〈그림 4〉에서처럼 군대의 대다수를 차지하는 보병의 방진이 전진하면서 적을 고착견제하는 동안 정예공격부대인 마케도니아의 기병과 중보병이 적의 배후로 기동하여 공격했던 전술이다.

〈그림 4〉 망치와 모루전술 개념도

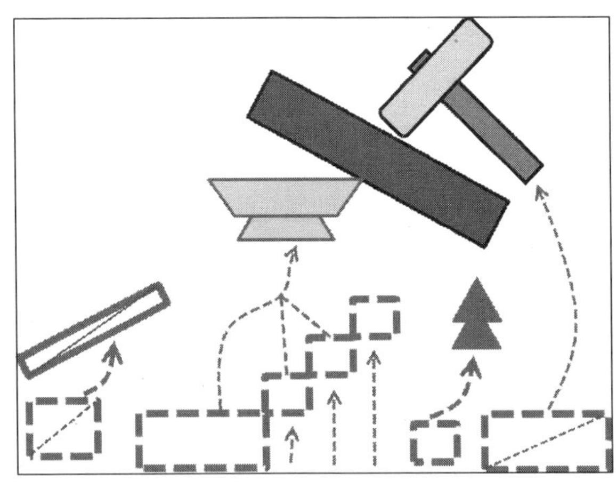

마케도니아 군대의 기병은 망치(타격부대)역을 맡아 적을 포위공격하고, 이 때 보병은 모루(방어부대)역을 맡아 적을 고착견제하는 임무를 수행하였다. 이와 같이 망치(주공)와 모루(조공) 개념의 도입은 현대전에서도 보편화되었는데, 마케도니아 군대는 이러한 개념을 최초로 적용한 군대였다.

6 · 25전쟁 시 인천상륙작전도 망치와 모루 전술이 적용되었다. 모루의 역할을 수행한 부대는 낙동강 전선에서 북한군을 고착견제하는 임무를 수행하였고, 망치의 역할을 수행한 부대는 맥아더 원수의 지휘 하에 인천으로 상륙작전을 실시하였다. 이후 모루 역할을 수행했던 부대와 망치 역할을 수행했던 부대가 협조된 작전을 수행해 지역 내 북한군을 격멸할 수 있었다.

망치와 모루 전술은 오늘날 전술교리의 모범이 된다고 할 수 있다. 적의 정면에서 소수의 병력(조공)으로 고착견제를 통해 적의 관심을 다른 곳으로 전환시키지 못하도록 한 후, 신속하고 은밀하게 타 부대(주공)로 하여금 측 · 후방으로 공격을 하여 적을 포위 격멸하는 정형화된 전투수행방법이라 할 수 있다.

10만의 군대로 세계를 지배했던 칭기스칸의 몽골군 또한 전형적인 망치와 모루 전술을 적용했다. 소수 병력이 정면에서 견제를 하는 한편, 주력은 적의 배후 혹은 측면에 대하여 결정적인 공격을 가하였다. 그것도 상대를 압도하는 신속한 기동을 통해 결정적인 시간과 장소에 압도적인 전투력 우세를 통해 전투에서의 승리를 달성할 수 있었다.

■ 산병전술(散兵戰術)과 밀집종대전술(密集縱隊戰術)

산병전술과 밀집종대전술은 나폴레옹이 사용한 전투수행방법으로 나폴레옹의 군사적 승리의 원동력이 되었다. 나폴레옹은 몇가지 원칙에 의해 군사작전을 수행하였는데 〈그림 5〉에서와 같이 먼저 적의 주력을 목표로 하여 결정적 지점에 대부분의 병력을 집중하여 상대적 전투력 우세를 달성하였다. 자신의 주력을 운용할 경우에는 우회를 통해 적을 기만하고 기습을 달성하였다. 이와 동시에 적의 병참선은 차단하고 자신의 병참선을 확보하여 전장에서 승리할 수 있었다.

〈그림 5〉 나폴레옹 전투수행 방법

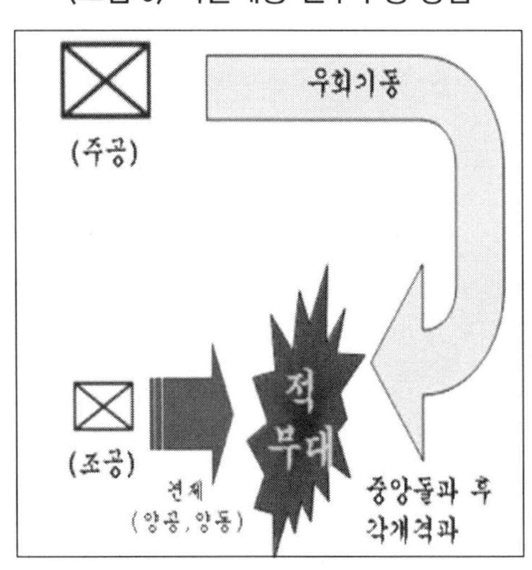

나폴레옹은 위와 같은 원칙에 따라 전투력을 운용하였는데 ① 적보다 적은 전투력으로 우세한 적을 상대할 때는 자신의 전투력을 분산하여 적을 기만하고 적 전투력을 분산시켰으며, 결정적 지점과 시간에 상대적인 전투력 집중을 통해 우세를 달성했다. ② 제한된 자원으로는 장기전에 취약하므로 내선작전[17]의 이점을 이용해 적을 분리한 후 집중된 전투력으로 적의 접합

17 _ 내선작전(內線作戰)이란 신속한 기동, 집중 및 분산의 이점을 획득하고 양호한 통신, 짧은 병참선을 이용하여 외부로부터 포위태세로 전진해 오는 적과 대적하고자 하는 작전이다. 즉, 적과 대치하고 있거나 또는 포위되었을 시 모든 적을 상대하여 동시에 싸울 수 없다. 일부 부대는 고착하고, 일부 부대는 주력을 투입하여 각개격파 하는 작전이다.

부 사이를 돌파한 후 분리된 적을 각개격파 했다. ③ 조공에 의해 적 주력을 고착한 후, 주공의 우회기동으로 병참선을 차단하였으며 적을 격멸하기 위해 주 · 조공이 협조된 공격을 하든가, 적이 퇴각 시에는 철저히 추격해 격멸하였다.

나폴레옹은 결전에 앞서 교묘히 일부 병력을 분산하여 이동하는 산병 산개대형으로 전진시켜 적의 병력을 분산시켰다(산병전술). 이후 유리한 기회를 포착 시 전투력을 한 지점에 집중한 가운데 밀집종대대형으로 충격력을 최대로 활용하여 질풍처럼 중앙돌파를 감행하였다. 이를 통해 적의 대열을 사분오열로 분산시킨 후 각개격파를 하였다(밀집종대전술). 나폴레옹은 기병의 기동성을 적극적으로 활용할 줄 알아 신속히 병력을 집중하고 분산시켜 결정적인 전투가 이루어지는 곳에서는 항상 적보다 많은 병력을 동원하였다.

■ 후티어 전술(종심돌파전술)

제1차 세계대전 당시 방자는 일반적으로 전선 최전방의 적과 접촉하는 제1전선에 대부분의 병력을 배치하여 주방어선을 형성하고, 후방에는 일부 병력으로 제2전선을 구축하였다. 프랑스 전역에서 과거의 전쟁과는 달리 기관총과 철조망, 참호로 구축된 연합군의 주방어선은 독일군의 계속적인 공격에도 끄떡없이 독일군에게 막대한 인적 · 물적 피해를 입혀 독일군은 더 이상 전투를 지속할 수 없는 상황에 직면하였다. 이를 극복하기 위해 독일군의 손실을 최소화하면서 연합군의 주방어선을 붕괴시키기 위한 새로운 방안을 강구할 수밖에 없었다.

이때 게거(Gegar) 대위가 침투와 마비에 관한 새로운 전술을 제시하였는데, 이는 일부 부대가 연합군 주방어선의 특정지역을 돌파하여 간격을 형성하고 후속부대가 그 간격을 통해 연합군 후방으로 종심 깊게 기동함으로써 방어조직을 와해하고 심리적 마비현상을 초래케 하여 전반적인 방어선을 붕괴시킨다는 전술이었다.

당시 독일군 제18군 사령관인 후티어(Hutier) 장군은 게거 대위의 신개념을 받아들여 새로운 공격전술을 개발하였는데 이것이 바로 후티어 전술(Hutier Tactics)이다. 이 후티어 전술은 1917년 9월 러시아의 리가(Riga) 공격 시 최초로 적용하였으며, 속도와 기습을 기본으로 하는 전술이었다. 후티어의 공격전술은 철저한 사전 준비와 기습, 보병과 포병의 협조된 제병협동 돌파 전술로 요약될 수 있으며, 제2차 세계대전 당시 신화적인 전격전의 모체가 되었다.

당시 일반적이었던 장시간(1주일간)의 공격준비사격 대신에 후티어는 다량의 화학탄과 단기간(2시간 이내)의 공격준비사격으로 적의 각종 화기 및 산병호 그리고 지휘소와 관측소 등을 무력화시키면서 공격준비사격 개시 약 5분 후에 보병이 공격을 개시하였다. 포병은 공격준비사격을 완료한 후 전방으로 추진하면서 공격하는 보병을 지원하기 위해 보병 전방에 탄막사격[18]을 하였다. 이 틈을 이용하여 보병은 원활하게 전방으로 공격이 가능했다. 탄막을 연신시키는 속도는 지형과 적 상황에 따라 일정치 않았으나 매 시간당 1㎞씩 앞으로 연신시키는 것이 보통이었다. 이러한 포병의 공격준비사격을 효과적으로 실시하기 위해서는 사전에 치밀한 계획과 준비가 필요했다.

후티어 전술은 〈그림 6〉과 같이 2단계로 구분되어 실시되었다. 제1단계에서 공격부대는 탄막 바로 뒤를 따라 전진한다. 이 단계에 아군 포병에 의해 공격부대가 피해를 입지 않기 위해서는 상급부대에서 세밀한 계획이 필요하고 작전 실시간에 철저한 통제가 필요했다.

제2단계 작전은 탄막사격이 그 사정거리 한계에 도달하였을 때 개시된

---

18 _ 『군사용어사전』 정의 : 방어선이나 방어지역에 대한 돌파를 방해함으로써 아군부대나 시설을 방호할 목적으로 형성된 소화기 화력을 제외한 포화의 장벽사격.

다. 공격부대는 포병의 지원을 받을 수 없기 때문에 독단적으로 계획된 종심깊은 목표를 향해 최고의 속도로 전진하여 적을 격멸했다. 이때 전진 간 측방의 공격을 받더라도 계속해서 전진한다. 측방으로부터의 적의 저항은 후속부대가 이를 견제하며, 공격부대는 오로지 정면의 적을 향해 공격하는 데 주안을 두었다.

〈그림 6〉 후티어 전술

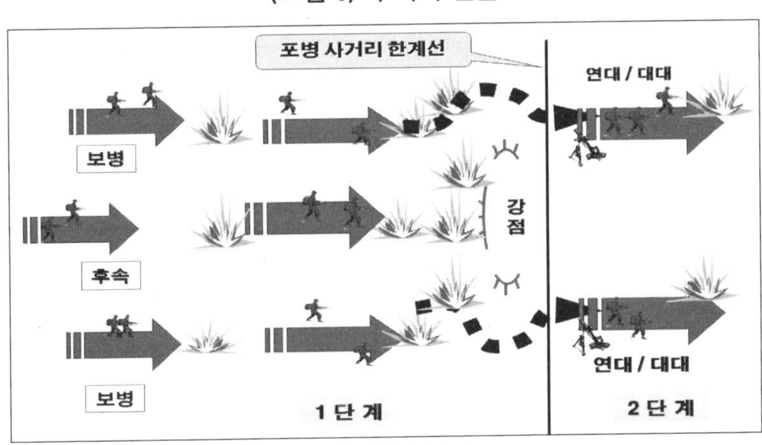

후티어 전술은 항공, 기구, 목측, 정밀지도 등의 상세한 사전 관측을 통하여 목표를 정확히 파악한 후에 단시간의 강력한 공격준비사격으로 적의 방어진지를 무력화시키면서 보병이 계획된 진로를 따라 적진 사이로 신속히 돌진하는 것이었다. 그러나 독일군은 기습적인 공격준비사격으로 최초 돌파에는 성공할 수 있었으나 후속하는 공격부대의 화력과 기동력의 부족으로 인하여 전과확대로 전환하지 못하였다. 왜냐하면 독일군 공격부대의 기동력이 상대적으로 연합군보다 부족하였기 때문이다. 연합군은 철도수송 등을 이용하여 신속히 예비대를 이동시켜 독일군보다 우세한 병력을 돌파구 전면에 집결시켜 방어력을 강화하였다. 독일군은 수송력의 부족 때문에 예비대 증원 및 충분한 보급지원이 불가능하게 되어 시간이 지날수록 공격부대의 전투력이 약화되었고, 포병은 신속히 진격하는 보병부대를 따라갈 수 없었기 때문에 공격부대의 자체보유 화력만으로는 적을 제압할 수 없었다.

후티어 전술(종심돌파전술)은 적의 방어진지를 돌파하고 신속한 전과확대로써 적을 포위해 섬멸하려는 현대전의 기본개념을 확립하는데 기여하였으나 독일군은 이러한 전술을 뒷받침할 수 있는 예비의 부족과 기동력의 부족, 그리고 보급 지원에 필요한 수송력의 부족으로 인해 궁극적인 승리는 달성하지 못하였다.

■ 꾸로의 종심방어전술(縱深防禦戰術)

독일군 제18군 사령관인 후티어 장군의 종심돌파전술에 대응하기 위하여 프랑스의 제4군 사령관 꾸로(Gouraud) 장군이 종심방어전술을 개발하였다.

당시의 방어 개념은 일선형의 방어진지를 요새화하여 적의 돌파를 방지하는데 주안을 두었다. 따라서 후티어 전술에 의해 기습적으로 최초의 방어진지가 돌파당하면 이에 대비할 만한 병력뿐만 아니라 시간적인 여유조차 가질 수 없었다. 결국 독일군의 공격을 성공적으로 방어하기 위해서는 기습을 방지하거나 기습의 효과를 감소시켜 대응을 위한 시간을 확보하는 것이 관건이었다. 그러나 당시의 정보력으로는 적의 기습을 사전에 판단하는 것도 어려웠으며, 대규모 예비대를 신속히 투입하는 것도 제한되었다. 이를 극복하기 위한 대응책으로 방어공간(지형)을 이용하여 적의 공격을 순차적으로 대응하는 종심방어를 〈그림 7〉과 같이 창안하였다.

〈그림 7〉 꾸로의 종심방어

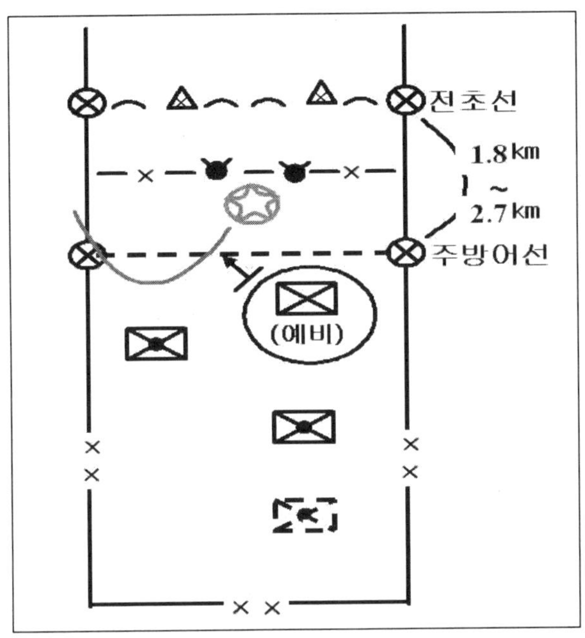

꾸로 장군은 최전방 주방어선에 대부분의 병력을 배치함으로써 적의 집중적인 공격준비사격에 의해 막대한 피해를 입었던 종전의 방어 개념을 탈피하고, 전선의 최전방 주방어선을 전초선[19]으로 변경시킴으로써 적의 공격준비사격에 의한 병력 손실을 감소시켰다. 그리고 전초선에는 관측 임무와 적의 습격을 저지할 만한 최소한의 병력만을 배치하고 전초선으로부터 적의 사정거리를 고려하여 1,800~2,700m 후방에 주방어선을 설치하도록 하는 방어 개념을 구상했다.

19 _ 『군사용어사전』 정의(Naver 참조) : 방어선이나 방어지역에 대한 돌파를 방해함으로써 아군 부대나 시설을 방호할 목적으로 형성된 소화기 화력을 제외한 포화의 장벽. 최후 방어사격 표적과 동의어.

또한 전초선과 주방어선 사이에는 장애물 지대를 설치하여 적이 주방어선에 도달 전에 최대한 약화시키도록 하였다. 포병은 전초선과 주방어선 일대를 모두 사격할 수 있는 종심 상에 배치하였으며, 또 예비대를 주방어선 후방에 위치시켜 주방어선의 주진지가 돌파되는 경우에 역습[20]을 하였다.

독일군의 후티어 전술(종심돌파 전술)에 대응하기 위하여 프랑스의 꾸로 장군이 발전시킨 종심방어전술은 제1차 세계대전 당시 독일군의 제5차 공세(1918)를 성공적으로 저지하는데 크게 기여하였다. 이러한 꾸로의 종심방어전술은 현 방어전술의 효시(嚆矢)가 되었다.

■ 전격전(電擊戰)

전격전(Blitzkrieg)은 제1차 세계대전 당시 적용했던 후티어 전술의 약점인 기동력과 화력, 수송력의 결함을 보완한 전술이다. 기동력과 화력, 수송력을 보완하기 위해 기계화 부대와 공군을 활용하였다. 먼저 주력을 기동성 있는 전차와 장갑차로 구성하였고, 화력도 자주포, 공군 등으로 구성하여 기동성을 향상시켰다. 또한 보급수송부대를 주력에 편성하여 일정기간 독립작전을 수행할 수 있도록 하였다. 즉 기갑부대(Panzer사단), 기계화포병(자주포)과 급강하 폭격기를 이용하여 적진 깊숙이 침투하여 마비시키는 전술을 개발하였다. 이러한 전술의 변화는 풀러(1878~1966)와 리델하트(1895~1970)의 기계화부대 및 간접접근 이론(종래의 적을 섬멸하는 개념이 아니라 마비시키는 개념)의 영향을 받았다.

풀러(J.F.C. Fuller)는 영국 군인으로 1918년 "마비공격"이라는 논문에서 전쟁을 소모전과 마비전으로 구분하고 단기결전을 위해서는 마비전이 중

---

20 _ 『군사용어사전』 정의 : 방어작전 간 공격 중인 적의 노출된 약점과 과오를 최대로 이용, 기습적인 공세행동을 실시하여 돌파구 내의 적 부대를 격멸하거나 상실된 방어지역을 회복함으로써 작전의 주도권을 장악하기 위해 실시하는 제한된 공격작전을 말함.

요하다고 강조하였다. 풀러는 마비란 중추기관이 되는 지휘부가 마비되는 상태를 말하며 중추 기능의 무력화와 함께 심리적인 와해를 달성함으로써 조직적인 저항 능력을 말살하여 쉽게 적을 격멸할 수 있다고 보았다. 이와 같은 마비전을 위해서는 신속한 기동이 가능한 전차부대의 운용과 이를 화력으로 지원하기 위한 공지 합동작전을 강조했다. 즉, 전격전이란 전차부대가 자주포병과 공군의 지원을 받아 적의 종심지역으로 신속히 기동하여 적을 심리적으로 마비시켜 조직력을 와해시키고 저항력을 박탈한 뒤에 적을 소탕하는 개념이라 할 수 있다.

리델하트(B.H Liddell Hart) 역시 영국인으로서 1920년대에 미국의 남북전쟁 당시의 셔먼 장군과 몽골의 칭기즈칸에 대한 연구를 하였다. 그는 칭기즈칸의 기병 전술에서 영감을 얻어 기갑부대에 의한 깊숙한 타격을 발전시켜 오늘날의 전격전 이론을 제시하였다. 그의 이론에 의하면 공군은 적의 공군력, 지휘시설, 병참선 등의 목표를 공격하고 지상부대는 공격 지점을 여러 곳으로 하여 적의 약한 부분을 기습적으로 돌파한다는 것이다. 돌파지점에서는 공군의 지원을 받는 기갑부대를 운용하여 적의 최소 예상선[21]과 최소 저항선[22]을 따라 주 · 야로 계속 공격한다. 공격은 적의 병참선 또는 퇴로를 차단하기 위해 적진 깊숙이 공격한다. 공격 간 지휘관의 독창적 지휘, 수일분의 수리부속 및 보급품(유류, 식량 등)의 휴대, 오열[23] 운용을 강조하였고, 또한 공수부대를 공격부대와 결합하여 운용할 것을 주장하였다.

---

21 _ 최소 예상선(最小豫想線)이란 적의 입장에서 아군이 공격하지 않으리라고 생각하는 지점 또는 지역. 즉 심리적인 측면에서 적이 예상하지 않은 곳이다.

22 _ 최소 저항선(最小抵抗線)이란 적의 입장에서 아군이 공격하지 않으리라고 생각하여 군사적인 대비책을 강구하지 않은 지점 또는 지역. 즉 물리적인 측면에서 적의 준비가 가장 적은 곳이다.

23 _ 오열(五列, Fifth column)이란 적 내부에 침투하여, 모략, 파괴, 간첩활동을 하는 비밀요원을 말한다. 스페인 내란 때, 프랑코 장군이 4개 부대를 이끌고 왕당파가 방어하고 있는 수도 '마드리드'를 공격시 "시내에도 나를 지지하는 제5부대가 있다"고 소문을 퍼뜨려 왕당파의 내부분열을 가져오게 한데서 유래하였다.

현대적 의미의 전격전은 제1차 세계대전에서의 전차 출현(1916년 9월, Somme전투 시 등장)과 고착된 전선 돌파를 시도한 후티어 전술로부터 시작하였다. 하지만 풀러와 리델하트의 기계화부대 운용에 대한 이론과 독일군의 제5차 공세(1918년) 실패 경험을 종합한 구데리안(Guderian)에 의하여 독일군에 기갑사단이 창설됨으로써 드디어 실현되었다.

〈표 1〉 섬멸전과 전격전의 차이점

구 분	섬멸전(殲滅戰)	전격전(電擊戰)
작전목적	적 부대의 파괴, 살상	충격 · 마비(麻痺)
작전목표	적 부대 자체	중추신경
전 례	제1차 세계대전	제2차 세계대전, 중동전

전격전은 비단 풀러, 리델하트, 구데리안 만의 작품은 아니다. 여기에는 제1차 세계대전의 경험과 동시대의 군사이론이 총망라되어 있다. 제1차대전시 독일군 참모총장인 루덴도르프의 총력전이론, 두헤[24]의 항공전 이론 등 당대의 군사이론과 독일의 군사적 전통, 당시 상황이 모두 투영된 제2차 세계대전의 걸작이며 독일군 신화의 근원이라 할 수 있다.

전격전 수행과정을 살펴보면 〈그림 8〉과 같이 ① 적의 배후에 오열을 대량으로 침투시켜 후방에서 첩보활동을 전개하여 정보를 수집하고, 민심을 교란하며, 모든 선전 매체를 활용하여 적 국민의 전투의지를 약화시킨다. ② 공군은 기습적인 일격으로 적의 공군력을 분쇄함으로써 공중우세를 달

24 _ Naver 참조, 줄리오 두헤(Giulio Douhet, 1869~1930) : 이탈리아 군사전문가. 『항공전략의 기초』라는 논문을 1910년 발표하여 항공전략사상을 태동시킴.

성하고, 아울러 적 후방의 도시, 부대 집결지, 지휘소, 통신 및 교통시설 등을 폭격하여 지휘조직과 동원체제를 마비시키고 동시에 심리적 충격을 가한다. ③ 전차, 자주포, 차량화 된 보병, 공병 및 병참지원부대가 주공으로 하나의 팀(Team)을 이루어 적의 방어가 약한 전선의 좁은 정면에 대해 기습적으로 집중하여 공격함으로써 돌파구를 형성하는데, 이때 돌파 부대의 최첨단에는 보병이 위치하게 되어 돌파를 담당하게 된다. ④ 조공은 전술적 돌파의 여건을 조성하기 위해 적 부대를 고착견제한다. ⑤ 주공이 돌파구를 형성되면 기갑부대가 이 돌파구를 신속하고도 깊숙이 침투하여 적의 주력을 차단하여 포위함으로써 적으로 하여금 재편성할 시간적 여유를 주지 않도록 하는데, 이때 포병이 신속히 전진하는 기갑부대를 따라가지 못할 경우에는 급강하 폭격기가 화력지원을 담당한다. ⑥ 포병의 지원을 받는 보병이 기갑부대를 후속하여 전진하면서 포위된 적을 소탕한다.

〈그림 8〉 전격전 수행과정

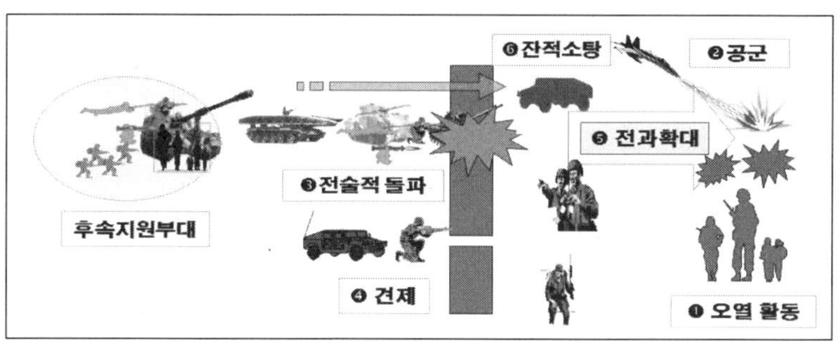

이러한 전격전 수행방법은 전차의 주행거리를 증대시키고, 전차포의 위력을 향상시켰으며, 포병은 자주화, 보병은 차량화 보병으로 개선되는 등 기동력과 화력 면에서 전술의 많은 발전을 가져 오게 하는 계기가 되었다.

■ 모티전술(조각내기전술, Motti Tactics)

모티전술은 1939년 11월 30일 소련이 선전포고 없이 핀란드를 공격함으로써 발발한 겨울전쟁에서 핀란드군이 소련군에 대승을 거둔 수오무살미(Suomussalmi) 전투에서 사용한 전술이다. 핀란드군은 모티전술로 소련군 종대를 수개 마디로 절단한 후 포위로 각개 격파하였다.

모티(motti)란 마른 나무를 땔감으로 사용하기 위해 잘라놓은 것을 의미하며 이에 착안한 모티전술은 핀란드군이 적군을 마디마디 잘라 격파하는 전술이다.

전투수행방법은 먼저 ① 적의 이동을 정찰하여 차단한다. ② 기동력을 상실한 적의 종대를 마디로 절단한 뒤 치밀한 포위를 통해 고립시킨다. ③ 포위된 적을 각개격파 하여 완전히 섬멸하는 전술이다.

당시 핀란드는 울창한 삼림과 호수, 늪지대를 이용하여, 대규모 기동이 불가능한 소련군을 장작 패듯이(motti) 조각내어 소규모의 치밀한 포위망을 형성한 후 각개격파 하였다. 소련군 2개 사단(제163 및 제44사단)은 1개 사단 미만의 핀란드군에게 3:1의 병력우세에도 불구하고 수오무살미에서 핀란드군의 모티전술에 의해 산산 조각된 채 1940년 1월 5일 거의 섬멸 당하였다. 작전결과 소련군의 전사 및 동사자는 27,500명, 포로 1,500명, 전차 50대 손실의 피해를 입었으나, 핀란드군의 전사는 900명, 부상자는 1,770명에 불과했다.

■ 쐐기와 함정 전술(Keil und Kessel)

쐐기와 함정 전술(Keil und Kessel)은 제2차 세계대전 당시 소련의 광활한 지형적 특성과 국경지대에 얕은 종심으로 분산된 소련군을 포위섬멸하기 위해 창안한 독일군의 신 전술로서 전격전에서 발전된 양익포위전술이다.

당시 소련군은 국경선을 따라 광정면에 병력을 배치하여 방어종심이 짧았기 때문에 독일군은 전투력의 집중을 통해 손쉽게 돌파 및 침투기동을 할 수 있었다. 만약에 국경선에서 소련군을 포위섬멸하지 못할 경우에는 광활한 지역에서 다시 포착하고 섬멸하기가 곤란하다고 판단하였다. 따라서 독일군은 전방에 배치된 소련군이 내륙으로 후퇴하는 것을 방지하고 국경지대에서 그들을 포착, 섬멸하기 위한 새로운 전술을 창안했는데, 이것이 바로 쐐기와 함정 전술이다.

쐐기와 함정 전술은 ① 조공(보병)이 중앙 정면에서 적을 고착한다. ② 양측방에서 주공(보병)이 돌파구를 형성한다. ③ 양 돌파구에서 기갑부대가 깊숙이 침투하여 포위망의 외환을 형성한다. ④ 차량화보병부대가 기갑부대를 후속하여 포위망의 내환을 형성하고 측방을 방호한다. ⑤ 정면의 보병부대와 차량화보병부대가 협격하여 포위된 적을 소탕하는 방법으로 수행되었다.

독일군은 1941년 6월 22일 03:00시 소련에 대한 공격을 개시, 초반에는 소련군의 지연방어와 우천으로 진격이 지연되었다. 그러나 중앙집단군(복크 사령관 지휘)의 제2기갑군(구데리안 장군 지휘)과 제3기갑군(호트 장군 지휘)은 전형적인 쐐기와 함정 전술(Keil und Kessel)로 3개의 대 포위망을 형성하였으며, 18일 동안 400마일을 진격하는 성과를 달성하였다.

1941년과 1942년에 걸쳐 독일군의 쐐기와 함정 전술(Keil und Kessel)에 휘말린 소련군은 점차 독일군의 종심 깊은 돌파구 형성 작전에 대비한 전투수행방법을 준비하게 된다. 이처럼 전투수행방법은 상대성이 있는데 소련군은 독일군의 주력은 물론 예비대까지 흡수하여 전투력을 소진케 한 후 역습을 취할 수 있도록 종심 깊은 방어지대를 구축하는 종심방어와 청야전술[25]

---

25 _ 청야전술(淸野戰術) : 원정전투를 수행하는 적의 약점을 최대한 이용한 전술이다. 열세한 전투력으로 우세한 적과 전투할 경우, 지형의 이점을 최대한 활용하여 적의 진출을 지연시키고

을 통해 독일군을 격멸하고 반격을 실시하였다.

■ 와조전술(蛙跳戰術)과 우회전술(By-Pass전술)

일본은 필리핀 전역 이후 미얀마와 네덜란드 령 동인도제도를 공격하여 1942년 3월 9일 숙원이었던 남방 자원지대를 손아귀에 넣었다.

작전기간 중 일본군이 적용한 특이한 전술은 대담하면서도 용의주도한 '와조전술(蛙跳戰術)'이다. 와조(蛙跳)란 개구리의 도약을 의미하며 와조전술이란 개구리가 장애물을 건너뛰어 다른 곳으로 도약하듯이 중요지역을 선별하여 점령하는 전술을 의미한다.

이 전술은 주로 필리핀의 민다나오로부터 인도네시아의 보르네오와 셀레베스 방면으로 향한 이토(伊藤) 소장의 동부 분견대가 수행했다. 내륙통로가 거의 없는 도서작전에서 기지건설에 필요한 지역만을 육 · 해 · 공군의 합동작전 하에 점령하고, 기타 지역은 그냥 건너뜀으로써 단기간 내에 기지를 추진시키는 전술이었다.

남방지역은 대부분이 개발되지 않은 섬으로 내륙통로가 거의 없는 실정이었다. 그래서 주요 해안기지를 점령하면 나머지 잔여지역은 자동적으로 지배되어진다는 원리 하에 전투가 수행되었다.

와조전술 수행방법은 ① 공격기지에서 공중 및 해양 우세를 달성한다. ② 목표지역을 공중과 해상으로부터 공격한다. ③ 여건이 조성되면 지상군을 투입하여 목표지역을 점령하고 비행장을 건설한다. ④ 항공기를 추진시키고 목표지역 일대의 국지적인 공중 및 해양 우세를 달성한다. ⑤ 다음 목표지역에 대하여 공중 및 해상 공격을 실시한다. 이때 지상군은 전투력을 복원하기 위해 보급 및 재편성을 실시한다. 이상과 같은 과정을 순환적으

시간을 확보한 다음, 시 · 공간적으로 상황이 유리하게 조성되어 상대적인 전투력 우위 달성이 가능해지면 적을 공격하는 전술이다.

로 반복하여 수행하였다. 이런 와조전술은 적이 강하게 배치된 지역을 점령함으로써 나머지 지역이 저절로 제압되도록 한다는 것이 가장 중요한 특징이다.

반면에 일본군의 와조전술에 비하여 태평양 전쟁 시 맥아더 원수와 니미츠 제독이 즐겨 사용했던 전술이 우회전술(By-Pass전술)이다. 일본군의 와조전술과는 대응되는 개념으로 일본군의 완강한 저항 기지인 강점은 우회하고 주변의 약점을 점령함으로써 강점을 고립시킨 후, 점령한 약점지역에는 기지건설을 강화하고, 우회한 강점에 대해서는 해 · 공군으로 집중적인 공격을 통해 무력화시키는 전술이다.

■ 적극방어(Active Defense)

제2차 세계대전 이후 전술의 발전은 미국을 중심으로 한 NATO(North Atlantic Treaty Organization, 북대서양조약기구)와 구소련을 비롯한 동유럽 8개국이 결성한 바르샤바 조약기구에 의해 발전되었다.

먼저 NATO의 미군은 제2차 세계대전시 핵의 위력(일본 나가사키와 히로시마에 투하된 원자탄)을 실감하고, 핵전략과 핵전술에 치중함으로써 재래식 전쟁의 전술발전에는 소홀하였다. 그러나 1973년 제4차 중동전(이스라엘 대 아랍 전쟁)의 전훈을 분석하면서 핵전략 하에서의 재래전 발발 가능성을 인식하고 소련의 종심 깊은 공격에 대응하기 위하여 '적극방어' 개념을 발전시켰다.

적극방어 개념은 화력의 집중운용과 특히 대전차화기의 최대 사거리를 고려하여 발전되었다. 적의 주공을 조기에 식별하여 주방어진지 최전방에 도달하기 전에 정지시켜놓고 격멸할 수 있다면, 수적으로 월등한 적이라 할지라도 능히 격멸시킬 수 있다는 것이다. 그러므로 적 주공의 조기 식별은 적극방어의 필수적인 성공요인이었다. 이를 위해 가용한 모든 출처의 정보를 통합하고, 강력한 엄호부대[26]를 운용하여 적 공격부대가 조기에 전개되어 그들의 주력을 노출시키도록 강요해야 한다.

적극방어 개념은 적의 주공을 주방어진지 도달 전에 격멸하는데 중점을 두었으나 적 후속제대의 공격에 대한 차단 대책과 전술적 예비대 운용이 미흡했다. 결국은 적극방어 개념은 전술적 차원의 화력위주 소모전의 영역을 벗어나지 못하였다. 또한 작전의 주도권이 적에게 허용된 상태에서 전투를 해야 한다는 문제점이 제시되었다.

■ 작전기동군(OMG) 전법

바르샤바 조약기구의 소련군은 NATO군의 '적극방어' 개념에 대응하기 위해 1980년대에 '대담한 돌진(daring thrust)' 전법을 창안한 후 이를 계속 보완시켜 '작전기동군(Operational Maneuver Group)' 전법을 발전시켰다.

1970년대 말 전술 핵무기가 야전에서 실용화되자 기계화부대 집중운용이 오히려 결정적인 약점으로 작용했다. 따라서 돌파를 위한 집중적인 운용개념은 전선 전반에 걸쳐서 여러 개의 전진 축선으로 분산하는 개념으로 바뀌었다. 그 결과 나온 것이 '대담한 돌진' 개념이다. 이는 적이 밀도 있는 대전차방어를 준비하기 전에 선제기동(preemptive maneuver)을 통해 방어진지를 공격하는 것이다. 사단급 부대의 집중 돌파 대신에 증강된 연대급 부대가 다수 축선을 돌파함으로써 피 · 아가 혼재되어 핵무기를 사용하기 곤란하게 하는 것이다. 소련은 이러한 개념을 기반으로 하여 결국은 작전기동군 전법을 발전시켰다.

작전기동군(OMG) 전법은 먼저 적이 전투태세를 갖추기 전에 소규모의

---

26 _ 『군사용어사전』 정의 : 엄호부대(掩護部隊) ; 1. 적이 피엄호부대 본대를 공격하기 전에 적을 차단, 교전, 지연, 와해 및 기만할 목적으로 본대로부터 이격되어 독립적으로 작전을 수행하는 경계부대. 2. 공격작전형태 중 접적전진의 경우 최선두에서 정찰을 통해 적을 찾아 접촉을 유지하고 상황을 발전시켜 본대가 가능한 최적의 조건 하에서 전개하여 전투를 수행할 수 있도록 경계를 제공하는 경계부대의 하나.

분권화된 기계화부대로 다정면 돌파를 실시하여 적의 전투력을 분산시켜 작전기동군(OMG)의 투입여건을 조성한다. 여건이 조성되면 제2제대와는 별도로 작전기동군(OMG)을 종심 깊은 후방지역으로 투입하여 중요 목표를 확보한다. 이렇게 되면 피 · 아가 혼재되어 NATO군의 전술 핵 사용을 불가능하게 하고 기동에 의한 심리적 마비를 달성한다.

작전기동군(OMG) 투입방법을 살펴보면, 먼저 제1제대의 보병사단들이 작전기동군이 통과할 수 있을 만큼의 돌파구를 형성한다. 이후 가장 빨리 돌파된 정면에 전차사단을 주축으로 한 작전기동군을 투입한다. 작전기동군은 통상 2개 축선을 이용해 투입되는데 이렇게 함으로써 1개 축선 실패시에도 다른 축선에서의 성공을 보장하고, 투입시간을 절약하는 등의 이점을 위한 것이다.

작전기동군(OMG)의 운용효과는 ① 기습적으로 공격하여 적의 C^3I를 타격, 조직적인 동원을 방해하여 NATO군의 군사 잠재력 발휘를 무력화시킨다. ② 작전기동군이 NATO군 후방 종심 깊게 침투하여 활동함으로써 전선의 붕괴를 유도하고 NATO군의 정치 군사적인 대응을 불가능하게 한다. ③ NATO군 전쟁 지도부에 심리적인 충격을 가하여 이성적이며 합리적인 결심을 방해하며 그 결과 대응을 지연시키고 혼란을 발생케 한다. ④ NATO군의 핵무기 사용결정 전에 주요 경제 및 전략적 요충지를 탈취한다.

결국 작전기동군(OMG) 전법은 전투를 최소화하고 종심깊은 기동부대인 작전기동군 운용을 통해 NATO군의 전투력 분산과 심리적 마비를 조성함으로써 스스로 무너지게 하여 소련군 주공부대의 작전여건을 조성하는 전법이다.

■ 공지전투(ABL)

공지전투(Air Land Battle) 개념은 소련의 대담한 돌진전법에 대응하고

NATO지역 및 한반도 그리고 중동지역에서 소련과 그 위성국가들의 위협에 대응하기 위해 1982년에 발전된 전법이다.

공지전투란 재래전의 핵, 화학, 전자전 등 가용전투력과 공군의 지원을 입체적으로 통합하고 적지종심지역전투, 근접지역전투, 후방지역전투를 동시에 수행하여 적 선두 및 후속제대를 동시에 타격함으로써 조기에 주도권을 장악하여 승리를 보장하기 위한 전투개념이다.

과거 미군의 적극방어 개념은 주방어지역에서의 적 부대 격멸에 주안을 두었다. 하지만 소련이 많은 병력을 이용하여 대담하게 돌진하여 제파식(梯波式)으로 공격할 경우에 적극방어로는 이를 감당하기 곤란하였다. 또한 분쟁대상 지역 중에 적을 끌어들여 격멸할 수 있는 충분한 기동공간을 가진 곳도 없었다. 따라서 초전부터 주도권을 장악하여 조기에 공세 이전을 통해 전투에서 승리를 보장할 수 있는 새로운 형태의 적극적인 공세 작전개념의 연구가 요구되었으며 이러한 개념이 '공지전투' 개념으로 발전되었다.

'공지전투'는 적지종심지역, 근접지역, 후방지역에서 동시에 전투를 함으로써 적을 효과적으로 격멸하는 개념이다. 공지전투시 가장 중요한 것은 적의 공격을 적지종심지역에서부터 차단하여 근접지역에서는 약화된 적과 전투하도록 여건을 보장하는 것이다. 이를 위해서는 적을 식별할 수 있는 정보력과 장사정 화력, 공군력이 필수적이다. 특히 공군이 효과적으로 지상군을 지원해야 공지전투에서 승리가 보장된다.

2.3. 우리군의 대표적인 전투수행방법은 무엇인가요?

■ 도로견부위주 종심방어(道路肩部爲主 縱深防禦)

1996년에 한국군은 북한군의 기갑 및 기계화부대 위협과 특수전 부대 위협 등을 고려한 독자적인 지상군 전법[27]으로 '입체고속기동전', '도로견부위주 종심방어'의 개념을 제시하였다.

한반도에 적합한 지상군의 전법은 과연 어떠한 전법이여야 할 것인가에 대한 고민의 산물이었다. 이러한 고민을 하게 된 배경은 피 · 아의 부대구조가 점차 기갑 및 기계화 부대로 변화되고 있으며, 한반도의 지형적 특성을 고려해 볼 때 남북으로 종적 축선이 잘 발달되어 있고, 북한군의 기습공격, 속전속결 전략에 따라 기갑 및 기계화 부대를 종심 깊게 운용할 것이라는 판단에서 시작되었다.

또한 우리가 반격작전을 실시할 경우에도 북한군과 마찬가지로 도로를 이용해 기계화부대를 운용해야 한다는 점을 고려하여 우리가 결전해야 할 장소는 산악지역이나 고지군이 아니고 바로 도로를 중심으로 한 축선 즉, 회랑형 지형[28]이 될 것이라는 판단에서 기인하였다.

북한군은 장차전에 있어 강력한 화력지원 하에 기계화부대를 이용, 가능한 모든 도로축선을 따라 제파식으로 연속 투입하여 종심기동전을 감행할 것이다. 이러한 적의 공격양상에 대비하기 위해 우리는 종전의 고지위주 선형방어 형태에서 주요 도로견부위주의 종심방어 형태로 싸워야 한다는 것이 도로견부위주 종심방어이다.

---

27 _ 지상군 전법(地上軍 戰法)이란 현재 및 장차전에서 가용한 수단과 방법을 효과적으로 배비하고 운용하여 어떻게 싸워 승리할 것인가를 체계화시킨 전투수행방법이다.

28 _ 회랑형 지형(回廊型 地形)이란 하천, 산악 등 자연적 지형지물에 의해 저지 및 계곡에 기다랗게 형성된 기동로 또는 통로를 형성하고 있는 지형이다.

〈그림 9〉 도로견부위주 종심방어

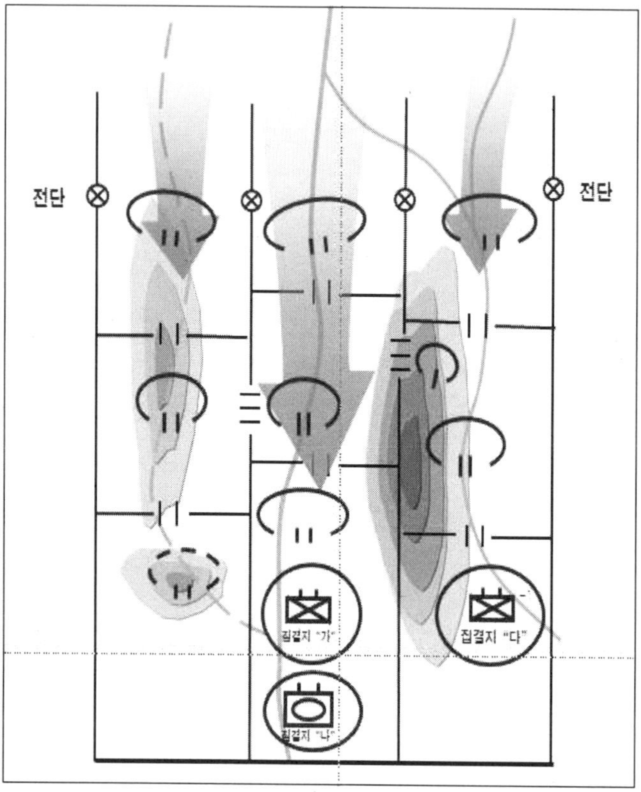

도로견부위주 종심방어는 〈그림 9〉와 같이 도로를 이용해 적의 종심 깊은 고속기동을 차단하고, 격멸하기 위하여 적 주력의 주요 기동로인 도로견부를 따라 병력, 화력, 장애물을 통합하여 중점적으로 배치한다. 그 외의 산악지역에서는 계곡은 장애물로 봉쇄하고, 적의 주요 침투로인 산악능선에 대해서는 종심 깊게 병력을 배치하는 개념이다.

하지만 도로견부위주 종심방어는 도로 위주로 병력이 배치되는 관계로 병력이 배치되지 않은 공간에 대한 통제대책과 비선형전(非線型戰)[29] 하에서는 고립상태가 빈번히 발생할 수 있다는 문제점이 제기되었다. 화력운용면에서도 비선형전 하에 적 기갑 및 기계화 부대가 종심으로 진출시 전방 방어부대에 대한 지속적인 화력지원을 위한 포병운용의 문제점이 지적되었다. 또한 도로 위주로 병력을 집중적으로 배치함에 따라 예비대의 확보에 어려움이 있었다.

이와 같은 문제점에도 불구하고 도로견부위주 종심방어는 전 전선에 걸쳐서 전투력을 균형 있게 배비해야 한다는 선형방어의 고착된 사고를 탈피하는 데 기여하였다. 현재는 이를 보완 발전시켜 방어시의 우리군의 전법은 '공세적 방어' 개념을 적용하고 있다.

■ 입체고속기동전(立體高速機動戰)

북한의 위협이나 장차전의 양상 등 전장환경의 변화를 고려해볼 때 장차전에서 승리하기 위해서는 시간적 측면에서 전투의 속도가 신속해야 하며, 공간적 측면에서는 모든 전투력의 운용이 전 작전지역 내에서 입체적으로 운영되어야 한다. 이러한 개념에서 발전한 것이 바로 입체고속기동전이다.

입체고속기동전이란 용어를 풀이하면, 입체는 ① 시간적 차원에서 과거, 현재, 미래 시간의 통합을 의미한다. ② 공간적 차원에는 지상, 해상, 공중과 사이버 공간까지도 포함한다. ③ 전투력 차원에서는 육 · 해 · 공군뿐만 아니라 보병, 포병, 기갑 등의 모든 가용 전투력을 통합하는 의미가 있다.

고속이란 의미는 통상적으로 생각하는 기계화부대나 헬기 등의 빠른 속도만을 의미하는 것이 아니라 적의 기동속도보다 상대적으로 더 빠른 속도 또는 적이 예상하는 속도보다 더 빠른 속도로 기동한다는 의미가 내포되어

---

29 _ 비선형전(非線型戰, Nonlinear Warfare)이란 피 · 아 화기의 사거리, 명중률 및 파괴력의 증대, 정보 및 지휘통제 능력의 발전 등으로 전장종심이 확대되고, 전후방 동시 전투가 실시됨에 따라서 일정한 전선이 없이 전개되는 전쟁양상이다.

있다. 따라서 소대, 중대, 대대 등의 단위부대도 다양한 방법으로 적보다 빠르게 속도를 발휘할 수가 있는 것이다. 기동이란 차후작전에 유리한 상황을 조성하기 위해 적보다 유리한 위치로 병력, 장비, 물자 등을 이동시키는 것을 의미한다.

입체고속기동전이란 각급 제대별로 가용한 수단을 최대한 이용하여 적의 배후로 기습적이고 대담하게 기동함으로써 적을 심리적으로 마비시키고 중심을 와해시켜 적 전투력을 격멸하는 전투수행방법이라고 할 수 있다.

이러한 입체고속기동전은 전 전장에서 정보우위를 달성하고, 적의 약점을 이용하여 적 중심으로 신속히 기동함으로써 적의 방어체계를 와해시키고 전투의지를 파괴하여 최소의 전투로 결정적인 승리를 달성하는 공격작전 개념이다. 즉 적의 전투력을 격멸하는 것도 중요하지만 적을 심리적으로 마비시켜 전투의지를 파괴하는데 주안을 두는 작전을 추구한다.

이를 위해 입체고속기동전은 지상과 해상, 공중에서 다양한 기동수단과 방법을 효과적으로 결합하여 실시하는 합동작전이다. 먼저, 적을 찾고, 기동부대의 생존성이 보장된 상태 하에서 기습과 작전속도의 배가로 공격기세를 유지하여 결정적인 전투를 회피하면서 적의 측방과 배후로 신속히 기동한다. 이를 통해 적의 중추신경을 마비시켜 전투의지를 조기에 분쇄해야 한다.

입체고속기동전을 수행할 시에는 적의 최초진지를 돌파하고, 적의 중심으로 신속 · 대담하게 기동하여 방어체계를 와해시키고, 심리적 마비를 달성하기 위해 통상 기계화부대를 운용하게 된다.

입체고속기동전을 수행하는 방법은 ① 먼저 적을 찾아야 한다. ② 세심한 지형분석 결과를 토대로 기동수단별 기동이 가능한 다양한 기동로를 선정해야 한다. ③ 기동부대에 대한 생존성(소산과 경계대책, 화력운용 등)이 보장되어야 한다. ④ 결정적인 작전을 위한 기동여건을 조성해야 한다. 즉, 기동

간 작전에 제한이 되는 적의 위협을 제거해야 한다. ⑤ 결정적인 작전을 위해 적을 심리적으로 마비시키고 중심을 와해할 수 있도록 고속기동을 실시한다. ⑥ 작전의 종심이 신장되고 빠른 속도로 진행되는 특징이 있으므로 작전을 분권화 한다. ⑦ 입체고속기동전의 성공을 위한 핵심요소는 기습, 기만, 속전속결, 전투력의 집중이다. ⑧ 공격 기세를 유지해야 한다. ⑨ 작전의 진행속도가 빠르고 작전지역이 확대됨에 따라 치밀하고 효과적인 지휘 · 통제 · 통신이 필요하다. ⑩ 주 기동부대의 작전지속성을 보장하고 공격기세를 유지하기 위한 지속적인 작전지속지원이 요구된다.

■ 산악요점방어(山岳要點防禦)

산악요점이란 능선과 계곡접근로가 만나는 곳으로 적이 반드시 통과해야 하는 '목'을 말한다. 산악요점방어란 계곡접근로는 봉쇄하고 적이 통과할 수밖에 없는 능선 상의 요점 위주로 종심 깊게 진지를 편성한 후 다단계 전투를 수행하여 적을 격멸하는 전투수행방법을 말한다.

산악요점방어는 종심 깊은 전투를 수행하기 위해서 지형의 이점을 이용해 최종진지와 중간진지, 최초진지를 축차적으로 편성하고, 최초진지 전방에 추진진지를 편성하게 된다.

특히, 최종진지는 전면방어를 수행할 수 있도록 진지를 편성하고 우발상황에 즉시 대응하기 위한 예비대는 소규모로 편성하여 근접하게 배치한다. 또한 전투진지 공간의 계곡지역에는 적의 측 · 후방 침투에 대비하여 화력과 장애물을 설치하고 국지경계부대를 운용하도록 계획한다.

이러한 산악요점방어 시에는 축차적으로 적과 다단계 전투를 수행하게 되는데, 먼저 추진진지는 전단위치를 기만하고 적을 분리시킴으로서 적의 전투력 집중을 방해하여야 한다. 최초진지는 원거리에서부터 적의 공격을 지연 및 와해시키고, 능력범위 내에서 근접전투를 실시하여 최대한 적 전투력을 약화시킬 수 있도록 하여야 한다. 최초진지의 부대들은 적의 압박이 증대하면 중간진지로 철수하여 다시 적과 교전을 실시하게 된다.

이때 중간진지에서는 최대한 진지를 고수하기 위한 결전을 실시하고, 적의 전투력이 약화되어 중간진지에서 격멸이 가능하다고 판단될 때에는 예비대를 이용한 역습을 실시할 수도 있다.

최종진지는 최초 및 중간진지를 최대한 화력으로 지원하고 필요시 역습으로 적을 격멸한다. 그러나 중간진지를 고수할 수 없을 때는 최종진지로 철수한 후, 전면방어로 전환하여 최종진지를 고수하게 된다.

우리나라는 전 국토의 75%가 산악으로 형성되어 있어 산악지역 작전의 중요성은 아무리 강조해도 지나치지 않을 것이다. 북한군 역시 산악전 수행을 지속적으로 강조하고 있으며, 최근 전방지역에 경보병부대를 증강하여 대규모 산악침투 등 산악지역 특성을 활용한 교리를 발전시키고 훈련을 강화하고 있다. 이러한 북한의 위협과 산악지역의 작전환경을 이용한 산악요점방어를 수행할 수 있는 능력을 배양해야 한다.

■ 대담한 공격

현재 공격작전 수행주안은 '대담한 공격'이다. 공격작전은 공격하고자 하는 시간과 장소를 선택할 수 있는 이점이 있기 때문에 방어작전에 비해 주도성[30] 발휘가 용이하고 융통성 있는 전투력 운용이 가능하다. 그러나 유리한 여건 하에서도 과도하게 신중하여 결단을 주저함으로써 호기를 상실하거나 사소한 위험을 수용할 용기가 부족하여 결정적인 시간과 장소에서 상대적인 전투력 우세를 달성하지 못한다면 공격작전의 가치를 스스로 저버리는 것과 같다. 따라서 공격작전 시에는 위험을 감수할 수 있는 용기와 과

30 _ 『국립국어원 표준국어대사전』 정의 : 주도성(主導性). 주도적 입장에 서는 성질이나 특성.

감한 결단력, 그리고 적의 약점과 과오에 대해 단호하면서도 집요하게 압박할 수 있는 실천력을 발휘하여 적을 물리적 · 심리적으로 압도함으로써 계속적으로 피동적인 상황에 처하도록 강요하고 조기에 적의 전투의지를 말살시킬 수 있는 '대담한 공격'을 추구하여야 한다.

무조건적인 대담성 발휘는 적에게 역이용 당할 위험이 있으므로 정보의 우위를 달성하여 적의 기도를 파악하는 것이 중요하다. 공자가 주도권을 장악하고 대담성을 적극적으로 발휘하게 되는 결정적인 계기는 적의 약점과 과오로부터 발생된다. 따라서 적극적인 감시 및 정찰과 다양한 기만작전을 전개하여 적의 약점과 과오를 식별하거나 조성할 수 있어야 한다. 적의 약점과 과오에 대해서는 동시적 · 연속적인 전투를 통해 적의 약점을 확대하거나 또 다른 약점을 조성함으로써 효과적인 대응기회를 박탈하고 보다 피동적인 상황에 놓이도록 계속 압박을 가해야 한다.

적을 물리적 · 심리적으로 압박하고 공격기세를 유지하기 위해서는 기습, 집중, 속도에 주안을 두고 전투력을 운용해야 한다. 즉 적이 예상치 못한 시간 · 장소 · 수단 · 방법으로 공격하여 기습을 달성함으로써 적을 혼란에 빠뜨려야 하고, 적의 약점과 과오에 대해 전투력을 집중하여 결정적인 성과를 달성해야 하며, 적 후방 종심으로 우세한 속도를 발휘하여 무자비하고 과감한 압박을 가함으로써 적 부대를 격멸해야 한다. 기습, 집중, 속도는 대담성이 바탕이 되어야 그 효과를 극대화할 수 있다.

'대담한 공격'은 공자의 유리한 특성을 최대한 활용하여 주도권을 장악, 유지, 확대해 나가겠다는 공세적인 정신과 의지가 반영된 것이다.

■ 공세적 방어(攻勢的 防禦)

현재 방어작전 수행주안은 '공세적 방어'이다. 방어작전 시 적의 공격행동에 대하여 수세적이고 피동적인 작전으로 일관한다면 전투에서 승리할 수 없다. 즉 방자가 공자의 행동을 기다렸다가 대응하는 방식의 소극적인 전투를 수행한다면, 공자에게 사고와 행동의 자유를 허용하게 되어 기습과 집중을 달성하는 호기를 제공하게 되며, 이에 따라 수세적인 전투가 계속될 가능성이 높다. 따라서 비록 방자라 할지라도 전투력을 공세적으로 운용하여 주도권을 장악하고 적의 전투력 소모를 강요하여 조기에 작전 한계점에 도달시킬 수 있는 '공세적 방어'를 추구해야 한다.

공세적이라는 의미는 무조건적인 공세행동만을 추구하는 것이 아니라 수세적이고 피동적이며 소극적인 대응개념을 탈피하여 작전을 주도적이고 능동적이며 적극적으로 수행함을 의미한다.

'공세적 방어'를 위한 전제조건은 작전 초기부터 적지종심지역으로 전장을 확대하고 정보 우위를 달성함으로써 먼저 적의 기도를 파악하는 것이다.

방자가 주도권을 장악하고 발휘하기 위해서는 적의 공격을 기다리기 보다는 정보 우위 달성에 기초하여 초기부터 적극적인 선제행동을 하는 것이 중요하다. 적보다 먼저 보고, 먼저 결심하여, 먼저 타격한다면 공자의 공격 균형을 와해시키는 동시에 방자는 호기를 이용할 수 있는 여건을 조성할 수 있다.

공자는 방자에 비해 싸우고자 하는 시간과 장소를 선택하기 용이하다는 장점이 있다. 공자는 결정적인 시간과 장소에서 전투력의 상대적인 우세를 달성하여 공격기세를 유지하고 성과를 확대하여 조기에 작전을 종결하려 할 것이다. 따라서 지형의 이점과 연계하여 방어수단을 효과적으로 통합 운용함으로써 결정적인 시간과 장소에서 공자의 상대적인 전투력 우세 달성을 거부하는 것이 방어작전에 성공하는 관건이라 할 수 있다.

공자의 조직적인 공격을 방해하고 전투력 소모를 강요하려면 방어종심을 최대한 이용할 수 있어야 한다. 즉 종심 상의 지형과 시간의 이점을 활용한 병력, 화력, 장애물의 통합 운용과 제대별 적극적인 공세행동을 통해 적의 행동을 구속하고 조기에 작전 한계점에 도달시킴으로써 결정적 작전을 위한 여건을 조성해야 한다.

방어작전 간 적의 약점과 과오가 조성되거나 포착되면 지체 없이 결정적인 공세행동을 실시하여 적의 주력을 격멸시키고, 그 성과를 확대하여 공세 이전의 여건을 조성해야 한다.

전투수행

3. 전투수행절차

3.1. 전투수행절차란 무엇인가요?

현대전은 전통적인 군사요소뿐만 아니라 정치, 외교, 경제, 사회, 문화, 과학기술 등 여러 국력요소의 통합된 작전이 요구된다. 부대구조는 전문화 및 세분화되었고, 군사적으로는 심리 · 전자 · 사이버 · 우주공간 등이 점차 중시됨에 따라 전장은 다차원 · 다영역[31]으로 확대되고 있다.

따라서 현대전은 특정 군의 단독적인 작전만으로는 전장의 모든 영역을 장악할 수 없게 되어 제병협동 및 합동작전[32]의 중요성이 더욱 증대되고 있다. 이에 전술제대도 다양한 적의 위협과 변화하는 전장환경에 대비하여 제병협동과 합동작전의 개념 하에 작전을 수행해 나아가야 한다.

31 _ 『군사용어사전』 정의 : 다차원(多次元), 정면과 종심, 고도의 3차원 개념에서 인간, 시간, 전자기식 차원까지 확대된 개념을 의미함.

32 _ 합동작전(合同作戰)이란 육 · 해 · 공군 중 2개 이상의 군, 합동부대 또는 필요시 편성되는 합동기동부대가 공동의 작전목적을 달성하기 위하여 수행하는 군사활동이다.

북한군은 재래식 전력이외에도 핵 · 화생무기 · 미사일 등 전략적 비대칭 전력과 다양한 규모의 경보병부대를 통해 전면전을 일으키지 않고 정치적 목표를 달성하기 위해 계획된 국지적인 도발을 지속 감행할 가능성이 많다. 따라서 전술제대는 북한군의 전 · 후방 동시침투 및 국지도발 억제를 위한 공세적 · 적극적 경계작전과 함께 후방지역에서는 민 · 관 · 군 · 경의 통합방위태세 유지에 만전을 기해야 한다.

그러나 국지적인 무력도발은 상호간 대응한계의 오판으로 인해 위기가 고조되어 전면전으로 확산될 가능성이 농후하다. 뿐만 아니라 북한군은 정권 지휘구조 및 성격이 변화하거나 정권의 생존에 대한 심각한 위협을 인식할 때, 또는 비대칭전력에 대한 과신 및 굳건한 한 · 미 동맹 관계의 오판 등으로 인해 전면공격을 감행할 수도 있다.

평양과 원산선 이남으로부터 군사분계선까지 배치된 대부분의 재래식 전력과 대규모의 장사정 포병부대들이 작전 초기 서울 및 수도권 등 인구 밀집지역에 기습공격을 감행한다면 민간인을 포함한 인원과 부대의 피해가 심대할 것이다. 이를 방지하기 위해 공세적인 대화력전[33]을 통해 작전초기에 북한군의 화력지원수단을 무력화 혹은 격멸시켜야 한다.

북한군은 경량화된 장비편성과 산악지형에서의 우수한 작전수행능력, 중대급 단위 단독임무 수행이나 지휘체계를 유지하여 협조된 작전을 수행할 수 있다. 따라서 산악지역에서 적의 침투공격을 차단하기 위한 계획과 대비가 강화되어야 한다.

또한 도시지역의 발달로 다차원 공간에서의 전투수행과 건물지역에서의 소부대전투 수행이 불가피하고, 비전투원 분리 및 통제의 중요성이 증대될

---

33 _ 공세적인 대화력전이란 적 화력자산이 사격을 개시하기 전에 적 화력자산을 탐지하여 타격하는 것으로 통상 공세적 대화력전은 지상 및 항공관측, 무인정찰기와 같은 관측수단과 적지종심지역에서 활동하는 인간정보자산에 의해 표적을 적극적으로 탐지하여 이를 타격한다.

뿐만 아니라 사회기반시설의 통제 및 효과적 활용을 위한 준비도 요구된다.

군사분계선을 중심으로 형성된 복합장애물지대는 인적 · 물적 자원의 투입을 강요하는 장애물로 아군의 반격작전 초기에 장애물 극복을 위한 특수임무부대 편성 등 철저한 작전준비가 요구된다.

전술제대는 원 · 근거리 전투를 수행하면서 발생이 가능한 대량의 전투원 및 장비 피해에 대비하여 전투력 복원을 준비해야 하며, 적시 적절한 의무지원 및 심리적 안정을 위한 다양한 대책을 강구해야 한다. 따라서 전술제대는 전투원의 손실을 최소화하기 위한 창의적인 계획수립 및 작전수행이 요구된다.

후방지역의 다양한 작전요소는 지휘통일과 통합운용이 이루어지지 않을 경우 작전성과 달성이 지연되고 작전성공을 보장할 수 없으므로 통합된 작전운용이 보장되어야 한다. 전 · 후방 동시 전투수행으로 전투원과 비전투원이 혼재되어 작전수행의 복잡성과 민군작전 소요가 더욱 증가되고, 자유화지역에서 실시하는 안정화작전[34]의 중요성이 더욱 부각될 것이다.

전술제대에서도 정보 의존성이 증대되어 제한적으로 네트워크 파괴 및 무력화, 전장 지휘통제능력 마비의 개념이 적용될 수 있으며, 민간요소 중 언론과 대중매체의 영향력 등 4세대 전쟁[35]에서 나타날 수 있는 현상이 전술제대의 작전에 영향을 미칠 것이다.

이러한 작전환경의 특성과 전투양상을 심층 깊게 분석한 가운데 전투에서 승리를 목적으로 전투수행절차에 의해 준비되고 실시되어야 한다. 전투를 수행하기 위해서는 계획을 수립해야 한다. 또한 수립된 계획대로 전투

---

34 _ 안정화작전(安定化作戰, Stability Operation)이란 전시 자유화지역에서 치안질서를 회복하고 유지하며, 정부의 통치질서를 확립할 때까지 수행하는 군, 정부 및 민간분야의 제반 작전활동을 의미한다.

35 _ 4세대전쟁(四世代戰爭)이란 병력과 장비, 첨단무기 체계가 주도하는 전쟁이 일어나기 전에 정치 · 경제 · 문화의 모든 네트워크를 동원해 상대방의 정치적 의지를 파괴하는 심리전쟁을 말하며, "총성 없는 전쟁"이라고 일컫는다.

를 수행하기 위해 철저히 준비해야 한다. 의명 전투수행결과 임무를 달성하는 순으로 진행이 되고, 전투결과를 분석해 장점을 극대화하고 미흡분야는 보완하게 된다. 전투수행과정 속에 세부적인 절차가 있으며 이러한 절차에 의해 진행되어야 한다. 전투수행절차는 고정되어 있는 획일화된 것이 아니다. 전술적 고려요소(METT+TC)에 의해 생략 또한 가능하다.

각각의 세부적인 절차를 적용하는 주체는 지휘관과 참모의 역할이다. 전투수행을 위해 지휘관은 전투지휘를 하게 되고, 참모는 전투지휘의 여건을 보장하는 역할을 주로 수행하게 된다. 이러한 전투지휘를 원활히 하기 위해서는 특히 제대별 역할을 정확히 이해할 필요가 있다.

3.2. 전투는 어떻게 수행되나요?

일반적으로 전투는 전쟁이라는 큰 환경 하에서 적을 격멸하거나 일정지역 또는 목표물을 공격, 방어하기 위하여 적과 직접 싸우는 군사행동을 말한다.

〈그림 10〉 전투수행과정

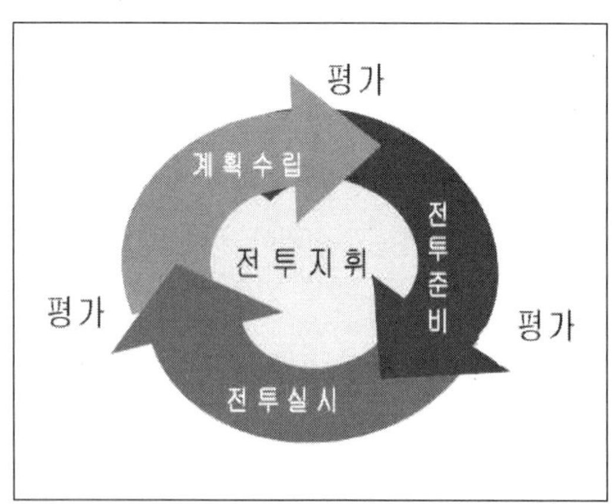

전투수행 과정은 〈그림 10〉과 같이 계획수립 · 전투준비 · 전투실시의 연속적인 활동으로 이루어지며 전 과정에 대한 지속적인 평가가 병행해서 진행된다.

군은 이런 연속적인 흐름을 전투수행과정으로 제시하고 있다. 전투수행을 위한 순환적 활동은 통상 순차적으로 수행되나 서로 분리된 활동은 아니며 상황에 따라 상호 중복되기도 하고 반복적으로 이루어지기도 한다.

지휘관의 전투지휘는 이러한 전투수행과정을 이끌어가는 원동력이다. 전투실시는 계획수립과 전투준비를 기초로 부대가 행동화하여 목표달성을 추구하는 것이다.

평가는 계획수립, 전투준비, 전투실시 전 단계에서 지속적이며 동시적으로 실시하여 변화하는 상황이 작전에 미치는 영향과 각 단계의 달성여부를 판단한다.

■ 계획수립

가장 먼저 해야 할 일은 상대하는 적을 대상으로 공격 또는 방어작전에 대한 계획을 수립하는 것이다.

계획수립 시 지휘관은 상급지휘관의 의도와 해당 제대의 작전목적을 달성하기 위하여 요망하는 최종상태를 설정하고 부하들에게 자신의 의도를 분명히 전달하며 그것을 달성할 수 있는 효과적인 방법을 제시해야 한다.

계획은 가정을 기초로 수립되기 때문에 완벽할 수는 없다. 그러나 계획수립이 중요한 이유는 비록 계획대로 전투가 진행되지 않는다 하더라도 주도면밀하게 수립한 계획은 상황변화에 따른 변경소요를 최소화하거나 신속한 전환을 가능하게 하기 때문이다. 계획은 반드시 성공 가능성을 고려하여 수립되어야 한다.

■ 전투준비

전투준비란 수립한 계획을 기초로 전투에서 승리하기 위한 개인 및 부대의 제반 준비 활동이다. 이와 같이 전투준비는 계획수립 만큼이나 중요하다고 할 수 있다. 전투준비 활동은 일정한 단계에서만 이루어지는 것이 아니며, 계획수립 단계부터 시작하여 전투종결 시까지 가용시간 범위 내에서 계속적으로 이루어진다.

특히 육체적 피로와 고통을 해소하기 위한 충분한 휴식과 적개심을 고취시켜 필승의 전투의지를 다지는 활동도 전투준비의 핵심임을 간과해선 안 된다.

전투수행에 필요한 일반적인 준비활동을 살펴보면 〈표 2〉와 같다. 전투준비활동은 비연속적이고 상호 동시적, 보완적으로 실시되는 활동이다. 〈표 2〉안의 번호는 전투준비활동의 순서를 의미하는 것은 아니며, 포함된 내용은 핵심사항 위주로 정리한 것이다.

〈표 2〉 전투준비활동 세부내용

1. 임무수행 계획보고	2. 예행연습(주요국면 워게임, FTX)
3. 변화하는 적정에 따른 계획의 최신화	4. 기만
	6. 작전지속지원 활동
5. 생존성 보장	8. 임무수행준비 확인 및 감독
7. 협조	10. 전투편성 및 새로운 병력과 부대의 통합
9. 감시 및 정찰활동	
11. 부대이동 및 배치	12. 기타(휴식, 전의고양, 사기양양 등)

전투가 개시되기 이전부터 주도면밀한 준비를 통해 성공한 전례는 수 없이 많이 있지만 대표적인 예로 임진왜란 발발 이전 충무공 이순신의 전투준비와

6 · 25전쟁 이전 춘천지역을 담당했던 6사단의 전투준비태세를 들 수 있다.

■ 전투실시

전투실시는 최초 수립한 계획을 기초로 유동적인 전장상황 즉, 적과 아군 상황, 기상 및 지형의 변화 등에 융통성 있게 적용하는 전투지휘 활동이다. 전투가 개시되면 적 상황을 포함한 제반 상황이 급속하게 변화되기 때문에 아군의 의지와 계획대로 전투수행이 곤란해질 수 있다.

따라서 전투실시의 본질은 최초 수립된 계획이나 우발계획의 적용여부 등을 결정하여 시행하는 것이다. 〈그림 11〉과 같이 지휘관은 변화하는 현 상황을 계속 평가하여 최초 계획대로 진행되는지, 계획을 조정할 필요가 있는지를 파악하여야 한다.

〈그림 11〉 작전실시간 전투지휘활동 개념도

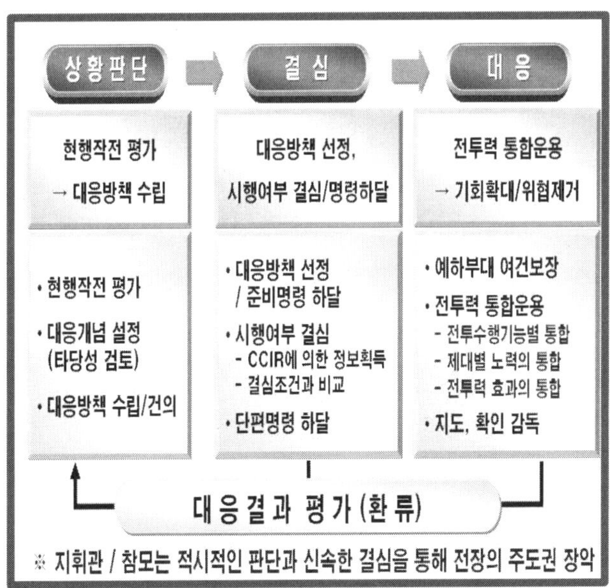

변화되는 상황 속에서 적의 기도와 전장환경이 아 작전에 영향을 미치는 요소를 판단하여 대응방책을 조정 또는 선정하고, 선정된 대응방책을 계획으로 발전시키며 명령을 하달하여 시행하는 과정을 거친다.

그리고 대응결과를 평가하여 지속적으로 판단 및 결심하고 대응하는 과정이 반복된다. 특히 전투실시간에는 적시적인 판단과 결심 그리고 기민한 대응을 통해 전장의 주도권을 확보하는 것이 무엇보다 중요한데 이를 위해 현 상황에 대한 조치뿐만 아니라 차후 전개될 사태를 예측하여 미리 준비하고 대응하는 것이 무엇보다 중요하다.

전투는 주요작전이나 전역에서의 승리로 발전되고 종국에는 전쟁의 승리로 귀결되어야 한다. 따라서 상 · 하 제대 간 긴밀한 협조와 노력을 통하여 전투가 수행되어야 한다.

■ 전투지휘

지휘관의 가장 핵심적인 역할은 전투지휘이다. 전투지휘는 지휘관이 부여된 임무를 달성하기 위해 리더십을 기반으로 전투력을 효율적으로 운용하여 적과 싸워 이기는 전투에서의 지휘통제이다.

전투지휘 시 지휘관은 결단력과 통제력을 발휘하여 전장에서 조성된 호기를 최대한 이용하여 자신의 의지대로 전장을 주도하여야 한다. 즉, 적과 싸워 승리하기 위해 주도권을 확보하고 유지하는 것이다.

지휘관은 상급지휘관의 의도와 작전목적에 부합되도록 자신의 부대를 지휘통제하고 전투수행과정에서 주도적인 역할을 수행하며 자신의 군사지식, 경험과 직관을 토대로 전투지휘한다.

■ 평가

평가는 전장에 대한 지휘관의 상황이해[36]를 가능하게 하고, 이를 지속적으로 보완해 준다. 또한 평가는 전투수행과정에서 지휘관과 참모들로 하여금 부대가 지향해야 할 방향을 결정하는데 필요한 공동의 상황이해를 가능하게 하고, 지휘관의 지침과 대응개념 설정의 기초가 되며, 지휘관의 결심을 지원한다.

계획수립 시 평가 중점은 작전환경과 현재 상황을 이해하여 최선의 방책을 발전시키는데 있다. 전투준비 및 실시간 평가는 최종상태 달성을 위해 진행되고 있는 상황을 파악하여 계획을 보완하거나 위기와 호기를 식별하는 것에 중점을 둔다.

3.3. 전술제대의 역할은 무엇인가요?

전술제대는 전술적 임무를 수행하기 위한 부대로서 전술적 수준에서 이루어지는 전투에서 승리하기 위해 전투력을 효과적으로 조직하고 운용할 수 있어야 한다.

전술제대는 일반적으로 군단급 이하의 모든 부대들을 의미하며, 상급제대는 예하부대의 능력과 특성을 고려하여 전술집단을 구성하고, 제 병과가 통합된 능력을 발휘할 수 있도록 전투력을 조직하여 운용한다.

전술제대 지휘관은 부대를 운용할 때 기본적으로 협동성[37]을 어떻게 발

36 _ 상황이해(狀況理解, Situation Awareness)란 지휘관이 전장상황과 관련된 지식과, 정보, 자신의 지식 · 경험 · 직관에 기초하여 작전을 수행해야 할 작전환경과 적에 대해 분석하고 판단함으로써, 현 상황을 정확하게 파악하는 것이다.

37 _ 협동성(協同性)이란 전투력 발휘 효과를 극대화하기 위한 전술의 근원이다. 전술제대의 모든 구성 요소가 전술가의 의도에 부합되도록 팀워크를 통해 승수효과를 발휘하게 하는 전술의 본질이자 기본개념이다.

휘할 수 있는가에 주안을 두어야 하며, 나아가 가용한 합동 및 연합자산까지 통합하여 운용할 수 있어야 한다.

군단급 이하의 전술제대는 전투에서 승리하기 위해서 기본적으로 주도성, 대담성, 통합성, 민첩성, 창의성을 갖추어야 하며 이는 전승의 핵심요소인 주도권 장악과 직결된다.

전술제대는 지휘관 및 참모는 물론 각개 병사들까지 평시부터 교육, 훈련, 연습 등을 통해 5가지의 요건이 내면화되도록 부단히 노력함으로써 유사시 작전을 수행하는 과정에서 전투력으로 발휘될 수 있어야 한다.

■ 군 단

군단은 통상 야전군의 일부로서 기본 전술제대인 사(여)단의 전투를 조직하고 운용함으로써 작전적 목표를 달성하는 최고의 전술제대이다.

군단은 전술적 승리를 확대하여 작전적 승리에 기여하므로 작전술과 전술을 연결시켜주는 고리 역할을 한다. 군단의 전투력 운용은 연합 및 합동작전부대의 일부 또는 단위부대로서 사단급 이하 부대의 근접전투에 유리한 여건을 조성하기 위한 적지종심작전과 후방지역작전에 주안을 둔다.

■ 사 단

사단은 군단 및 상급부대에서 부여한 과업을 달성하기 위해 제 병과의 기능을 통합하여 조직 및 운용함으로써 자체 능력으로 제병협동작전을 수행할 수 있는 기본 전술제대이다.

사단 유형에는 보병사단과 기계화보병사단이 있으며, 전투력 운용은 예하 여단 및 연대의 근접전투에 유리한 여건을 조성하기 위한 적지종심작전과 후방지역작전에 주안을 둔다.

■ 여 단

여단은 규모면에서 사단보다 작고 연대급 보다는 큰 전술제대로 여단 유형에는 보병여단, 특공여단, 기갑여단, 기계화보병여단, 포병여단, 공병여단, 항공여단, 방공여단 등이 있다.

■ 연 대

보병연대는 제 전투수행기능을 통합하여 제한된 능력 범위 내에서 제병협동전투를 실시하는 제대로 통상 적 부대를 격멸하고 중요지역을 확보하는 임무를 수행한다.

보병연대는 통상 사단으로부터 전투지원 및 전투근무지원부대를 지원받아 연대 전투단을 편성하여 주로 근접전투에 중점을 둔다. 연대 유형에는 특공연대, 경비연대, 포병연대, 포병단, 항공단, 공병단, 정보통신단 등이 있다.

■ 대 대

보병대대는 근접전투를 수행하는 기본 전술단위부대로서 통상 적 부대를 격멸하고 중요지역을 확보하는 임무를 수행한다. 임무 및 상황에 따라 전차, 포병, 공병, 화생방 등 전투 및 전투지원부대, 전투근무지원부대 등으로 제병협동 특수임무부대를 편성할 수 있다.

대대 유형에는 수색대대, 특공대대, 기계화보병대대, 전차대대, 포병대대, 공병대대, 항공대대, 방공대대, 정보통신대대, 정보대대, 정비대대, 보급수송대대, 헌병대대 등이 있다.

■ 중 대

보병중대는 전투의 기본단위로서 사격과 기동으로 적에게 접근하여 적을 격퇴 및 격멸하거나 중요지형을 확보한다.

기타 중대급 전술제대로서 전투부대는 기계화보병중대, 전차중대, 수색중대, 기갑수색중대, 항공중대, 특공지역대 등이 있으며, 전투지원부대는 포대, 방공중대, 공병중대, 통신중대, 정보중대, 헌병중대 등이 있고, 전투근무지원부대로는 보급중대, 수송중대, 경(중)자동차중대, 정비중대, 의무중대 등이 있다.

■ 소 대

보병소대는 최하위의 전투제대로서 예하분대의 기동과 화력을 통합하여 근접전투를 실시하며, 돌격을 실시하는 기본단위로서 특별한 상황을 제외하고는 분리해서 운용하지 않는다.

기타 소대급 전술제대로는 수색소대, 기계화보병소대, 전차소대, 공병소대, 방공소대, 화생방소대, 통신소대, 의무소대, 헌병소대 등이 있다.

■ 분 대

분대는 전투를 수행할 수 있는 최소의 단위부대이다. 보병분대는 소대의 일부로서 전투대형을 유지하고, 사격과 기동으로 근접전투를 실시한다. 기타 분대급 전술제대로는 수색분대, 기계화보병분대, 공병분대, 헌병특수임무분대 등이 있다.

3.4. 지휘관과 참모의 역할은 무엇인가요?

■ 지휘관

지휘관은 부대의 리더로서 전시나 평시 구분할 것 없이 전투지휘, 교육훈련 및 부대관리, 결심, 지시 및 명령 등 일인다역을 수행한다.

〈표 3〉 지휘관과 축구감독 주요역할 대조표

지휘관	축구 감독
리더십 발휘	팀 전체를 아우르고 조직적인 팀으로 유지
전투지휘	공식 / 비공식 경기 지휘
전투준비태세유지	선수들의 경기역량 극대화, 승리의지 충만
교육훈련관리	국가대표 / 클럽 경기를 위한 개인 · 팀 훈련 지속
부대관리	팀 지원, 대외 협력, 미디어 접촉, 선수 간 단결유지
결심	전술 포메이션 결정, 선수 선발 및 교체

〈표 3〉과 같이 지휘관의 역할을 축구팀 감독과 비교해 보면 유사한 면을 발견할 수 있다. 이러한 지휘관의 역할은 유사시를 대비하여 전 · 평시를 막론하고 수행되어야 하며 준비된 부대를 육성하여 최상의 전투준비태세를 유지케 한다.

유사시 지휘관은 위의 역할을 기본적으로 수행하나, 특히 부여된 임무를 완수하기 위해 리더십을 기반으로 전투력을 효율적으로 운용하여 적과 싸워 이기는 전투에서의 지휘통제활동인 전투지휘의 역할을 핵심적으로 수행한다.

전투지휘 간 지휘관이 수행하는 업무를 몇 가지로 정리해보면 다음과 같다. 상황이해는 자신의 지식 · 경험 · 직관에 기초하여 작전을 수행해야 할 작전환경과 적에 대해 분석하고 판단함으로써 현 상황을 정확하게 파악하는 것이다. 즉, 무슨 일이 발생하고 있는가, 왜 이러한 상황이 발생하였는가, 이 상황이 의미하는바(작전의 중점)는 무엇인가, 이 상황의 근원적이고 본질적인 문제는 무엇인가의 문제를 숙고하여 현재의 전장환경을 정확히 인식함으로써 그 본질을 꿰뚫어 보는 것이다. 이러한 상황이해는 현재의 상황이 작전수행에 미칠 영향을 판단하고 향후 일어날 상황을 예측할 수 있게 해줌으로써 지휘관이 전장의 불확실성을 감소시키고 효과적으로 대처할 수 있게 한다.

작전구상은 지휘관이 상황이해를 기초로 작전이 종료되는 군사적 조건인 최종상태를 결정하고, 부대가 최종상태를 달성하기 위한 일련의 작전수행방법을 구상하는 것이다.

계획수립 시 지휘관은 먼저 작전을 구상함으로써 참모의 계획수립을 위한 지침을 제공하며, 작전실시간에는 변화되는 상황속에서 언제, 어떤 조건에서, 무엇을 결심해야 하는가를 염출하여야 하고, 새로운 계획으로 전환이 필요할 때에는 대응개념을 제시해야 한다.

지침은 지휘관이 작전구상 결과를 참모에게 하달함으로써 부대의 임무와 지휘관의 의도에 대해 이해한 상태에서 계획을 발전시키고 작전을 수행할 수 있도록 하는 것이다.

지시 및 명령은 지휘관이 결심한 결과를 참모와 예하부대에 하달하는 것이다. 지휘관은 지속적으로 상황을 평가 및 이해하고 이를 기초로 결심하며 그 결심한 결과를 행동으로 옮기도록 하기 위해 지시한다.

계획 및 명령은 지휘관이 작전을 지시하기 위해 이용하는 핵심적인 수단으로서 예하부대가 명령을 정확하게 이해할 수 있도록 명확하고 간결하게 작성하여 적시성 있게 하달해야 하며, 육군전술지휘정보체계(ATCIS), 구두,

서식 등의 수단을 활용한다.

지도는 지휘관이 참모와 예하부대가 자신의 의도에 부합되도록 작전을 수행하고 있는지 지속적으로 확인하고 효과적으로 행동하도록 이끌어 가는 것이다.

지휘관은 계획수립시 참모들이 자신의 의도에 부합된 계획을 수립할 수 있도록 지도하며 작전준비간에는 지속적으로 계획을 보완할 수 있도록 지도하고, 예하부대 또한 자신의 의도대로 계획을 수립하고 작전을 준비하는데 중점을 두고 지도한다. 작전실시간에는 통합된 전투력이 발휘되고 결정적 작전에 가용자산과 역량을 효율적으로 운용할 수 있도록 하는데 중점을 두어 지도한다.

또한 작전수행 간 효과적인 지도를 위해 "현장지휘"를 하며, 예하부대에 대한 불필요한 간섭은 배제하여 예하부대의 창의성을 보장토록 하고, 예하부대의 임무수행여건을 보장해주는 역할을 수행해야 한다.

평가는 작전계획을 수립하고, 작전을 준비하며, 작전을 실시하는 전 단계에 걸쳐 지속적이고 동시적으로 수행하며, 변화하는 상황이 작전에 미치는 영향과 각 단계의 달성여부를 판단하고 분석하는 활동이다.

즉, 지휘관은 작전환경과 진행경과를 전 과정에 걸쳐 지속적인 평가를 통해 피드백(Feed back)이 되도록 하여야 하며, 이를 통해 어떠한 변화가 작전에 영향을 주는지 판단하여 보완소요를 도출해야 한다. 자신이 구상한 대로 작전이 진행되고 있는지 평가하고 참모의 조언을 들으며, 이를 종합적으로 판단하여 이후에 진행되는 작전의 임무 달성에 부합되도록 지시하고 지도하여야 한다.

지휘관은 지휘의 중심이며 원동력이다. 자고로 군의 성패는 그 군대보다 오히려 지휘관에게 달린 바가 크다. 전승은 지휘관이 승리를 확신하는데서 비롯되고, 패배는 지휘관이 전패를 자인하는데서 발생한다. 고로 전쟁의 최종 결정은 실로 지휘관에게 달려있다. 전투결과의 책임은 지휘관에게 있으며, 지휘관은 부여된 임무를 완수하기 위해 부대를 육성하고 준비시키며 유사시 리더십을 기반으로 전투지휘를 실시하여 전승을 보장하여야 한다.

■ 참 모

참모라는 말은 사회조직의 어느 곳에서도 자주 들을 수 있는 표현이다. 그만큼 일반화된 말이고 조직의 장과 대별되는 직책으로 인식되고 있다. 그러나 한 직위나 직책명에 ㅇㅇ참모라는 명칭을 사용하는 조직은 군대가 유일하다. 그만큼 참모라는 직위가 중요하다고 볼 수 있다. 상급지휘관의 의도를 구현하기 위해 상 · 하급부대 및 인접부대 간 참모의 유기적인 협조는 매우 중요하다. 군에서 참모는 지휘관을 보좌하는 역할을 수행하는 사람으로 〈표 4〉와 같이 일반참모, 특별참모와 개인참모로 구분된다.

〈표 4〉 참모의 구분

일반참모	특별참모	개인참모
인사참모, 정보참모, 작전참모, 교육훈련참모, 군수참모, 동원참모, 화력참모, 관리참모	재정참모, 부관참모, 군종참모, 연락장교, 행정실장, 직할대장	감찰참모, 법무참모 정훈공보참모, 전속부관, 주임원사

일반참모는 부여받은 업무분야에 대한 지휘관의 주무참모이다. 일반참모는 참모업무 분야 중 부대형태에 따라 1개 혹은 2개 이상의 분야를 담당할 수도 있다.

일반참모는 부대의 활동을 계획, 조정, 통제 및 감독하고 참모 상호 간 유기적인 협조를 통하여 지휘관을 보좌하며, 부대가 효율적으로 운용될 수 있도록 노력을 통합한다.

특별참모는 재정참모, 부관참모 등과 같이 특정분야를 수행할 수 있도록 편성된 참모로서 일반참모 업무분야에 포함되어 있는 기술적 · 행정적 분야, 특정병과에 관련된 업무를 수행한다.

개인참모는 지휘관이 직접 조정하고 통제하고자 하는 특정분야에 관하여 지휘관을 보좌하는 참모이다. 개인참모는 부여받은 업무에 관하여 지휘관에게 직접 보고한다.

먼저 일반참모는 인사참모, 정보참모, 작전참모, 교육훈련참모, 군수참모, 동원참모, 화력참모, 관리참모가 있다. 이렇게 일반참모의 편성을 구분한 기준은 어떻게 하면 전쟁을 준비하고 실시하는데 효율적으로 수행할 것인가가 기초가 된다.

군(軍)에서의 지휘관을 야구감독으로 생각하고, 야구단의 스텝진을 일반참모의 역할과 비교하여 설명해보면, 인사참모의 역할은 야구선수를 선발하고, 적정 선수가 유지될 수 있도록 하며, 성과가 좋거나 나쁜 선수에게는 상 · 벌을 주고, 선수의 건강관리와 훈련기강 등을 담당한다.

정보참모의 역할은 상대팀의 전력을 분석하고 감독이 원하는 야구관련 정보를 생산하고 제공한다.

작전참모의 역할은 팀 예하의 모든 조직(코치진, 2군 팀 등)을 창설 및 해체, 개편하는 일, 팀에 부족한 장비를 요청하거나 경기에 이기기 위한 작전을 구상하는 역할을 한다. 또한 전지훈련 등 팀의 경기력을 향상시킬 수 있는 각종 훈련을 계획하고 시행한다.

이 중에서도 작전을 구상하는 업무가 매우 중요한데 이는 군에서의 작전참모도 전쟁을 위한 작전계획을 수립하고 보완하는 일이 바로 전쟁에서 이기기 위한 길이고 야구팀 역시 작전을 잘 수립해야 야구경기에서 이길 수 있기 때문이다.

교육훈련참모의 역할은 선수들을 훈련시키는 것이다. 일일단위로 타격,

수비 등 각종 훈련을 계획, 준비, 실시, 평가하여 어떻게 경기에서 이길 것인가를 고민한다. 또한 훈련에 필요한 자원을 면밀히 확인하여 이에 소요되는 각종 훈련 물자, 시설, 예산, 발간물 등을 연간, 주간, 훈련전 등 장 · 단기로 구분하여 관련참모와 협조하여 요청, 획득, 지원한다.

군수참모의 역할은 팀이 필요로 하는 새로운 장비 및 물자 개발, 현용 장비 및 물자의 개선, 각종 제도 및 기법개발 등의 연구개발 활동을 실시하며 팀의 경기수행에 필요한 일체의 물자를 획득하여 분배한다. 또한 팀에서 보유한 모든 장비의 고장 발생시 정비하며, 선수들의 피복세탁, 식사지원 등을 담당한다.

동원참모의 역할은 예비선수(2군 선수) 관리로 이해하면 좋을 것이다. 1군 선수들에게 결원이 생기게 될 경우를 대비하여 예비 선수들을 선발하고 평상시부터 훈련시켜 즉시 경기가 가능하도록 하는 임무를 수행한다.

화력참모는 야구팀과 크게 유사하지는 않지만 굳이 비교를 하자면, 군에서의 화력은 포병, 육군항공, 공군 전투기가 공격하는 개념이므로 야구의 공격 즉, 타격코치로 비유할 수 있을 것이다. 타격자세, 주루플레이 등 공격을 잘하기 위한 훈련을 담당한다.

관리참모의 역할은 전반적인 재정을 담당하며 예산편성, 집행으로 효율적인 관리를 도모한다.

특별참모에 대하여 살펴보면, 먼저 재정참모는 회계책임관으로서 지휘관에게 조언하며, 예산 및 자금의 집행과 결산, 예하부대에 대한 재정지원 업무를 수행한다.

부관참모는 인사관리, 기록관리, 우편근무, 발간물 관리 및 휴가, 포상, 의식행사 등 기타 인사행정업무를 수행한다.

군종참모는 종교 · 교육 · 선도 · 대민업무 등의 업무를 수행한다.

기타 파견 및 피파견부대간의 협력증진과 협조를 위해 파견되는 연락장교, 지휘관, 부지휘관 및 참모장[38]이 주관하는 회의와 모든 공식적 행사를 계획, 감독, 준비, 실행하는 행정실장 등이 특별참모의 역할을 수행한다. 포병, 공병, 정보통신, 화생방, 방공, 정비, 보급수송, 헌병, 의무, 본부 등의 부대장도 특별참모로서 해당 업무를 수행한다.

개인참모는 감찰참모, 정훈공보참모, 법무참모, 전속부관, 주임원사이다.

감찰참모는 지휘관의 지시 또는 법규에 따라 검열, 조사, 회계감사를 실시하고, 금전, 물자, 시설에 관한 손 · 망실 처리업무를 수행하며, 부대나 개인의 권익보호를 위한 소원을 접수하고 처리하는 등의 역할을 수행한다.

정훈공보참모는 장병 정신전력 강화를 위한 정훈교육과 대군신뢰 증진을 위한 홍보활동, 군인 · 군무원의 언론매체를 통한 대외 발표사항을 통제 및 언론매체의 취재 협조, 각종 문화활동의 계획 및 시행 등의 역할을 수행한다. 기타 법과 관련하여 지휘관에게 조언을 제공하고 징계권 행사를 보좌하며, 민간 수사기관 및 사법기관과 협조체제 유지, 군법교육 등의 역할을 수행하는 법무참모, 지휘관에게 경호와 안전을 제공하며 지휘관 부속실의 업무를 감독하고 관리하는 전속부관, 부사관 · 병의 선도, 교육 및 대변인 역할을 수행하며 부대의 단결 및 전통 계승 · 유지 · 발전 등의 업무를 수행하는 주임원사 등이 개인참모의 역할을 수행한다.

이렇듯 참모편성은 평시 부대를 효율적으로 관리하고 유사시 전쟁에서 승리할 수 있도록 지휘관을 보좌하는데 초점을 맞추어 편성되며 그 임무를 수행하게 된다. 유기적인 전투수행을 위해서 먼저 참모의 역할을 이해한 가운데 상 · 하급 부대 간, 인접부대 간, 해당 부대 참모 간 원활한 공조는 작전의 승패를 좌우함을 인식해야 한다.

---

38 _ 참모장은 참모의 長으로서 지휘관의 주보좌관이며 조언자이다. 지휘관의 의도대로 업무가 수행될 수 있도록 각 참모부의 업무를 조정, 통제 및 감독하는 역할을 수행하며 참모활동의 조정 및 감독자로서 참모활동을 통합하며 지휘관이 중요한 문제에 전념할 수 있도록 여건을 보장해야 한다.

군사학 입문

참고문헌

◦김도균, 『세계사를 뒤흔든 전쟁의 재발견』, 서울 : 추수밭, 2009.

◦김열수, 『국가안보』, 파주 : 법문사, 2011.

◦김용현, 『군사학 개론』, 서울 : 백산출판사, 2005.

◦노병천, 『도해 세계전사』, 서울 : 연경문화사, 2001.

◦류재갑, 『군사학의 학문체계 및 교육체계』, 서울 : 화랑대 연구소, 1999.

◦박경목, 『아하! 서양사』, 서울 : 휴머니스트 출판그룹, 2013.

◦배진영, 『책으로 세상 읽기』, 서울 : 북앤피플, 2012.

◦안주섭 · 이보우 · 이영화 공저, 『영토 한국사』, 서울 : 소나무, 2006.

◦양희완, 『군대문화의 뿌리』, 서울 : 을지서적, 1988.

◦이강언 외, 『신편 군사학 개론』, 서울 : 양서각, 2007.

◦이근욱, 『왈츠 이후』, 서울 : 도서출판 한울, 2011.

◦이내주, 『서양 무기의 역사』, 파주 : ㈜살림출판사, 2012.

◦이상돈 · 김철환, 『군수론』, 서울 : 청미디어, 2012.

◦이상신, 『역사학 개론』, 서울 : 도서출판 신서원, 2005.

◦이재영, 『전쟁』, 서울 : 대왕사, 2005.

◦이재호, 『국방학술세미나 논문집』, 서울 : 국대원, 1980.

◦이종학, 『軍事論文選』, 경주 : 서라벌 군사연구소, 1991.
◦______, 『軍事理論과 軍事教育의 硏究』, 경주 : 서라벌 군사연구소, 1997.
◦______, 『클라우제비츠와 전쟁론』, 서울 : 도서출판 주류성, 2004.
◦______, 『한 군사학도의 연구 발자취』, 대전 : 충남대학교 출판부, 2006.
◦______, 『군사전략론』, 대전 : 충남대학교 출판부, 2009.
◦______, 『나의 학문과 인생』, 대전 : 충남대학교 출판부, 2009.
◦______, 『한국군사사 연구』, 대전 : 충남대학교 출판문화원, 2010.
◦______, 『전략이론이란 무엇인가』, 대전 : 충남대학교 출판문화원, 2012.
◦______, 『군사고전의 지혜를 찾아서』, 대전 : 충남대학교 출판문화원, 2012.
◦이종학 · 노양규 · 이성만, 『현대전략론』, 대전 : 충남대학교 출판문화원, 2013.
◦장용, 『군사전략 이론 및 적용』, 서울 : CODI 출판부.
◦정토웅, 『전쟁사 101 장면』, 서울 : 가람기획, 1997.
◦조승옥 외 5인, 『군대윤리』, 서울 : 집문당, 2003.
◦조영갑, 『민군관계와 국가안보』, 서울 : 북코리아, 2009.
◦최태경, 『동아 새국어사전』, 서울 : 두산동아, 2005.
◦한용섭, 『한반도 평화와 군비통제』, 서울 : 박영사, 2005.

◦육군대학, 『전리입문』 군사평론 제331호 부록, 대전 : 육군대학, 1988.
◦육군본부, 『(야전교범 0) 지상군 기본교리』, 대전 : 육군본부, 2011.
◦_______, 『(야전교범 3-0-1) 군사용어사전』, 대전 : 육군본부, 2012.
◦육군사관학교 군사학처, 『군사학 길라잡이』, 서울 : 양서각, 2004.
◦육군포병학교, 『포병무기 변천사』, 전남 : 육군포병학교, 2011.
◦전문대학 부사관과 학술교류협의회, 『전쟁사』, 서울 : 법률시대, 2006.
◦합동군사대학교, 『세계전쟁사』(합동교육참고 12-2-1), 대전 : 합동군사대학교 육군대학, 2012.
◦합참, 『합동기본교리』(합동교범 1), 서울 : 합참, 2009.
◦화랑대 연구소, 『군사학 학문체계와 교육체계』, 서울 : 화랑대 연구소, 2000.

◦박종철 역, 『러시아 군사학』, 서울 : 화랑대 연구소, 1996.
◦나카자토 유키, 『전쟁 천재들의 전술』, 이규원 옮김, 파주 : 도서출판 들녘, 2012.
◦이치가와 사다하루, 『환상의 전사들』, 이규원 옮김, 파주 : 도서출판 들녘, 2007.
◦일본육전협회, 『전술입문』, 엄수현 역, 대전 : 합동군사대학교 육군대학, 2011.

◦Boot, Max. 『MADE IN WAR』, 송대범 · 한태영 옮김, 서울 : 플래닛미디어, 2009.
◦Codevilla, Angelo and Paul Seabury, 『전쟁』(*War Ends Meana*, 2nd ed.) 김양명 옮김, 서울 : 명인문화사, 2011.
◦Delbrück, Hans. 『병법사』, 민경길 옮김, 서울 : 한국학술정보, 2009.
◦Dunnigan, James F., 『How To MAKE WAR』, 김병관 옮김, 서울 : 플래닛미디어, 2008.
◦Hammes, Thomas X., 『21세기 전쟁(비대칭의 4세대 전쟁)』, 하광희 외 2인 역, 서울 : 한국국방연구원, 2010.
◦Kennedy, Paul. 『강대국의 흥망』, 이왈수 · 전남석 · 황건 옮김, 서울 : 한국경제신문, 2012.
◦Lynn, John A., 『배틀, 전쟁의 문화사』, 이내주 · 박익송 옮김, 서울 : 청어람미디어, 2006.
◦Montgomery, Bernard Law. 『전쟁의 역사』, 승영로 옮김, 서울 : 책세상, 2011.

군사학 입문

찾아보기

ㄱ

ㅂ

ㅅ

ㅈ

ㅊ

ㅋ

ㅌ

ㅍ

군사학 총서 발간 취지

군사학은 전쟁이란 무엇이며, 전쟁의 준비·수행 및 억제와 연구방법 등에 관한 지식의 체계이다. 전쟁은 오랫동안 인류 생존의 기본 요소이며 수단으로 등장하였고, 현재뿐만 아니라 앞으로도 형태를 달리하면서 존속하리라. 그리고 전쟁은 국민의 생사·국가의 존망과 직결되는 문제이기 때문에 신중히 대처하지 않을 수 없다. 한민족의 평화적 통일·생존권의 확보 및 번영의 초석이 되는 군사학의 연구·발전을 위해 군사학 총서를 발간하였다. 독자의 지도 편달과 육성, 그리고 동참을 기대한다. (**이종학** : leechoy@daum.net)

번호	책 명	저 자	발행연도	정가
1	군사학 개론	이종학·길병옥 편저	2009년 (4·6배판, 594쪽)	35,000
	내용: 군사학이 우리나라에서 학문으로 공식적으로 인정된 것은 2002년 12월이다. 군사학의 간략한 정의는, "전쟁의 본질과 성격 및 무력전의 준비 및 수행에 관한 통일된 지식체계"라는 점에서 그 범위도 설정되었다. 이런 관점에서 군사학의 다양성, 다차원성, 다변화성을 포괄하는 학문적 개론서로서 새로운 학문영역으로 자리 잡고 있는 군사학의 학문체계를 정리하고자 각 분야의 전문가 13명의 공동집필로 출간되었다.			
2	군사전략론	이종학 편저	2009년 (신국판, 450쪽)	25,000
	내용: 우리 국군은 6·25전쟁과 베트남전 참전을 통해 전투경험은 했지만 전쟁을 하지 않았다는 것을 잊어서는 안 된다. 즉, 군사전략을 수립하여 전쟁을 수행해 본 일이 없는 것이다. 그래서 이 책은 군사전략 수립을 위한, 제1편 군사전략의 기초, 제2편 군사전략의 이론, 제3편 군사전략의 실제로 구성되어 있다. 군사전략은 군사목표, 군사전략개념 그리고 군사자원으로 구성되어 있는 결심사항을 간략한 문장으로 표기하며, 이것은 세 가지 기준, 즉 적합성, 가능성 및 수락성에 의해 검토된다는 것을 상세히 설명하고 있다.			
3	나의 학문과 인생	이종학 편저	2009년 (4·6배판, 606쪽)	30,000
	내용: 평생을 군사학 분야 발전을 위해 헌신해온 이종학 교수의 八旬을 맞이하여 펴낸 책이다. 제1편은 나의 학문과 인생(이종학), 제2편은 군사학의 학문체계 및 발전방향(교수 에세이), 제3편은 군사학의 발전방향으로 군사학과의 박사과정을 이수했거나 혹은 이수 중인 피교육자들의 학위논문 주제를 요약하거나 관심을 가진 분야에 대한 간략한 에세이를 수록했다. 부록에는 공군사관학교 57기생들에게 '군사학 특강'을 실시 후 그들의 소감문을 소개했다.			

<table>
<tr><td rowspan="2">4</td><td colspan="2">한국군사사연구</td><td>이종학 지음</td><td>2010년
(4·6배판, 632쪽)</td><td>30,000</td></tr>
<tr><td>내용</td><td colspan="4">1981년 국방대학원에 재직할 때, 「현대 군사사의 연구방향」이라는 논문을 발표하면서 '군사사'에 대한 이론 정립을 시도했다. 즉, 군사사는 군사이론과 역사학이 결합된 학문인 동시에 군사학의 이론적 기초이며 근원이다. 이것을 기초로 하여 한국사 가운데 군사문제를 다루기 시작해 30년간의 연구 성과를 집대성한 것이며, 21편의 논문으로 구성되어 있다. 저자가 지난 반세기 동안 군사사 연구에서 얻은 결론과 기본철학을 소개하면 다음과 같다. 즉, "평화를 바란다면, 전쟁을 이해하고 이에 대비하라!"</td></tr>
<tr><td rowspan="2">5</td><td colspan="2">전략이론이란 무엇인가
—『손자병법』과 『전쟁론』을 중심으로—</td><td>이종학 편저</td><td>2012년(개정보완판)
(신국판, 372쪽, 3판)</td><td>16,000</td></tr>
<tr><td>내용</td><td colspan="4">전략이론이란 무엇인가를 밝히면서, 원래 군사분야의 용어가 1960년대 이후 경영분야에도 활용되어 왔다는 것을 알아야 하고 군사전략뿐만 아니라, 국가전략 및 핵전략의 발전과정을 소개했다. 전략이론의 고전인 『손자병법』은 1972년 중국 산동성에서 『죽간 손자병법』이 나왔기에 그것을 삽입시켜 13편을 완역했다. 한편 클라우제비츠의 『전쟁론』은 초판본이 나왔고, 거기에서 내용이 너무 방대하기에 전술적 내용을 삭제한 抄譯을 했다. 직업군인과 최고 경영자들에게 전략이론을 알기 위한 필독서를 만들고자 꾸며 보았다.</td></tr>
<tr><td rowspan="2">6</td><td colspan="2">6·25전쟁이란
무엇인가</td><td>이종학 지음</td><td>2011년
(4·6배판, 623쪽)</td><td>30,000</td></tr>
<tr><td>내용</td><td colspan="4">이 책은 40여 년 간에 걸친 6·25전쟁 연구의 총 결산이자 집대성한 내용이다. 6·25전쟁에 대한 연구와 분석을 통해 그 원인을 밝혀내고 평시에 안보태세를 굳건히 하는 것이 가장 기본적인 대책이라고 해법을 제시한다. 이 책은 마치 6·25전쟁을 구석구석 현미경으로 확대해 들여다보는 듯하며 지금까지 나왔던 6·25전쟁 관련 서적과 다르게 새로운 사실들과 풍부한 사료들을 담고 있기 때문에 6·25전쟁을 연구하는 전문가들이나, 석·박사과정의 학생들에게 많은 도움이 될 것이다.</td></tr>
<tr><td rowspan="2">7</td><td colspan="2">현대 북한의 이해</td><td>박성규·길병옥 지음</td><td>2012년
(4·6배판, 336쪽)</td><td>25,000</td></tr>
<tr><td>내용</td><td colspan="4">탈냉전 이후 급변하는 국제상황 속에서 북한이라는 실체를 명확히 파악하고 한반도 평화통일의 기본 틀을 마련하는 데 기본적인 목적이 있다. 특히 남북한의 평화로운 통일과 기본적인 방향을 설정하는 데 있어서 가장 중요한 것은 북한을 제대로 이해하는 것이라는 점을 강조한다. 이 책은 현재 북한 관련 교재들이 북한의 실제를 제대로 파악하기에는 많이 부족하다는 점을 지적한다. 상식으로는 이해할 수 없는 북한이라는 체제 전체를 제대로 알 수 있는 교육이 절대적으로 필요하고 북한의 본질을 이해하여 그 대응책을 마련하는데 주요 초점을 두고 있다.</td></tr>
</table>

<table>
<tr><td rowspan="2">8</td><td colspan="2">군사고전의 지혜를 찾아서</td><td>이종학 지음</td><td>2012년
(신국판, 537쪽)</td><td>25,000</td></tr>
<tr><td>내용</td><td colspan="4">인류의 역사는 투쟁사 혹은 전쟁사의 연속이라 할 수 있다. 그러한 급변하고 위태로운 정세하에서 어떻게 생존하며 또한 승리할 것인가 하는 그 방법과 지혜를 제시했으며, 동양의 손무가 저술한 『손자병법』(기원전 513?)과 서양의 클라우제비츠가 저술한 『전쟁론』(1832)이 군사고전에 속하며, 그것들의 시대적 배경과 철학적 기초를 밝히려고 지난 반세기 동안 시도한 에세이를 편집한 것이 이 책이다. 군사고전은 심오한 철학사상을 바탕으로 하고 있기 때문에 생명력과 실용성을 보유하고 있을 뿐만 아니라, 인생철학의 지침서요 또 경영전략의 참고서로써 최근에 와서 더 많은 각광을 받고 있다.</td></tr>
<tr><td rowspan="2">9</td><td colspan="2">군제 기본원리와 한국의 병역제도</td><td>나태종 편저</td><td>2012년
(신국판, 353쪽)</td><td>16,000</td></tr>
<tr><td>내용</td><td colspan="4">이 책은 크게 두 편으로 구성되어 있다. 제1편 군제기본원리에서는 군사제도의 중요성과 제도에 관한 역사적 교훈, 현대 국방사상이 군제에 미치는 영향, 군사제도 설정의 기본원칙을 포함하였다. 제2편 한국의 병역제도에서는 정부수립 이후로부터 현재까지의 한국의 병역제도 변화과정을 분석하고 스위스, 이스라엘의 병역제도와의 비교평가를 통해 미래 한국의 병역제도 발전방안을 제시하였다.</td></tr>
<tr><td rowspan="2">10</td><td colspan="2">현대전략론</td><td>이종학·노양규·
이성만 지음</td><td>2013년
(신국판, 457쪽)</td><td>24,000</td></tr>
<tr><td>내용</td><td colspan="4">『現代戰略論』(1972)은 40여년 전, 전략 입문서가 없었던 시절에 출간되어 그동안 전략 입문서로서의 기능을 발휘했으나, ‘한글세대’의 등장으로 절판되었다가 이번에 ‘한글화’된 개정판이 나왔다. 이번 개정판에는 전략의 기본문제를 보완하면서 미국에서의 새로운 전략연구의 추세와 한반도의 정세를 감안해서 내용을 구성했는데, 주요 내용은 ‘전략이란 무엇인가’, ‘현대전쟁의 성격’, ‘국가전략’, ‘군사전략’, ‘작전술’, ‘전술’ 그리고 ‘북한의 핵무기와 한반도 안보’ 등이다. 전략을 연구하고자 하는 사관생도·일반 대학교의 군사학 전공자뿐만 아니라, 국제정치 전공자에게는 필독서이다.</td></tr>
</table>

· 펴낸곳 : 충남대학교출판문화원

· 전　화 : 042-821-6045

· e-mail : cnupress@cnu.ac.kr